構造物性物理とX線回折

若林裕助 著　*Yusuke Wakabayashi*

丸善出版

まえがき

多くの物質は周期的な原子配置を持っている。この事実は，比較的小さな周期の単位胞を形成し，それを周期配列するのが，最も低いエネルギーの原子配置を実現するために有利であることを意味しているのだと思われる。このようにして形成される結晶の基本構造は，室温のエネルギースケールに比べて非常に高いエネルギーで決まる。それに対して，基本構造からの小さな変形は，室温以下のエネルギースケールで起こり得る。そのため，通常の固体物理で注目する室温以下で生じる相転移や伝導性・磁性の変化は，小さな構造変化と関係を持つと期待される。さらに，その関係は必然的に原子スケールで書き下したハミルトニアンの形を反映する。近年広く行われている第一原理計算でも，全体のエネルギーを最小化する構造を探索する構造緩和のステップが計算の中に入っており，具体的な変形量まで計算できるようになっている。そのため，小さな構造変化を実験的に観測することは，物性物理の微視的な理解のために役立つ。このような方針の研究を総称して“構造物性”と呼ぶ。このような呼称は日本独自のもの[*1]であり，英語をはじめほかの欧州言語では対応する短いフレーズが存在しない。

本書は“普通の物質の普通の性質”をはっきりさせることを第一の目標とする。そのうえで，電子間の相互作用がどのような効果を生むかを概観する。それらを構造の観点から観測した際にどう見えるか，まで記述を進める点が本書の特徴である。

読者は学部 3 年終了程度，つまり統計力学，量子力学について一度は習っている程度の知識を持つことを前提とする。本書はほぼ独立した二つの部分から成る。

第 I 部は，格子系に注目した形の固体物理の教科書である。直接は構造と関係しなくても，知っておく必要があることについてはなるべく網羅的に触れるよう

*1 2015, 2016 年度日本物理学会長の藤井保彦東京大学名誉教授が作った言葉である（物性研だより 40 巻 3 号 1 (2000)）。しかし，同じ精神で研究をしている研究人口は日本より欧米の方が多いように感じている。

にした。個々のステップを穴がないようにしっかり説明することより，構造という観点で見た時にどのような物性の理解が得られるかを概観することを狙った記述とした。正確な理解のためには，適宜巻末に挙げた文献 [5] や [6] などの名著を参照されたい。

第 II 部は X 線回折理論の説明を行う。固体物理の研究に必要な理解を得ることを目標とし，この目的のためであればほかの書籍を参照する必要がない完全性を目指した。実際に回折実験を用いて物性研究をする者が知るべき内容を示すため，試料による X 線の吸収や多重散乱など，“汚らしい” 現象についても述べる。一方で X 線光学などにつながる，完全結晶以外ではたいてい問題にならないような動力学的回折理論は対象外とした。

原稿執筆段階では，多くの方々から教えを頂いた。特に広島大学の松村武准教授，東北大学の青山拓也助教には磁性関連の記述に多くの指摘を頂いた。大阪大学の木須孝幸准教授には電荷密度波について多くを教えていただいた。ここに記して感謝する。一方で，私の物理に対する理解不足による間違いもあるだろうし，言葉足らずで不明確な点も残っているだろう。これらの欠点の責任は，すべて筆者にある。

2017 年 7 月

若林 裕助

目　　次

第I部
構造に着目した物性物理

第 1 章
原子間に働く力

固体を形成するためには原子間に引力が働く必要がある。そこで，原子間に働く力から考察を始めることにしよう。一般的に考えると，系全体のエネルギーを原子位置で微分して得られる力が各原子に働くと見るべきである。この観点では，ある原子に働く力を知るためには，系のエネルギー U を知る必要がある。U には原子間に働く力として直接意識される弾性エネルギーだけでなく，磁気的なエネルギー，電子系のエネルギーなども含まれる。この事情によって磁性や電子状態に関する情報が原子位置に反映される。これが構造を通して物性を研究できる根拠である。

磁性や電子状態に関することは後の章で述べることとし，ここでは広く知られている結合の様式についてまとめる。原子一つあたりの凝集エネルギーは結合の様式によって大きく異なり，イオン結晶，共有結合性結晶では 5 eV，金属結晶では自由電子ガスと見なせるアルカリ金属で 1 eV，局在性の強い電子が働く遷移金属で 4 eV 程度，ファンデルワールス結晶では 0.1 eV 程度である。

1.1　原子とイオン

原子は原子核の持つ電荷をちょうど打ち消すだけの電子を持ち，全体として中性である。そこから電子が n 個抜けたものが n 価の陽イオン，n 個余計に電子を持つものが n 価の陰イオンである。原子から電子を一つ取り去り，1 価の陽イオンにするのに要するエネルギーをイオン化エネルギー[*1]，原子が一つ電子を取り込み，1 価の陰イオンになる時に余るエネルギーを電子親和力[*2]と呼ぶ。この関係を図 1.1 左に示した。

*1　イオン化ポテンシャル，電離エネルギーなどとも呼ばれる。

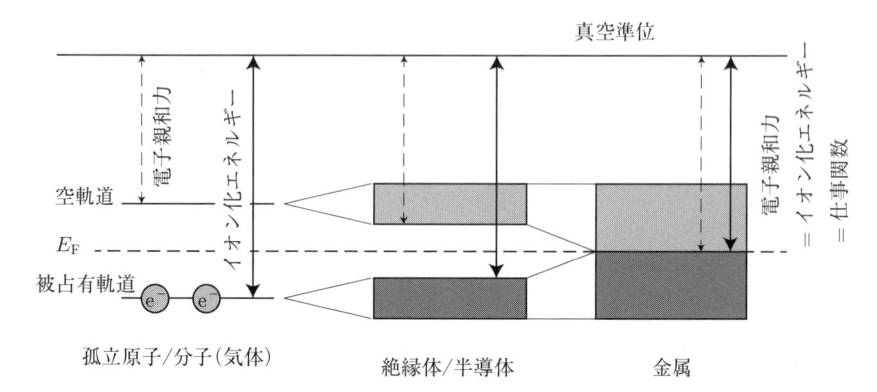

図 1.1　イオン化エネルギーと電子親和力。マリケンの電気陰性度はこの二つの平均で表される。E_F はフェルミエネルギーを指す。原子・分子では電子のエネルギーは離散的な準位であり，これを横線で示した。固体では後述するようにエネルギーバンドが形成される。占有されたバンドを濃い灰色，非占有状態のバンドを薄い灰色で示した。金属では電子親和力=イオン化エネルギーであり，これらは仕事関数として知られている。

すべての孤立原子は正のイオン化エネルギーを持ち，希ガス（貴ガス）を除くほとんどの孤立原子は正の電子親和力を持つ。つまり，ほとんどの元素は中性原子の状態より，陰イオンの状態にあるほうがエネルギーが低い。これは一見，不自然な気がするかもしれない。例えばNaは陽イオンになりやすいのではないか，と思う人も居るだろうし，あるいは，すべての原子は孤立した状態ならば中性が最も安定である，と思う人も居るだろう。この点について，簡単な古典電磁気学の計算で，なぜほとんどの孤立原子が正の電子親和力を持つのかを考察する。

極座標 (r, θ, ϕ) をとる。$r < r_0$ の範囲が電荷密度 ρ_0, $r_0 < r < r_1$ の範囲が電荷密度 ρ_1 を持ち，それより外側には電荷が存在しない，図 1.2 に示したモデルを考える。$r < r_0$ は原子核，$r_0 < r < r_1$ が電子雲をモデル化している。原子核は電荷 q を持ち，電子雲が電荷 $-Q$ を持つとしよう。ガウスの法則を用いることで容易に電場分布を求めることができる。静電エネルギー密度は $\varepsilon_0 E^2(r)/2$，ここ

*2　電子親和力はその名に反して力ではなくエネルギーである。英語の electron affinity も "親和性" 程度の意味であり，なぜかエネルギーであることをきちんと主張しない名前が付いている。電子親和力が正である場合，陰イオンになることでエネルギーが余る。言い換えれば，中性原子より陰イオンの状態の方がエネルギーが低いことを意味する。

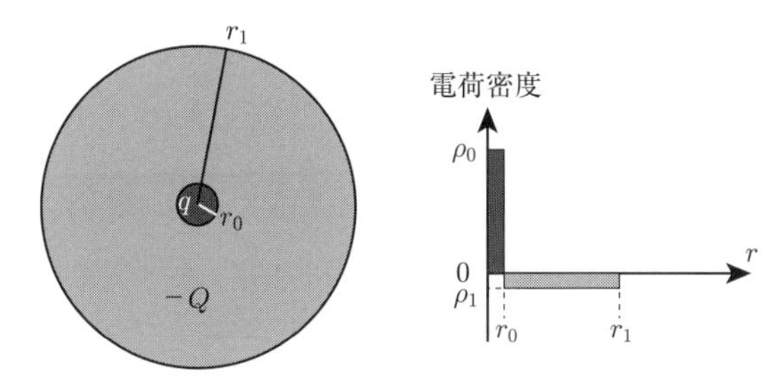

図 1.2　単純化した原子の模型。q が原子核，Q が電子を表す。静電エネルギーを古典的に計算すると，$q < Q$ でエネルギーが最小になる。

で ε_0 は真空の誘電率，$E(r)$ は電場の強さである。これを全空間で積分することでエネルギーが得られる。エネルギーの極小は，$r_0 \ll r_1$ の場合，$Q/q = 5/4$ で得られる[*3]。これは，今考えているモデルの範囲では，原子核が持つ電荷の 5/4 倍の大きさの電荷の電子雲が存在する状況（これは当然ながら陰イオンの状態）が静電エネルギーの最小を与える，ということである。現実には電子雲の電荷密度は r によって変化するため，定量的にはこの計算と違う状況になるが，定性的には，陰イオンになるほうが中性原子のまま存在するよりエネルギーが低くなる傾向があるといえよう。これが，ほぼすべての孤立原子で電子親和力が正である理由である。希ガスの場合は電子親和力が負である。これは，古典電磁気学としての傾向としてはもう少し電子を持ちたいところであるが，その電子が入る軌道が非常に高いエネルギーを持つために束縛状態をつくることができない，という状況であると理解できる。

一方，陽イオンになりやすいといわれる元素も多い。Na に代表される，周期表の第 1 族，第 2 族付近の元素である。これらの元素でも電子親和力は正であり，孤立した状態では陰イオンの状態が中性原子の状態よりエネルギーが低い。この点については，“陽イオンになりやすい” という言葉の意味をはっきりさせるべきである。溶液中，あるいは結晶中など，注目する原子の周囲に多数の原子がある状況を考える。そうすると，周囲の原子もそれぞれに電子親和力を持って電子を

*3　解析的に解けるが，面倒なので，$E(r)$ を求めたら，あとは表計算ソフトなどで数値計算してしまえば十分であろう。解析的に解きたいのであれば，エネルギーを Q/q で偏微分して 0 になるのが，エネルギー極小を与える Q/q の条件であることを用いれば計算できる。

引きつけている。このように電子を奪い合う状況では，電子親和力が相対的に小さな原子は陽イオンになることになる。これは原子一つが真空中に孤立している場合に，陰イオンが安定であるということと特に矛盾しない*4。

最後に，高校の化学で習う，“閉殻の状態が安定であり，希ガスと同じ電子配置のイオンになろうとする”という，いわゆるオクテット則*5の根拠について，物理の言葉で書きなおしておこう。孤立原子の状況ではなく，周囲にたくさんの原子がある状況を考える。どの原子も（たいていは）正の電子親和力を持つため，周囲から電子を取り込もうとする。しかし，周期表の右側にあるハロゲンであっても，希ガスの電子配置を超えてさらに電子を取り込もうとすると，主量子数が一つ大きな，高いエネルギーの軌道に電子を入れることになり，そこまでは電子を引きつけられない。逆に左側にあるアルカリ金属は周囲の原子に電子を奪われるが，希ガスの電子配置からさらに電子を引き抜くには大きなエネルギーが必要となる*6。

1.2　イオン結合

イオン結晶は陽イオンと陰イオンがクーロン力で寄り集まって形成されている。電磁気学の教えるところによると，電荷 $+Q$ と $-Q$ を持った二つの粒子が孤立して存在する場合の静電エネルギーの合計は，この二つが近接して存在する場合に比べて高くなる。これは，$\pm Q$ が近接して存在することによって，空間の電場を

*4　実際には真空中に置いた Na 原子が電子を捕獲する確率はかなり低く，電子の運動エネルギーが大きい場合には，むしろ Na が持っている最外殻電子を跳ね飛ばして $\mathrm{Na}+\mathrm{e}^- \to \mathrm{Na}^+ + 2\mathrm{e}^-$ の過程が生じることになる。しかし，これも孤立した Na^- のエネルギーが中性 Na や Na^+ のエネルギーより低いということと矛盾しない。

*5　オクテット則は最外殻電子が八つの状態が安定である，という，軽元素に対する経験則である。量子力学が確立する前に提案された法則であるので，量子力学の視点で見ておかしいのは仕方がない。

*6　希ガスのイオン化エネルギーが大きいことに対応する。イオン化エネルギーは，原子核の持つ電荷が大きくなるにつれて徐々に大きくなるためである。主量子数が増えるところで軌道のエネルギーが高くなるため，希ガスからアルカリ金属に原子番号が増えるとイオン化エネルギーが格段に小さくなる（イオン化エネルギーを決める，励起される電子の軌道が変わるため）。結果として，イオン化エネルギーは周期表の右側に行くにつれて徐々に大きくなる。

小さくできることによる[*7]。同様に $\pm Q$ の電荷を持つ多数のイオンの集合は，空間の電場を小さくするように正負が交互配列すると期待できる。そのため，イオン化エネルギーが十分小さいのであれば，中性原子を集めたよりもイオン化して交互配列したほうがエネルギーが下がる場合がある[*8]。これがイオン結晶である。

イオン結晶の静電エネルギーはマーデルングエネルギー (Madelung energy) と呼ばれる。実際にこのエネルギーの計算を行う場合，"エヴァルトの方法[*9] (Ewald method)" で計算しないと収束性が悪く，さまざまな答えが出てしまう。これはクーロンポテンシャルが r^{-1} に比例する長距離力であるためである。遠方になるにつれて相互作用の大きさは小さくなるが，あるイオンから見て距離 r から $r+\delta r$ の範囲に存在する陽イオン・陰イオンの数は半径 r の球の表面積に比例した数であり，$4\pi r^2 \delta r$ に比例して r とともに増大する。結果として，遠方のイオンとの相互作用が近接したイオンとの相互作用よりも大きな寄与を総エネルギーに対して持つことになる。そのため，近距離だけ計算して遠方を無視するような計算に正当性がなくなる（実際は，r から $r+\delta r$ の範囲に存在する陽イオンと陰イオンの数が遠方では近づいていき，凝集エネルギーが発散することはない）。

イオン結晶は NaCl が最も有名であるが，多くの遷移金属酸化物もイオン結晶と見るのがよい出発点である。固体を構成する元素間の電気陰性度[*10]（表 1.1 参照）の差が大きければイオン結合的であるといわれる（14 ページの結合のイオン性に関する説明も参照）。

---

*7 空間の静電エネルギー密度は $\varepsilon_0 E^2/2$ であることを思い出そう。

*8 例えば NaCl を考える。Na^+ を作るために必要なイオン化エネルギーは 4.6 eV，Cl^- を形成する時に放出されるエネルギー（電子親和力）は 3.2 eV である。そのため，孤立した中性 Na と孤立した中性 Cl のエネルギーの和と，孤立した Na^+ と孤立した Cl^- のエネルギーの和とを比較すると，1.4 eV 程度の差でイオン化しない方が安定である。しかし，結晶の形に Na と Cl が配置した際は，後述する Na^+ と Cl^- の配置によるマーデルングエネルギーが −7.9 eV 程度であるため，NaCl はきちんとイオン化して，よく知られた NaCl 構造を形成する。なお，イオン化エネルギーや電子親和力の具体的な数字は文献によって若干のばらつきがある。

*9 詳細は文献 [15] の付録 B 参照。ここでは詳細には触れないが，ここでの問題は 78 ページ前後の議論につながる。

*10 よく用いられる電気陰性度はポーリングの電気陰性度 (Pauling electronegativity) であるが，これはただの目安の数字で，特に単位なども持たない。マリケン (Mulliken) の電気陰性度はイオン化エネルギーと電子親和力の平均であり，意味がすっきりしている。両者は元素間の大小関係がほぼ一致する。

表 1.1　ポーリングの電気陰性度一覧。同時に，原子番号が大きくなるにつれてどの軌道に電子が入っていくかを示した。希ガスは He を除き，p 軌道が完全に占有された電子配置に対応する。通常，He は Ne の上に書かれるが，He の電子配置は $(1s)^2$ である。横線 (—) の元素の値は不明。

H																	He
2.20																	—
Li	Be											B	C	N	O	F	Ne
0.98	1.57											2.04	2.55	3.04	3.44	3.98	—
Na	Mg											Al	Si	P	S	Cl	Ar
0.93	1.31											1.61	1.9	2.19	2.58	3.16	—
K	Ca	Sc	Ti	V	Cr	Mn	Fe	Co	Ni	Cu	Zn	Ga	Ge	As	Se	Br	Kr
0.82	1.00	1.36	1.54	1.63	1.66	1.55	1.83	1.88	1.91	1.90	1.65	1.81	2.01	2.18	2.55	2.96	3.00
Rb	Sr	Y	Zr	Nb	Mo	Tc	Ru	Rh	Pd	Ag	Cd	In	Sn	Sb	Te	I	Xe
0.82	0.95	1.22	1.33	1.6	2.16	1.9	2.2	2.28	2.2	1.93	1.69	1.78	1.96	2.05	2.1	2.66	2.6
Cs	Ba	LA	Hf	Ta	W	Re	Os	Ir	Pt	Au	Hg	Tl	Pb	Bi	Po	At	Rn
0.79	0.89		1.3	1.5	2.36	1.9	2.2	2.20	2.28	2.54	2.00	1.62	2.33	2.02	2.0	2.2	2.2
Fr	Ra	AC															
0.7	0.9																
		La	Ce	Pr	Nd	Pm	Sm	Eu	Gd	Tb	Dy	Ho	Er	Tm	Yb	Lu	
		1.1	1.12	1.13	1.14	1.13	1.17	1.2	1.2	1.1	1.22	1.23	1.24	1.25	1.1	1.27	
		Ac	Th	Pa	U	Np	Pu	Am	Cm	Bk	Cf	Es	Fm	Md	No	Lr	
		1.1	1.3	1.5	1.38	1.36	1.28	1.13	1.28	1.3	1.3	1.3	1.3	1.3	1.3	—	

イオン半径

イオン結晶では，決まった半径の剛体球でイオンを置き換え，実際の結晶構造（NaCl 構造など）に合わせて配置することで，格子定数を数%以内の精度で系統的に再現できる。この関係は，金属では結合の様式がまったく違うためにまったく成立しない（1.5 節参照）。イオン半径は元素，価数のほか，配位数や 3.3.2 項に述べるスピン状態によって変わる。これらすべてを考慮に入れたシャノンのイオン半径[26], [27]がよく参照される。

結　合　長

イオン半径の定義から明らかであるように，イオン結合の結合長はイオン半径の和で決まる。個々のイオンを点電荷で近似すると，極性の異なるイオン同士には引力が働き，近ければ近いほどエネルギーが下がる。最終的には電子雲同士が

図 1.3 イオン結晶中の陰イオン欠損の効果。(a) M–O–M 結合。各イオンを点電荷に置き換えると，静電エネルギーは $(e^2/4\pi\varepsilon_0)((n^2-8n)/2r)$ である（e は素電荷）。n は通常，2 から 4 程度の数なので，r が小さいほどエネルギーが下がる，つまり引力が働いている。(b) 酸素が欠損した場合。静電エネルギーは $(e^2/4\pi\varepsilon_0)(n^2/2r)$ である。r が大きいほどエネルギーが下がる，つまり斥力が働いている。

重なり合うところまで近づいた段階で点電荷の近似が悪くなり，大きな斥力が働く[*11]。これがイオン半径が決まる微視的な説明である。

遷移金属酸化物では，金属イオン M^{n+} と酸素イオン O^{2-} が交互配列する。ここで，酸化物の結晶から酸素イオンが一つ抜けた場合，どのような変形が生じるか考えてみよう。直感的には，剛体球が詰め込まれて結晶ができているのだから，そこから剛体球が抜ければ体積が減少すると思うかもしれない。図 1.3 に，遷移金属酸化物結晶中の非常に小さな範囲を切り出した。(a) に M–O–M 結合部を示した。各イオンを点電荷に置き換えると，静電エネルギーは

$$\frac{e^2}{4\pi\varepsilon_0}\frac{n^2-8n}{2r}$$

である（ここで e は素電荷）。n は通常，2 から 4 程度の数なので，r が小さいほどエネルギーが下がる，つまり引力が働いている。酸素が欠損した場合を (b) に示した。この場合の静電エネルギーは

$$\frac{e^2}{4\pi\varepsilon_0}\frac{n^2}{2r}$$

である。r が大きいほどエネルギーが下がる，つまり斥力が働いていることがわかる。つまり，酸素が抜けると M^{n+} 間に斥力が働き，むしろ結晶体積が増えることになる[*12]。

*11 図 1.2 の原子モデルを使って陽イオン，陰イオンを作り，お互いの距離を変えた時にエネルギーがどう変化するかを数値計算してみても面白いだろう。

*12 $3d$ 軌道の占有状態によっては，酸素が抜けた空間に向けて M から電子雲が伸び，そこに陰イオンがあるかのような状況を作り出して歪みを小さくする場合もあるが，基本的には静電エネルギーを基に考察することで理解できる。

1.3 ファンデルワールス力

ファンデルワールス力 (van der Waals force) は中性の分子間，あるいは希ガス原子間に働く力である。二つの原子 A, B の間に働くファンデルワールス力は，次のように説明される (図 1.4 に模式図を示した)。原子 A の電子と原子核の間の位置関係は常に揺らいでおり，平均は 0 であれども瞬間的には分極が生じている。この揺らぎで原子 A に発生した電気双極子 $\boldsymbol{p}_{\mathrm{flu}}^{A}$ は，距離 r の -3 乗に比例した電場を形成する。この電場によって原子 B に電気双極子 $\boldsymbol{p}_{\mathrm{ind}}^{B}$ が誘起される。一般的に電場によって誘起される電気双極子の大きさは印加電場の大きさに比例するため，$\boldsymbol{p}_{\mathrm{ind}}^{B}$ の大きさは原子 A と B の間の距離 r の -3 乗に比例する。電場 $\boldsymbol{E}$ 中に置いた電気双極子 $\boldsymbol{p}$ のエネルギーは，電磁気学の教科書に書いてある通り $-\boldsymbol{E}\cdot\boldsymbol{p}$ で与えられる。これを今の問題に適用すると，r^{-3} に比例した電場と，r^{-3} に比例した大きさの双極子を考えるので，r^{-6} に比例したエネルギーが期待される。これがファンデルワールス引力の起源である。よく用いられるレナード–ジョーンズポテンシャル (Lennard-Jones potential)[*13]は近距離での斥力を表す項が r^{-12}，遠距離での引力を表す項が r^{-6} であり，引力についてはここで行った議論によるファンデルワールス力をよく再現している。

結　合　長

ファンデルワールス結合は結合長が顕著に長い。わかりやすい例で，炭素原子

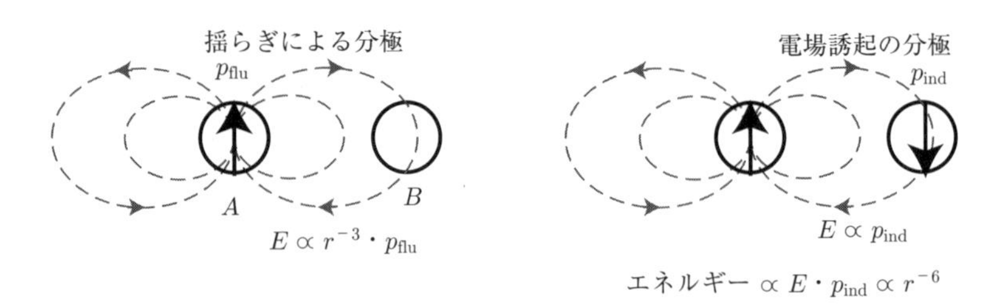

図 1.4　原子 A, B の間に働くファンデルワールス力の起源

*13　John Lennard-Jones の提案したポテンシャル形状である。二人の名前をつなげたのではなく，Lennard-Jones で一人の名前である。

表 1.2 ファンデルワールス半径一覧 (Å)。文献 [29] の crystallographic radii の値。
†: 文献 [28] の値。

H†																	He†
1.20																	1.40
Li	Be											B	C	N	O	F	Ne†
2.20	1.90											1.80	1.70	1.60	1.55	1.50	1.54
Na	Mg											Al	Si	P	S	Cl	Ar†
2.40	2.20											2.10	2.10	1.95	1.80	1.80	1.88
K	Ca	Sc	Ti	V	Cr	Mn	Fe	Co	Ni	Cu	An	Ga	Ge	As	Se	Br	Kr†
2.80	2.40	2.30	2.15	2.05	2.05	2.05	2.05	2.00	2.00	2.00	2.10	2.10	2.10	2.05	1.90	1.90	2.02
Rb	Sr	Y	Zr	Nb	Mo	Tc	Ru	Rh	Pd	Ag	Cd	In	Sn	Sb	Te	I	Xe†
2.90	2.55	2.40	2.30	2.15	2.10	2.05	2.05	2.00	2.05	2.10	2.20	2.20	2.25	2.20	2.10	2.10	2.16
Cs	Ba	La	Hf	Ta	W	Re	Os	Ir	Pt	Au	Hg	Tl	Pb	Bi	Po	At	Rn
3.00	2.70	2.50	2.25	2.20	2.10	2.05	2.00	2.00	2.05	2.10	2.05	2.20	2.30	2.30	—	—	—

間の共有結合長とファンデルワールス結合長を比較しよう。C–C 単結合の共有結合距離は 1.54 Å である。一方，ファンデルワールス結合でつながっているグラファイトの面間隔は 3.35 Å であり，原子間距離にすると 3.64 Å である。同様にファンデルワールス結合している MoS_2 の S 間の面間距離は 3.1 Å，雲母の面間距離も 3 Å である。文献 [28], [29] にファンデルワールス半径の一覧が報告されている。おもに文献 [29] に従って一覧表を表 1.2 にまとめた。

ファンデルワールス力は物質表面に原子や微粒子を吸着する。これは物理吸着と呼ばれ，吸着に伴う結合距離はやはりファンデルワールス半径に対応した量になる。

1.4 共有結合

水素分子は中性の水素原子二つよりもエネルギーが低い。これは原子の $1s$ 軌道よりも，分子の結合性軌道の方がエネルギーが低いためである。二つの水素原子を近接させると，ポテンシャルの形状が変わる。そのため，量子力学で習うように，孤立原子に対する固有状態である $1s$ 軌道などは固有状態でなくなり，それぞれの $1s$ 軌道の和で近似される結合性軌道と，差で近似される反結合性軌道が固

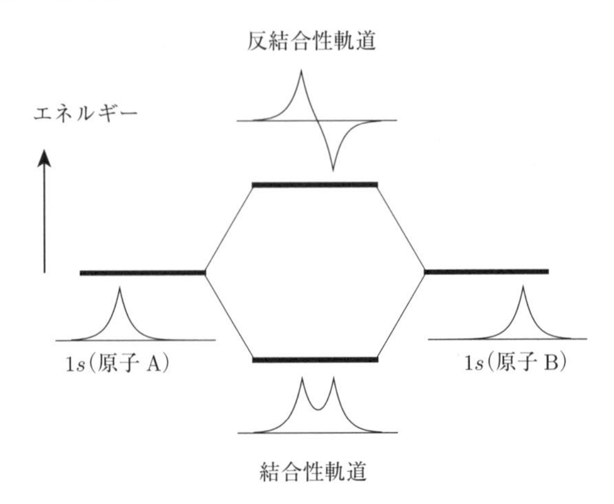

図 1.5　水素分子の共有結合のエネルギー準位と波動関数の模式図。

有状態になる*14。この状況を図 1.5 に示した。原子二つにまたがった結合性軌道の波動関数は，節を一つ持つ反結合性軌道の波動関数と異なり，二つの原子核の間に大きな存在確率を持つ。正の電荷を持つ原子核の間に負の電荷を持つ電子が入ることで静電エネルギーが減少し，安定化する*15。この結合形式は，一つの電子を二つの原子核で共有するために，共有結合と呼ばれる。

詳細な計算[30]によると，水素分子のエネルギーは -31.96 eV，内訳は，運動エネルギー $+31.96$ eV，核–核ポテンシャルエネルギー $+19.42$ eV，核–電子ポテンシャルエネルギー -99.42 eV，電子–電子ポテンシャルエネルギー $+16.00$ eV である。電子間相互作用*16の効果による総エネルギーの変化は，電子間の相互作用を無視した近似法であるハートリー–フォック法によって計算したエネルギーと，電子間相互作用を取り入れた計算で得たエネルギーとを比較することで得られ，

---

*14　高校の化学では H_2O の結合が $\mathrm{H{:}\ddot{\underset{..}{O}}{:}H}$ のように，O と H の間で "共有電子対" を作ることに起因する，と教わったかもしれない。これは量子力学誕生以前のアイデアであり，現代の視点では疑問の余地なく間違っている。電子対を作ることはまったく共有結合にとって本質的ではない。その端的な例は H_2^+ イオンである。陽子二つと電子一つからなるこのイオンは明らかに共有結合で結合しているが，どう考えても電子対を持つことはあり得ない。

*15　納得するためには，原点に $-q$, $(\pm1, 0, 0)$ に $+q$ の点電荷を置いた時の静電エネルギーを計算してみるとよい。

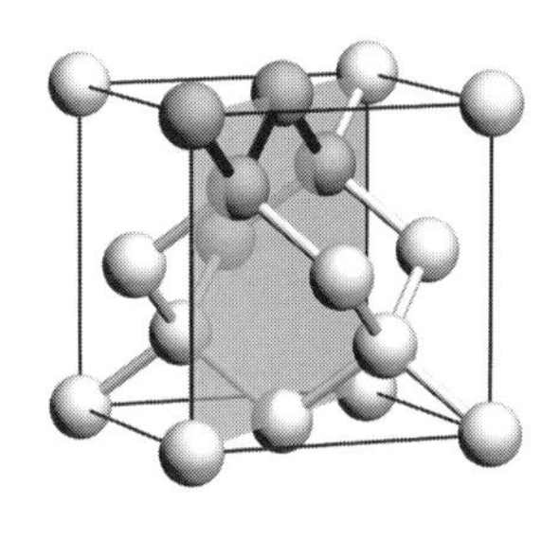
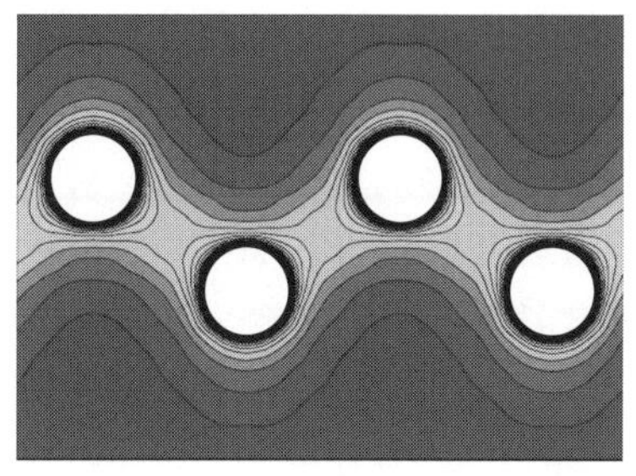

図 1.6 X 線回折の結果をマキシマムエントロピー法で解析して得た Si の電子密度分布[31]。結晶構造の中の左図灰色の面上，灰色に塗った原子と，その間の黒線で示したボンド付近を描いた。原子間に共有結合を形成する電子雲が観測されている。

そのエネルギーは 1 eV 程度である。水素分子のエネルギー -31.96 eV と，水素原子のエネルギー二つ分（-13.6 eV$\times 2$，ここで 13.6 eV は水素のイオン化エネルギー）を比較することで，結合エネルギー 4.75 eV が得られる*17。

これと同様に，結晶全体が共有結合でつながる場合がある。代表例はダイヤモンドやシリコンである。これらの結晶に対して X 線回折を用いて電子密度解析を行うと，図 1.6 に示したように[31]，実験的に原子核と原子核の中間に大きな電子

*16 電子間の相互作用を電子相関 (electron correlation) という用語で普通は表す。しかし，統計学的な意味での相関 (correlation) という用語は，偶然であれ因果関係があるのであれ，ともかく二つの量の増減に関係があることのみを意味する。構造を表現するのにも，この意味で相関という言葉を使うので，相互作用の意味で相関という言葉を使うのは混乱を招く。そこで本書では，相互作用の意味で相関という言葉は，広く普及した“強相関電子”という用語を除き，一切使わない。

*17 この計算では運動エネルギーがポテンシャルエネルギーの $-1/2$ 倍になっている。これはビリアル定理（virial theorem, virial とはラテン語の“力”にあたる語を基にクラウジウスが作った造語）による。一般にポテンシャル $V(x)$ が x^a に比例する場合，定常状態の運動エネルギーの期待値 $\langle K\rangle$ とポテンシャルエネルギーの期待値 $\langle V\rangle$ の間に $\langle K\rangle = (a/2)\langle V\rangle$ という関係が成立する（証明は多くの量子力学や力学の教科書に書かれているので，省略する）。分子を構成する相互作用はクーロンポテンシャルであるので，$a=-1$ である。水素分子について，教科書によく出てくるハイトラー–ロンドン近似や分子軌道法で計算すると，まったくこのビリアル定理を満たさない結果が出るので，どこかしら十分に正しくない部分があることがわかる。

なお，調和振動子のポテンシャルは $a=2$ であり，$\langle K\rangle = \langle V\rangle$ が期待される。これがエネルギー等分配則である。逆の表現をすると，エネルギー等分配則とは，$a=2$ の場合に対応するビリアル定理の特別な場合にあたる。

密度が観測される。この電子密度は共有結合を形成する電子そのものである。

共有結合とイオン結合は，多くの場合，はっきりと分けられない。Si やダイヤモンドのように同種元素だけで構成されている結晶はイオン結合性を持たないが，異種元素の組み合わせでは，両方の性質を大なり小なり併せ持つことになる。この比率を表す目安として，イオン結合性の強さを表す“イオン性”が使われる。イオン性 p にはいくつかの定義があるが，ポーリングの定義では，結合する二つの元素 A と B の電気陰性度 x_A, x_B を用いて

$$p = 1 - \exp\left[-\frac{(x_A - x_B)^2}{4}\right] \tag{1.1}$$

と定義されている。電気陰性度もイオン性も相対値で定義される，ただの目安である。ポーリングの電気陰性度の一覧を表 1.1 に示した。Na–Cl，Fe–O，C–O 結合のイオン性はそれぞれ 0.71，0.48，0.18 である。

混 成 軌 道

図 1.5 に示したように，二つの原子が接近した場合，孤立原子の場合からポテンシャル形状が変化するため，孤立原子での固有状態であった $1s, 2s, 2p, \cdots$ は，もはや固有状態ではなくなる。水素分子を考えた際には二つの原子の $1s$ 軌道が混ざったような軌道が固有状態になった。では，一般にはどう考えたらよいだろうか。

適用範囲が広い考え方は摂動論である[*18]。量子力学の教科書を見ればわかるように，非摂動ハミルトニアンに対する n 番目の固有関数を $|\psi_n^{(0)}\rangle$ とし，摂動ハミルトニアンを H' として，一次の摂動項 $|\psi_n^{(1)}\rangle$ は次のように書ける。

$$|\psi_n^{(1)}\rangle = \sum_{k \neq n} \frac{\langle \psi_k^{(0)}|H'|\psi_n^{(0)}\rangle}{E_n^{(0)} - E_k^{(0)}} |\psi_k^{(0)}\rangle \tag{1.2}$$

ただし $E_n^{(0)}$ は $|\psi_n^{(0)}\rangle$ に対応する非摂動エネルギーである。ここからわかること

*18　物理学者がどのようにものを見るかの非常によい例が，テイラー展開に代表される級数展開と，フーリエ変換に代表される直交関数展開である。どちらも，よく知っているものですべてのものを書き下して解釈しよう，という立場である。摂動論はよくわかっている非摂動ハミルトニアンに対する固有関数を用いて摂動による修正を記述しよう，という手法であり，思想は級数展開や直交関数展開によく似ている。

は，非摂動解と固有エネルギーが近い波動関数がおもに摂動によって混成するということである。もしエネルギーが非常に遠いのであれば，分母が大きくなり，対応する摂動項が非常に小さくなる。

ここで，例えば炭素原子に x 方向の電場がかかっている場合を考えよう。静電ポテンシャルを $\phi(\boldsymbol{r})$，素電荷を e として，摂動ハミルトニアンは $-\phi(\boldsymbol{r})e$ のように書かれる。x 方向の定常電場を出すためには $\phi(\boldsymbol{r}) \propto x$ である必要があるため，$H' \propto x$ である。式 (1.2) の分子の $\langle\psi_k^{(0)}|H'|\psi_n^{(0)}\rangle$ が 0 でない値を持つためには，$\langle\psi_k^{(0)}|$ と $|\psi_n^{(0)}\rangle$ のどちらかが s 軌道（対称性が 1 と同じ）で，どちらかが p_x 軌道（対称性が x と同じ）である必要がある[*19]。

炭素の s 軌道と p_x 軌道の混成を考えよう。A_s, A_x を定数として，$A_s|s\rangle+A_x|p_x\rangle$ を考える。規格化の条件から，$A_s^2+A_x^2=1$ である。炭素では $2s$ のほうが $2p$ より若干エネルギーが低いが，十分に混成を起こすことができる程度の差に留まる。$|s\rangle$ を基準に考えた場合，摂動の強さに比例して A_x は大きくなる。図 1.7(a) に示したのは $A_s=\pm A_x=1/\sqrt{2}$ の状況である。図からわかるように，原子核の位置から $+x$ 方向，あるいは $-x$ 方向に非対称に広がった波動関数がこの混成によって生じる。これは sp 混成軌道である。また，二つの直交した軌道を混ぜているので，混ぜた結果も二つの直交した軌道ができる。図 1.7(b) に，混ざった軌道の模式図を示した。例えば 2 本の灰色の矢印で示した二つの波動関数が固有状態になることもあるし，点線の 2 本の矢印で示した二つの波動関数が固有状態になることもある。固有状態は摂動の大きさで決まり，s と p_x が縮退している場合を除いて，好きに選んでよいわけではない。

sp 混成軌道を持った原子 A と，やはり sp 混成軌道を持った原子 B が近接すると，この二つの sp 混成軌道が結合性と反結合性に分かれる点は図 1.5 に示した水素分子の結合と同様である。

次に sp^2 混成軌道を考えよう。混成に関与するのは s, p_x, p_y の三つの直交し

---

*19 $\langle\psi_k^{(0)}|H'|\psi_n^{(0)}\rangle$ は $\int\psi_k^{(0)*}H'\psi_n^{(0)}d\boldsymbol{r}$ のような意味であることを思い出そう。積分した結果が 0 でない値を持つかどうかの判定は群論を用いるのが正しいが，今の例に限った話をするならば次のようになる。定数倍を完全に無視すると，H' は x と置き換えてよい。$|\psi_k^{(0)}\rangle$ と $|\psi_n^{(0)}\rangle$ がそれぞれ $|p_x\rangle$, $|s\rangle$ に対応する積分は $\int x\cdot x\cdot 1d\boldsymbol{r}$ と同じ対称性であり，これは偶関数の積分であるために 0 でない値を持つ。もしこの二つがどちらも $|s\rangle$ であれば $\int 1\cdot x\cdot 1d\boldsymbol{r}$ と同じ対称性になり，これは奇関数の積分であるため 0 である。

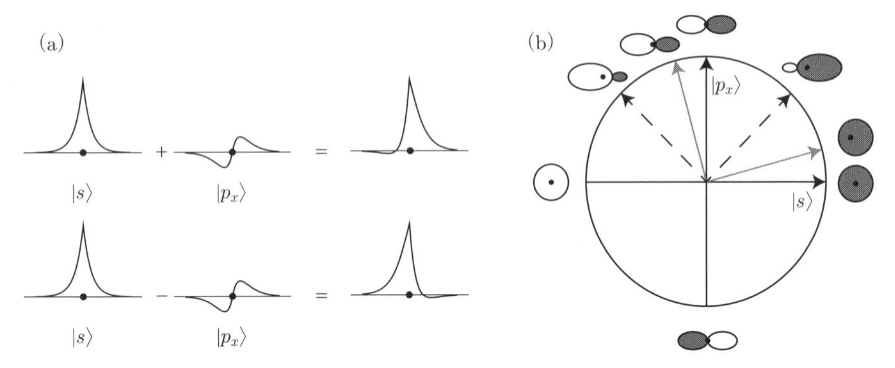

図 1.7　(a) sp 混成軌道の模式図。黒丸は原子核の位置を表す。$|s\rangle$ は $2s$ 軌道の場合，動径方向に節が一つ入るが，この図では省略した。(b) $|s\rangle$ と $|p_x\rangle$ の軸をそれぞれ横軸，縦軸に取り，この二つを混ぜた時の波動関数の模式図を示した。$|s\rangle$ と $|p_x\rangle$ のラベルのあるベクトルが $|s\rangle$, $|p_x\rangle$ を示している。点線矢印は $(1/\sqrt{2})(|s\rangle \pm |p_x\rangle)$，灰色の矢印は $A_s|s\rangle + A_x|p_x\rangle$ のうち，比較的 $|s\rangle$ と $|p_x\rangle$ に近い組み合わせである。

た軌道である。混成した結果も，三つの直交軌道になる。まずは p_x と p_y を混ぜることを考える。二つの p 軌道を $\cos\theta|p_x\rangle + \sin\theta|p_y\rangle$ のように混ぜると，x 軸から θ 回転した方向に伸びた p 軌道ができあがる。この事情を図 1.8(a) に示した。ここに s 軌道を混ぜれば，原子核から角度 θ の方角に手を伸ばした軌道が完成する。s, p_x, p_y の三つを対称性よく混ぜると，120° ずつ回転した $(1/\sqrt{3})(|s\rangle + \sqrt{2}\cos\theta|p_x\rangle + \sqrt{2}\sin\theta|p_y\rangle)$，ここで $\theta = 0$ および ±120°，が得られる。これがよくいわれる sp^2 混成軌道であり，図 1.8(b) に灰色の矢印で示した波動関数である。

しかし，実際のところ，この三つを対称性よく混ぜなくてはならない理由は特にない。θ を選べば，x-y 面内でほぼ任意の方角に広がった混成軌道を作ることができる（複数の軌道に同じ θ を与えることはできない。直交関数を作るために，$|s\rangle$ の混ぜ方を調整する必要が出る）。どのような角度に電子雲を伸ばすかは，摂動の与え方で決まる。通俗的な説明である，sp^2 混成軌道が 120° の角度を成すから結合角が 120° になる，というのは本末転倒した表現である。ある炭素原子が三つの原子と結合し，この三つがお互いになるべく遠ざかるほうがエネルギーが下がる状況であるから 120° 間隔の sp^2 混成軌道が形成される，という方向に話を

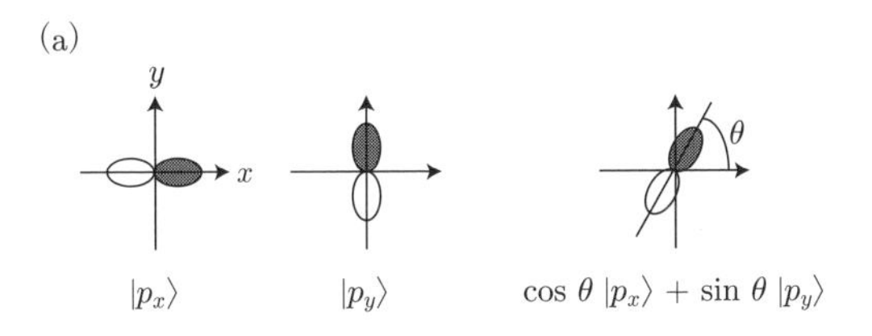

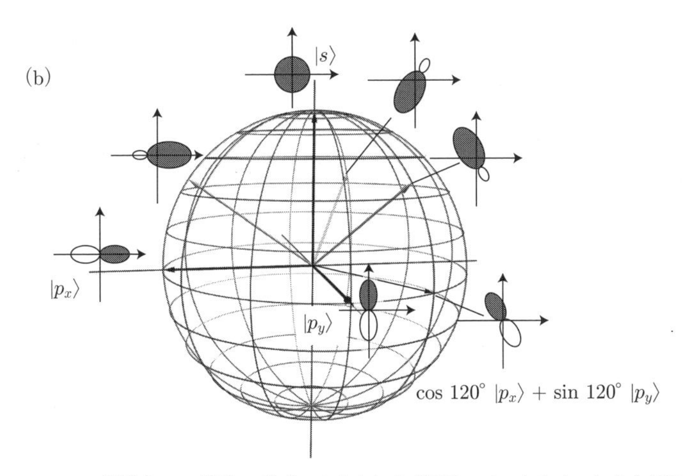

図 1.8 (a) p_x 軌道と p_y 軌道の混成。(b) $|s\rangle$ を鉛直に，$|p_x\rangle$ と $|p_y\rangle$ を水平面内に取った，三次元の波動関数の空間。水平面内は $|p_x\rangle$ と $|p_y\rangle$ の混合であるので，(a) で示したように任意の向きに伸びた p 軌道が出てくる。鉛直方向の成分は $|s\rangle$ が入るため，sp 混成と同じ要領で原子核位置から片側に広がった波動関数が形成される。黒い矢印で $|s\rangle$，$|p_x\rangle$，$|p_y\rangle$ を示した。灰色の矢印は 120° 間隔に伸びた三つの直交した sp^2 混成軌道の波動関数を表す。波動関数の模式図を，$|p_x\rangle$, $|p_y\rangle$, $\cos 120^\circ|p_x\rangle + \sin 120^\circ|p_y\rangle$（下側三つ），$|s\rangle$（一番上の灰色の円），および sp^2 混成軌道（残りの三つ）について示した。

するのが正しい。実際の化学結合でも，“結合手”の伸びる方角はかなり柔軟に変化する。sp^3 混成軌道についても同様である。

結　合　長

共有結合の結合長は，原子の組み合わせが決まっていればかなり安定して決まっている。C–C 単結合では，有機分子での結合長は通常 1.54 Å であり，まったく

表 1.3　共有結合半径一覧 (Å)[32]。†：単結合に対する値。二重結合，三重結合はそれぞれ 0.73 Å，0.69 Å。‡：低スピンに対する値。高スピンに対する値は Mn：1.61 Å, Fe：1.52 Å, Co：1.50 Å。高スピン，低スピンに関しては 4.2.1 項参照。

H																	He
0.31																	0.28
Li	Be											B	C	N	O	F	Ne
1.28	0.96											0.84	0.76†	0.71	0.66	0.57	0.58
Na	Mg											Al	Si	P	S	Cl	Ar
1.66	1.41											1.21	1.11	1.07	1.05	1.02	1.06
K	Ca	Sc	Ti	V	Cr	Mn	Fe	Co	Ni	Cu	An	Ga	Ge	As	Se	Br	Kr
2.03	1.76	1.70	1.60	1.53	1.39	1.39‡	1.32‡	1.26‡	1.24	1.32	1.22	1.22	1.20	1.19	1.20	1.20	1.16
Rb	Sr	Y	Zr	Nb	Mo	Tc	Ru	Rh	Pd	Ag	Cd	In	Sn	Sb	Te	I	Xe
2.20	1.95	1.90	1.75	1.64	1.54	1.47	1.46	1.42	1.39	1.45	1.44	1.42	1.39	1.39	1.38	1.39	1.40
Cs	Ba	LA	Hf	Ta	W	Re	Os	Ir	Pt	Au	Hg	Tl	Pb	Bi	Po	At	Rn
2.44	2.15		1.75	1.70	1.62	1.51	1.44	1.41	1.36	1.36	1.32	1.45	1.46	1.48	1.40	1.50	1.50
Fr	Ra	AC															
2.60	2.21																
		La	Ce	Pr	Nd	Pm	Sm	Eu	Gd	Tb	Dy	Ho	Er	Tm	Yb	Lu	
		2.07	2.04	2.03	2.01	1.99	1.98	1.98	1.96	1.94	1.92	1.92	1.89	1.90	1.87	1.87	
		Ac	Th	Pa	U	Np	Pu	Am	Cm	Bk	Cf	Es	Fm	Md	No	Lr	
		2.15	2.06	2.00	1.96	1.90	1.87	1.80	1.69	—	—	—	—	—	—	—	

性質が異なるダイヤモンドの結合長でも 1.546 Å である。多数の化合物の構造から表 1.3 のように共有結合半径がまとめられている[32]。

1.4.1　配 位 結 合

配位結合は錯体に見られる結合様式である。遷移金属の周囲を陰イオンが取り囲んだ (= 配位した) 状況を考えよう。陰イオンを点電荷で近似し，遷移金属へ摂動を与えると取り扱おう[*20]。この摂動によって遷移金属の d 軌道のエネルギー準位の縮退が解け，ある軌道はエネルギーが下がり，別の軌道は上がる。その中の一部の軌道のみが占有されると，金属と陰イオンが孤立している状態よりも全体のエネルギーが下がる場合があり得る。例えば遷移金属イオンの周囲を $(\pm a, 0, 0)$, $(0, \pm a, 0)$, $(0, 0, \pm a)$ の正八面体型に陰イオンが取り囲むことで，xy, yz, zx の三

*20　このやや荒っぽい考え方は結晶場理論と呼ばれる。

つの d 軌道のエネルギーを下げることができる。この三つの軌道を電子が占有することで，孤立したイオンの状態よりエネルギーが下がり，この八面体配位構造が安定化する。これが配位結合である[*21]。配位結合で金属イオンにつながった陰イオンを配位子 (ligand) と呼ぶ。

遷移金属錯体でよく見られるのは，八面体配位，四面体配位，平面四配位である。四面体配位は d^0, d^{10} によく見られる。平面四配位は d^8 に多い。八面体配位はほぼすべての場合に生じ得るが，d^9，高スピンの d^4，低スピンの d^7 では八面体が顕著に歪む[*22]。これらについては 4.2 節でより詳しく議論する。

1.5 金属結合

アルミニウムなどに代表される典型的な金属の特徴は，大きな電気伝導度である。物質中の電子を平面波と見てよいのであれば，3.1.1 項や 7.2 節で述べるように，電子はほとんど散乱を受けずに結晶中を進行することになるため，大きな電気伝導度を素直に表現できる。この状況を単純に表すために，原子核から遠いところは平坦で，原子核の近辺だけで傾きを持つようなポテンシャルで電子の動きを再現することができるとよい。この描像は，周期配列したイオンが電子ガスの中に埋まっているともいえよう。これが金属の本性である。

物質中の電子の振る舞いを考えるために，電子に対してイオンが作る本当のポテンシャルではなく，イオンから離れたところで見た時に同じ効果を出すような“擬ポテンシャル (pseudo potential)” がしばしば用いられる。上で期待したとおり，原子核から遠いところは平坦で，原子核の近辺も真のクーロンポテンシャルより傾きが小さくなるように擬ポテンシャルを選ぶことができ，これを用いること

*21 配位結合について，“共有結合と似ているが，結合に関与する電子が一方のみから供与される場合を配位結合という” というような説明がしばしばなされている。これは配位子の最外殻電子と金属の間の混成も考えに入れた表現である。しかし，最終的にできあがる分子軌道に対してエネルギーが低い順に電子を詰めていくという，水素分子を拡張したような化学結合の描像に立つと，どちらの原子出身の電子という考え方自体が意味を持たない。配位結合は共有結合の一種で，単に結合前のエネルギーがかなり異なるが故に結合が弱い場合が多い，という表現が，物理として見た時にわかりやすい表現であろうと考える。

*22 「歪み」は物性物理分野では通常，「ひずみ」と読む。弾性力学や材料工学での用語と同じである。一方，一般相対性理論では「(時空の) ゆがみ」と読む慣習になっている。

で，自由空間に置いた電子を出発点に金属中の電子の振る舞いを議論できる。以下，この擬ポテンシャルを用いて話を進める*23。

電子の波動関数 ψ は，狭い場所に局在しているよりも，空間的に広がっている方が運動量 $-i\hbar\nabla\psi$ が小さいことになり，運動エネルギーが下がると期待される。これが金属結合の起源である。同様の考え方はさまざまな局面で現れる。例えば広く使われているハバード (Hubbard) モデル（3.5.3 項の式 (3.6) 参照）の飛び移り積分が入った項はこの効果を式に表したものである。この論法ではすべての物質が広がった波動関数を持って金属になりそうであるが，それは明らかに事実と反する。例えば NaCl は Na の小さいイオン化エネルギーと Cl の大きい電子親和力，さらにマーデルングエネルギーによって Na^+ と Cl^- に分かれて安定化し，金属結合に利用する電子は残らない。

なお，擬ポテンシャルを用いずに本当のポテンシャルを使った場合には，実は結合を形成すると運動エネルギーが増加し，それ以上にポテンシャルエネルギーが下がるという表現になる。これは 13 ページ *17 に述べたビリアル定理の直接の帰結である。上の擬ポテンシャルを用いた説明では“動いていると運動エネルギーが小さくなる”という不思議な表現になっていたが，それは擬ポテンシャルを使ったために出てきた見かけの効果であるようだ*24。

結　合　長

六配位 Na^+ のシャノンのイオン半径は 1.02 Å であるが，金属 Na の原子間距離の半分で定義した金属 Na の半径は 1.83 Å と，8 割も大きくなる。このようなイオン半径の違いは軽元素で特に顕著であり，例えば鉛で比較すると，二価 12 配位のイオン半径は 1.49 Å，金属鉛の半径は 1.75 Å と，2 割以下の変化に留まる。この違いは量子力学的な効果に起因する。

ファンデルワールス結合やイオン結合の理論は，個々の原子やイオンの持つ電子分布が孤立原子の場合とよく似ているために，比較的簡単に，定量的に実験を

*23　多くの論文でも暗黙のうちにこの立場をとっている。

*24　理論をきちんと説明している教科書にはしばしばこの説明は現れる[12], [20]。例えば文献 [12] の 4.1 節参照。擬ポテンシャルを使った場合，13 ページ *17 で用いた a が -1 ではなくなる。その結果，ビリアル定理 $\langle K\rangle = (a/2)\langle V\rangle$ の形が $\langle K\rangle = (-1/2)\langle V\rangle$ から変わるが，どう変わるかは擬ポテンシャルの形状に依存する。

再現することができる。一方で共有結合や金属結合では，結合の形成に伴って電子配置が孤立原子の状態から大きく変わるため，量子力学的な計算を通さないと満足できるものにならない。金属結合の場合，自由電子ガスの中にイオンが浮かんでいるような状況であるため，自由電子ガスの性質によって結合が支配される。自由電子ガスの性質については 3.1.1 項や 3.2 節に譲る。

1.6 水素結合

水素結合は高校の化学で習うほどよく知られている力であるが，定義が難しい力でもある。2011 年の IUPAC technical report によると[33]，水素結合は次のように定義されている：“X–H 結合（X は水素より電気陰性度の高い元素）と，原子あるいは原子団との間に形成される，結合と見なされる引力相互作用である”。水素結合は静電的な力と，若干の共有結合性，その他さまざまな力が重なり合ったものと認識されている。

具体例を挙げると，電気陰性度の強い F, O, N などと共有結合した水素が，近傍の孤立電子対と引き合う力である。単に電気双極子間の相互作用の強いものであると書いた教科書も存在するが，それでは説明できない部分が残る。電気陰性度の高い原子と水素の結合周辺に働く，さまざまな起源による引力を水素結合と呼ぶ，とだけ受け入れておいてもよいだろう。

第2章
熱 的 性 質

熱的性質には熱振動が第一義的に重要である。磁性や伝導電子に関連する比熱が低温で現れ，それらの測定が物性物理の理解に大きく役立つ場合が多い。しかし，このような電子系の寄与を取り出すためには，格子比熱を差し引く必要がある。そのため，仮に電子系に注目したい場合であっても，格子の熱運動に関する正しい理解は要求される。ここでは連続体近似（= 長波長近似）を用いて，すべての固体に共通の大まかな性質は何かを見る。波長が原子間距離に近づいてくることで現れてくる性質についても触れ，全体像をはっきりさせることを本章の目的とする。

2.1　熱振動とフォノン

2.1.1　最近接原子との相互作用

簡単のために一次元モデルで話を進める。単位胞の大きさは a，単位胞には質量 M の原子が一つあり，隣接する原子とはバネ定数 K のバネでつながっている古典的な連成振動子を考える（図 2.1）。n 番目の単位胞の原子の変位量を u_n とする。

バネが持つポテンシャルエネルギー U は

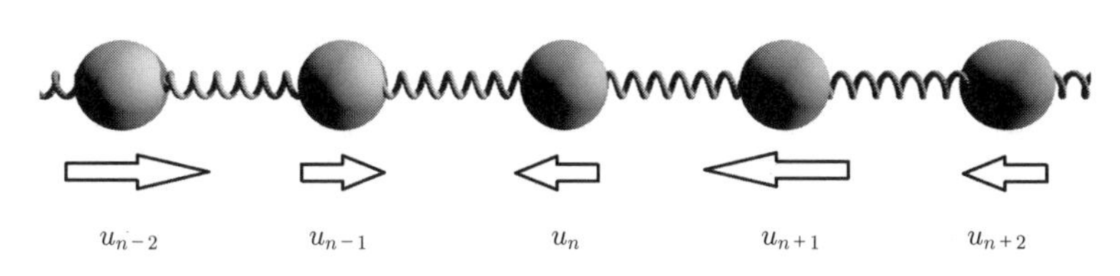

図 2.1　一次元連成振動子による格子振動模型

$$U = \frac{1}{2}\sum_n K(u_{n+1} - u_n)^2 \tag{2.1}$$

n 番目の原子に働く力 F_n は

$$F_n = -\frac{\partial U}{\partial u_n} = -K(2u_n - u_{n-1} - u_{n+1}) = M\ddot{u}_n \tag{2.2}$$

と書ける。この式はフックの法則 (Hooke's law) に則って作り出した，非調和性のまったくない式である[*1]。ここで，$u_n = u_q \exp[i(\omega t - qna)]$ という解の形を仮定して解を探す。

$$\begin{aligned} M\ddot{u}_n &= M\frac{d^2}{dt^2}u_q \exp[i(\omega t - qna)] \\ &= -\omega^2 M u_q \exp[i(\omega t - qna)] \\ &= -\omega^2 M u_n \end{aligned} \tag{2.3}$$

これを式 (2.2) と組み合わせ，$-\omega^2 M u_n = -K(2u_n - u_{n-1} - u_{n+1})$ といえる。$u_{n+1} = u_n \exp(-iqa)$ を用い[*2]，

$$\begin{aligned} \omega^2 M u_n &= K u_n[2 - \exp(iqa) - \exp(-iqa)] \\ &= 2K u_n[1 - \cos(qa)] \\ \omega^2 &= \frac{2K}{M}[1 - \cos(qa)] = \frac{4K}{M}\sin^2\left(\frac{qa}{2}\right) \end{aligned} \tag{2.4}$$

を得る。ω と q の関係を図 2.2 に示した。これをフォノンの分散関係と呼ぶ[*3]。

---

*1 フックの法則に従う復元力のみが働く場合，振動は単純な正弦波になり，そのような振動子を調和振動子という。復元力がフックの法則から外れると単純な正弦波から外れた運動をするようになる。このような調和振動子からのズレを非調和性という。

*2 ここで仮定した解の形，$u_n = u_q \exp[i(\omega t - qna)]$ から，$u_{n+1} = u_n \exp(-iqa)$ はすぐわかる。

*3 フォノン (phonon) は音（phon，電話は telephone である）の量子（-on が語尾につく。photon, proton などを思い出そう）である。古典的な話しかしていないのに，なぜか突然量子的な話になってしまったと思うだろう。本来ならばこれは格子振動の分散関係と呼んでおくべきものである。しかし，古典的に導いたものの，この振動数 ω の振動は $\hbar\omega$ を単位に量子化されることになるので，この段階でフォノンと呼んでしまうことが普通である。古典電磁気学で設計したアンテナから出た電波も，フォトンであることには変わりがないことと同じようなものである。分散という言葉の意図は，2.1.3 項で波の伝搬速度の話と共に述べる。

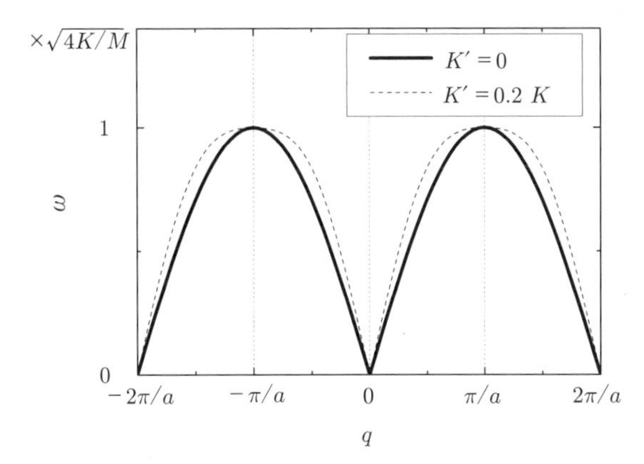

図 2.2 一次元鎖でのフォノン分散関係。いわゆる音波（∼kHz 程度，波長 1 m の桁）は $q \sim 0$ の長波長に該当するため，$q = 0$ でのこの図の傾きが音速を表す。太い実線は最近接相互作用 K のみを計算に入れた場合，細い点線は第二近接との相互作用 K' を K の 0.2 倍の大きさで取り込んだ場合の計算値を示している。

この分散関係を見ると，q について $2\pi/a$ の周期性があることに気付くだろう。これは結晶格子が離散的であることによる。この一周期分の範囲をブリルアンゾーン (Brillouin[*4] zone) と呼ぶ。$q = 0$ を含むブリルアンゾーンを第一ブリルアンゾーンと呼ぶ。ブリルアンゾーン一つ分について考えれば，格子に関する情報はすべて取り込んだことになる。

原子間に働くバネ定数（原子間力定数，force constant）K の大きさは弾性定数から見積もることができる。断面積 1 mm^2 の銅線に 10 kg の錘を吊り下げると，0.1%伸びる。原子間距離を 1 Å，重力加速度を 10 $\mathrm{m/s}^2$ と近似すると，100 N を 10^{14} 個のボンドで受け止めた際に 10^{-3} Å 伸びることになり，バネ定数は 10^{-12} N/10^{-13} m=10 N/m 程度とわかる。中性子非弾性散乱によるフォノン分散曲線の測定から報告されている値もこの程度である。

2.1.2 遠方の原子との相互作用の影響

フォノンの分散関係から原子間の力定数を求めると，弾性定数からでは求める

*4 Brillouin はフランスの人名である。カタカナ表記する際，ブリルアンのほか，ブリユアン，ブリルワンなどと書くこともある。

ことができない“次近接以降の遠方の原子との間の力定数”も求められる。これにより，固体中の原子間に働く結合の強さを知ることができる。例えば，式 (2.1) では第一近接の間にしか力が働かないモデルで考えたが，

$$U = \frac{1}{2}\sum_n [K(u_{n+1} - u_n)^2 + K'(u_{n+2} - u_n)^2]$$

のように第二近接間の相互作用がある場合にどうなるかを計算できる。前項と同様の計算により，式 (2.4) の代わりに

$$\omega^2 = \frac{4}{M}\left[K\sin^2\left(\frac{qa}{2}\right) + K'\sin^2(qa)\right]$$

を得る。K' を 0.2 K とした場合のフォノン分散曲線を図 2.2 に点線で示した。弾性定数から K と K' を分けて求めることは不可能であるが，フォノンの分散曲線を見れば K と K' を分離することが可能になる*5。

2.1.3　音波の速度と分散

図 2.2 のような分散曲線から格子振動の伝搬速度を読み取ることができる。分散曲線上の点 (q, ω) は，ある波数 q の振動は振動数 ω を持つという関係を示している。この振動は周期 $T = 2\pi/\omega$，波長 $\lambda = 2\pi/q$ を持つ。波の速度は，波が λ 進むのに T の時間を要するので，λ/T と書ける。これを ω と q で書くと，$(2\pi/q)\cdot(\omega/2\pi) = \omega/q$ となる。以上より，単一波長の波の速度，つまり位相速度は ω/q とわかる。可聴域の音（$\sim$kHz，波長 1 m 程度）に対応するような長波長では $q \sim 0$ と近似でき，$\omega = \sqrt{K/M}\,|qa|$，位相速度（= 音速）は $\sqrt{K/M}\,a$ とわかる。無限に長い完全結晶（ここでは一次元系を考えている）を仮定すると，結晶中の任意の基準振動（今の場合は正弦波的な格子振動）は，その形を変えず，

*5　逆に，原子ごとに周囲に形成するポテンシャルの一覧表を作っておいて，それを基に化合物のフォノン分散曲線を手早く計算できるのではないか，と期待したくなるが，これは不可能である。第一に，結合の様式は化合物ごとに異なり，そのために同じ原子が作る周辺原子へのポテンシャルもさまざまに変化する（1 章参照）。さらに，フォノンの分散関係からは第五隣接程度までの相互作用が見出されることが多く，そのような遠方までの原子間力を統一的に求める手順を決めるのは簡単な手順ではない。第一原理計算による詳細な計算によってフォノンの分散曲線を計算することはできるが，これは結合まで含めた電子状態をすべて計算しているため，既存のポテンシャル一覧表を参照するような手軽な状態からはかけ離れている。

減衰もせず，一定の速度で格子の中を伝わる。

よく使われる群速度は $\partial\omega/\partial q$ で表される。これは波数 q の波 $\sin(\omega t - qx)$ と波数 $q + \Delta q$ の波 $\sin[(\omega + \Delta\omega)t - (q + \Delta q)x]$ が形成する“うなり”の伝搬速度に該当する。少し丁寧に書くと，

$$\begin{aligned}&\sin(\omega t - qx) + \sin\left[(\omega + \Delta\omega)t - (q + \Delta q)x\right]\\&= 2\sin\left[\frac{(2\omega + \Delta\omega)t - (2q + \Delta q)x}{2}\right]\cos\left[\frac{\Delta\omega t - \Delta qx}{2}\right]\end{aligned} \tag{2.5}$$

となる。この状況を図 2.3(a) に示した。うなりの包絡線は一点鎖線で示した $2\cos[(\Delta\omega t - \Delta qx)/2]$ である。この包絡線の移動速度は，位相速度と同様に計算すると $\Delta\omega/\Delta q$ である。$\Delta\omega$ や Δq が小さければ，これは $\partial\omega/\partial q$ となる。うなりの移動速度がわかって何がうれしいのか，と思うだろう。そこで，図 2.3(b) の波束 (wave packet) を考える。上段に示した波の塊（波束）は，下段に示した $q \simeq 3$ の波の重ね合わせでできている*6。波束を形成するために実質的に必要になる q の範囲で $\partial\omega/\partial q$ が一定と見なせるのであれば，波束の移動速度も，うなりの包絡線の移動速度と同じ群速度で表記できる。これが群速度の意味あいである。

ここまで来ると，分散という言葉の意味がわかるようになる。q が小さい（長波長の）範囲で見られるようにフォノンの分散曲線が原点を通る直線であれば，どの波数の振動も同じ速度で伝搬する。しかし，q が大きくなり直線から外れる波数になると，長波長の振動と比べて伝搬速度が変化する（たいていは傾きが小さくなるため，遅くなる)。これは，長波長成分と短波長成分で伝搬速度が異なることを意味し，結果として振動の伝わり方が“ばらけて”くる。この“ばらけ方”を分散と呼んでいる。

2.1.4 三次元の場合，単位胞に複数の原子が含まれる場合

三次元に存在する現実の結晶であれば，q がベクトル $\boldsymbol{q}$ になるほかにもいろいろな違いが出る。まずは「縦波」と「横波」が現れる。波の進行方向と原子変位が平行な縦波モードと，垂直な横波モードが出る，と書かれることも多いが，図 2.4 に例を示したように，これはやや不正確な表現である。長波長の音響モードでは

*6 ここに示したガウス関数型の波束は，q に対する振幅の分布がガウス関数型の時に得られる。

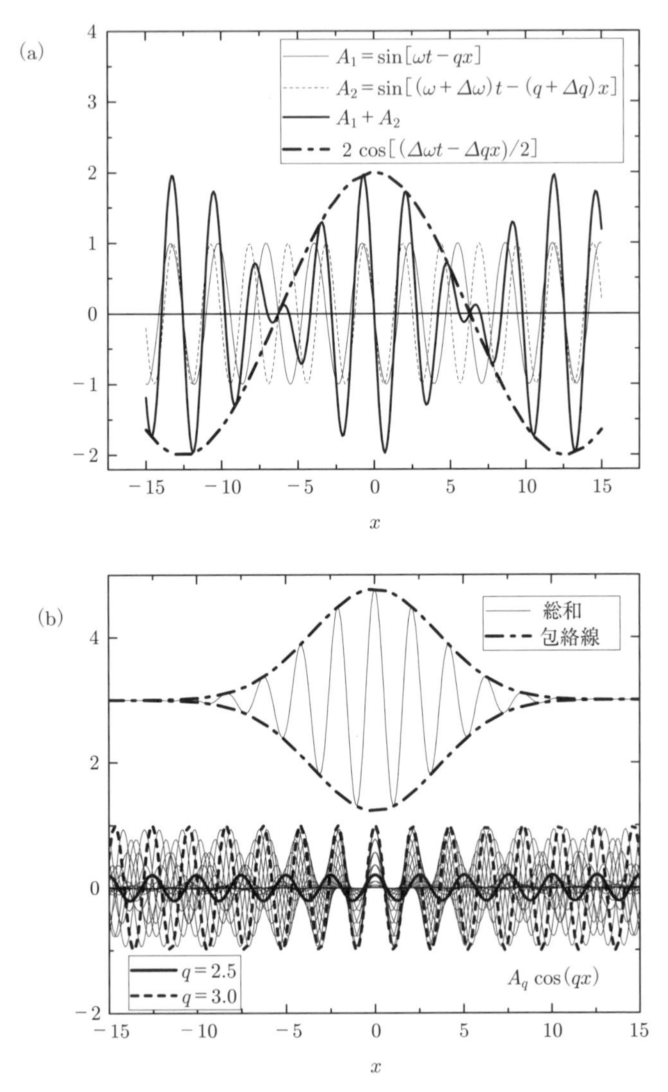

図 2.3　(a) 群速度に対応するうなり。時刻 $t = 0$ での波の形状を示した。細い実線と点線で示した A_1, A_2 の重なった結果を太い実線で示した。太い一点鎖線はその包絡線である。(b) $q \simeq 3$ の波数の波を重ねて作った波束。波束の包絡線の移動速度は，うなりの移動速度と同じである。

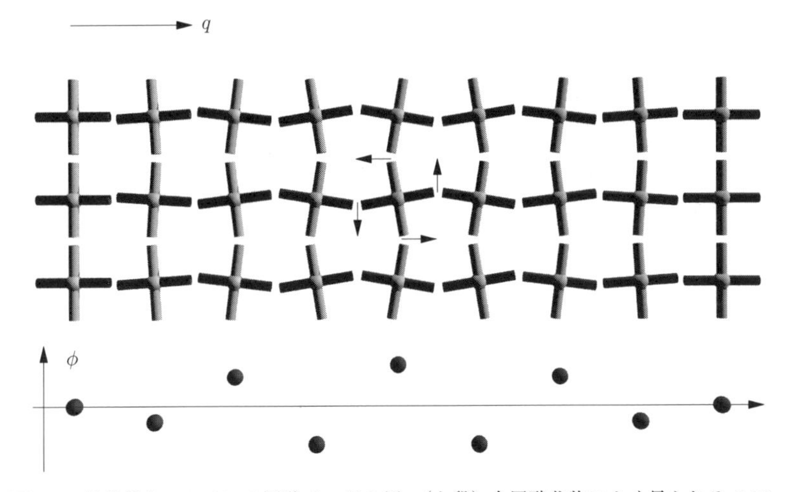

図 2.4 具体的なフォノンの振動モードの例。(上段) 金属酸化物によく見られる MO_6 八面体を球体と十字線で模式化し，単位胞の 16 倍の波長をもつ八面体が回転するモードを図示した。(下段) ある横一列に注目した際の八面体の回転角 ϕ。波数ベクトル $\boldsymbol{q}$ は図の横向きだが，原子変位は縦であったり横であったりする。このような形の基準モードは存在するが，縦波とも横波とも言い難い。

縦波・横波という表現で十分正しいが，一般には基準振動で表現する必要がある。

単位胞に n 個 $(n \geq 2)$ の原子が含まれている場合は，上記の音響モードの振動に加えて，原子が互い違いに動く光学モードが現れる。これらは同じ q でも異なる振動数を持つため，図 2.2 の線の数（ブランチの数）が増える。ブランチ（branch, 日本語で分枝とも書く）の数は $3n$ になる。具体的な例に対する計算は文献 [15] などの別の教科書に譲る。

一般論としていうと，次のようになる：試料全体に含まれる膨大な数（N 個, $N \sim 10^{23}$）の粒子全体の振動を考えると，$3N$ 個の基準振動が得られる。この基準振動の一つひとつを見やすく表示したのがフォノンの分散曲線である。一つひとつの基準振動は異なる $\boldsymbol{q}$，異なるブランチのフォノンに対応する。q 空間（これは運動量空間，波数空間あるいは逆空間と呼んでもよい）でのフォノンの基準振動は有限*7の間隔 Δq の間隔で詰まっており，Δq の大きさは結晶全体の大きさの逆数で決まる*8。なお，格子振動，あるいはフォノンの“モード”という言葉は，$3n$ 本に分かれるフォノンのブランチを指す場合と，$3N$ 個の基準振動を指す場合がある。本書でもどちらの意味か区別せずに使う。

2.1.5　熱平衡状態での格子振動

熱平衡状態では，さまざまなモードの波が立っている。すべての可能な $\boldsymbol{q}$，可能なブランチの波について，エネルギーを等分配した状況が熱平衡状態である[*9]。これがどのような状態であるのかを，一番単純な状態，すなわち単位胞に一つの原子を持つ一次元モデルで確認する。

式 (2.1) を用いる。n 番目の原子の変位 u_n は，すべての q の波の足し合わせで次のように表記できる。

$$u_n = \sum_q u_q \exp[i(\omega t - qna - \phi_q)] \equiv \sum_q u_{n,q} \tag{2.6}$$

ここで ϕ_q は異なる q の波の間の位相ずれを表現する因子であるが，後の議論ではこれがあってもなくても何の影響もない。この要領でエネルギーもモード（基準振動の意，今の場合は q）ごとに分解する。

$$U_q = \frac{1}{2} \sum_n K(u_{n+1,q} - u_{n,q})^2 \tag{2.7}$$

$$U = \sum_q U_q \tag{2.8}$$

異なる q の波は異なる自由度なので，このように分解できる[*10]。U_q について計算すると

$$\begin{aligned} U_q &= \frac{1}{2} \sum_n K\{u_q[\exp(-iqa) - 1] \exp[i(\omega t - qna - \phi_q)]\}^2 \\ &= \frac{1}{2} \sum_n K u_q^2 [\exp(iqa) - 1][\exp(-iqa) - 1] \end{aligned} \tag{2.9}$$

---

*7　この “有限” は，“0 でない” の意。0 は明らかに無限ではないので，なぜ非ゼロを有限というのか筆者は納得いかないが，物理分野を含む多くの科学・工学分野で，非ゼロを有限と表現している。

*8　周期的境界条件に基づく考察で得られる結論である。Δq の大きさは $(2\pi/L)^n$，ここで L は試料の辺の長さで n は次元数（通常は 3），となる。詳細は文献 [15] の 6 章などを参照。

*9　これは古典的な表現である。量子的には式 (2.24) のようにボース分布関数で表現する。ここでは直観的なわかりやすさを優先して，古典で話を進める。

$$= \frac{1}{2}\sum_n K u_q^2 4 \sin^2\left(\frac{qa}{2}\right)$$
$$= 2KNu_q^2 \sin^2\left(\frac{qa}{2}\right) \tag{2.10}$$

ここで N は全粒子数を表す。式 (2.4) を用いて,

$$U_q = \frac{MN}{2} u_q^2 \omega^2 \tag{2.11}$$

である。バネのポテンシャルエネルギーのうち，波数 q の波に対応する成分は M, N, u_q^2, ω^2 に比例する。エネルギーが M と N に比例するのは当然である。u_q^2 に比例するのも，元の式から当然であろう。ω^2 に比例するのは，ω が小さいと波

*10 この書き方は，フォノンという考え方を知っている人が後知恵で作った式である。ある波数 q のフォノンだけを格子に入れた際にどれだけのエネルギーになるかを計算している。式 (2.1) からもう少し真面目に計算すると次のようになる。以下，式を簡略化するために上で $u_q \exp[i(\omega t - \phi_q)]$ と書いていたものを u_q と定義しなおし，本文での $u_q \exp[i(\omega t - qna - \phi_q)]$ を $u_q \exp[-iqna]$ と表記する。

$$U = \frac{K}{2}\sum_n \left[\sum_q \{u_q \exp[-iq(n+1)a] - u_q \exp[-iqna]\}\right]^2$$
$$= \frac{K}{2}\sum_n \left[\sum_q u_q \left(\exp[-iqa] - 1\right) \exp[-iqna]\right]^2$$
$$= \frac{K}{2}\sum_n \left[\sum_q u_q \left(\exp[-iqa] - 1\right) \exp[-iqna]\right] \cdot \left[\sum_{q'} u^*{}_{q'} \left(\exp[iq'a] - 1\right) \exp[iq'na]\right]$$
$$= \frac{K}{2}\sum_n \left[\sum_{qq'} u_q \left(\exp[-iqa] - 1\right) \exp[-iqna] u^*{}_{q'} \left(\exp[iq'a] - 1\right) \exp[iq'na]\right]$$
$$= \frac{K}{2}\sum_n \left[\sum_q u_q^2 \left(\exp[iqa] - 1\right)\left(\exp[-iqa] - 1\right) + \sum_{q \neq q'} u_q u^*{}_{q'} (\exp[-iqa] - 1)(\exp[iq'a] - 1) \exp[-i(q - q')na]\right]$$
$$= \frac{K}{2}\sum_n \left[\sum_q u_q^2 \left(\exp[iqa] - 1\right)\left(\exp[-iqa] - 1\right)\right]$$

となり，式 (2.9) と同じ形が得られる。上の計算で最後から 2 番目の行から最後の行への過程で $q \neq q'$ の方の和が消えている。$\exp[-i(q - q')na]$ を n について足し合わせると，振動するものの和をとるために 0 になるはずであると考えた。

長が長く，同じ振幅で比べた場合に隣の原子との変位量の差 $u_n - u_{n+1}$ が小さくなることに対応する。

エネルギー等分配則によれば，ボルツマン定数 k_{B} と温度 T を用いて $U_q = k_{\mathrm{B}}T/2$ と書け，U_q は T だけに依存して q に依存しない。M と N は定数であるので，式 (2.11) より

$$u_q = \frac{1}{\omega}\sqrt{U_q \frac{2}{MN}}$$

が得られる。フォノン数 n_q とエネルギーの関係は

$$U_q = \frac{MN}{2} u_q^2 \omega^2 = \hbar\omega \left(n_q + \frac{1}{2} \right)$$

と書ける。U_q, u_q, ω が波数 q，温度 T に対してどう依存するかを意識して，フォノン数がこれらとどう関係するかをまとめると次のようになる。

$$\hbar \left(n_q(T,q) + \frac{1}{2} \right) = \frac{MN}{2} \cdot u_q^2(T,q)\omega(q) \tag{2.12}$$

$$= \sqrt{\frac{MN}{2} U_q(T)} \cdot u_q(T,q) \tag{2.13}$$

$$= \frac{U_q(T)}{\omega(q)} \tag{2.14}$$

左辺では T と q に依存した n が現れているが，式 (2.12) では温度依存性を持つ変数を u_q のみにまとめた。この形にすることで，（q 一定での）温度依存性が $n_q + (1/2) \propto u_q^2$ であることがわかる。同様に，式 (2.13) は q 依存性を持つ変数を u_q のみにまとめ，（温度一定での）q 依存性が $n_q + (1/2) \propto u_q$ であることが読み取れるように表記した。ゼロ点振動分を無視した表現をすると，波数 q のフォノン数は，温度一定では振幅 u_q に比例，波数一定で温度依存性を見ると振幅の 2 乗 u_q^2 に比例することがわかる。また，u_q は必ず $\sqrt{N}\,u_q$ の形で式に現れることからわかるように，n_q が 1 増えるごとに増大する u_q は $1/\sqrt{N}$ に比例した大きさである。つまり，フォノン一つあたりの振幅は試料の大きさによって異なる。

実験的なフォノンの分散関係（図 2.2）の測定法について触れておこう。フォノン分散関係は中性子の非弾性散乱を用いて観測されるのが普通であったが，放射光源の発達により，X 線の非弾性散乱で測定される例も増えてきた。ブランチの

数が単位胞に含まれる原子数の3倍であるため，複雑な構造の物質ではブランチの区別が非常に難しくなる点は留意しておく必要があろう。特別な装置を用いずとも，実験室のX線装置でも低エネルギーフォノンに由来する散乱は観測できる(12.2節参照)。

2.2　動力学行列を用いた表記*11

ここまで，直観的なわかりやすさを重視してフックの法則に直結した式(2.1)を基に話を進めてきた。しかし，一般的にはこのような素朴な式ではなく，数学的に取り扱いやすい形式に書きなおした式を用いることが多い。そこで使われるのが動力学行列(dynamical matrix) $D_{\mu\nu}(\boldsymbol{R}_m-\boldsymbol{R}_n)$ を利用した以下の表現である。

$$U'=\frac{1}{2}\sum_{mn\mu\nu}u_\mu(\boldsymbol{R}_m)D_{\mu\nu}(\boldsymbol{R}_m-\boldsymbol{R}_n)u_\nu(\boldsymbol{R}_n) \tag{2.15}$$

ここで U' は格子振動に関連するポテンシャルエネルギー，$u_\mu(\boldsymbol{R}_m)$ は平均位置が $\boldsymbol{R}_m$ である原子の変位ベクトル $\boldsymbol{u}(\boldsymbol{R}_m)$ の μ (=x, y または z) 成分である*12。本書の中ではこの表式を別の個所で使うことはないが，ほかの教科書や論文を読む際に知らないと困る場合もあると想像されるため，一通りの説明をしておく*13。式(2.1)が式(2.15)の特別な場合であることが納得できれば本節の目的は達成される。見てすぐにわかる人は，飛ばして2.3節に進んでもよい。

式(2.1)は，定数部分を省くと $\sum_{\rm n.n.}[u(R)-u(R')]^2$ である。ここで $\sum_{\rm n.n.}$ は R と R' が最近接(nearest neighbor)の組み合わせについて和をとることを意味する。2乗を計算して書き下すと $\sum_{\rm n.n.}[u(R)^2+u(R')^2-2u(R)u(R')]$ となる。これは $u(R)u(R')$ を R と R' が最近接あるいは $R=R'$ のペアについて足し合わせたものである。式(2.15)は $\boldsymbol{u}(\boldsymbol{R}_n)$ の任意の二つの組み合わせの積を足し合わせた形になっており，$D_{\mu\nu}$ を適切に選べば式(2.1)と同じ形になるはずである。和の取り方の組み合わせだけに着目して式を見るとわかりやすいだろう。ここま

*11　この節は数学的表記に関する補足なので，最初は読み飛ばしても構わない。

*12　式(2.15)は行列表記に合わせ uDu の形で表記したが，ここの式のようにすべて添え字で表記する場合，順序は問題にならないため，Duu の順に表記しても構わない。

*13　文献[6]の22章に正確な議論が示されている。

ででこの節の目的は達成したが，$D_{\mu\nu}$ の物理的意味をはっきりさせるために直感に基づく式から計算をすすめ，$D_{\mu\nu}$ がどのような意味の係数であるのかを見てみよう。

$\boldsymbol{u}(\boldsymbol{R}_n)$ は平均位置 $\boldsymbol{R}_n$ の原子の変位量であるため，常に小さい量である。そのため，$\boldsymbol{u}(\boldsymbol{R}_n)$ で級数展開するのは常に正当である。n 番目の原子の位置 $\boldsymbol{r}_n$ は $\boldsymbol{R}_n + \boldsymbol{u}(\boldsymbol{R}_n)$ である。全体のポテンシャルエネルギー U は，原子間の相対的な位置関係にのみ依存する二体ポテンシャル $\phi[\boldsymbol{r}_m - \boldsymbol{r}_n]$ の総和で，次のように書けると仮定しよう[*14]。

$$U = \frac{1}{2}\sum_{mn}\phi[\boldsymbol{r}_m - \boldsymbol{r}_n] \tag{2.16}$$

$$= \frac{1}{2}\sum_{mn}\phi[\boldsymbol{R}_m + \boldsymbol{u}(\boldsymbol{R}_m) - \boldsymbol{R}_n - \boldsymbol{u}(\boldsymbol{R}_n)] \tag{2.17}$$

係数1/2は同じ組み合わせを2回足してしまう分の補正である[*15]。ここで $\phi(\boldsymbol{R}_n + \boldsymbol{u})$ のテイラー展開が

$$\phi(\boldsymbol{R}_n + \boldsymbol{u}) \sim \phi(\boldsymbol{R}_n) + \boldsymbol{u}\cdot\nabla\phi(\boldsymbol{R}_n) + \frac{1}{2}(\boldsymbol{u}\cdot\nabla)^2\phi(\boldsymbol{R}_n)$$

であることを用いると，U は次のように変形できる。

$$\begin{aligned} U = &\frac{1}{2}\sum_{mn}\phi(\boldsymbol{R}_m - \boldsymbol{R}_n) \\ &+\frac{1}{2}\sum_{mn}\{[\boldsymbol{u}(\boldsymbol{R}_m) - \boldsymbol{u}(\boldsymbol{R}_n)]\cdot\nabla\}\phi(\boldsymbol{R}_m - \boldsymbol{R}_n) \\ &+\frac{1}{4}\sum_{mn}\{[\boldsymbol{u}(\boldsymbol{R}_m) - \boldsymbol{u}(\boldsymbol{R}_n)]\cdot\nabla\}^2\phi(\boldsymbol{R}_m - \boldsymbol{R}_n) \end{aligned} \tag{2.18}$$

この和の1行目は凝集エネルギーであり，格子振動とは無関係である。2行目は $\sum_n \nabla\phi(\boldsymbol{R}_m - \boldsymbol{R}_n) = 0$ であるので，消える。もしこれが0でないならば，$\boldsymbol{R}_m$

*14　共有結合の場合には，結合角が変わることによるエネルギー変化も大きいはずである。角度の変化を表現するには三つの原子座標が必要なので，3体以上が関与したポテンシャルも無視できない場合が多くあるだろうと思われる。ここでは単純な場合のみを考察することにして，対ポテンシャルのみを計算に取り入れる。

*15　例えば1番と2番の原子の間の相互作用に起因するエネルギーは $m = 1, n = 2$ と，$m = 2$, $n = 1$ の2回，和に現れてしまう。

の原子にほかのすべての原子が及ぼす力を合計すると 0 ではないことになり，$\boldsymbol{R}_m$ が平衡位置であるという前提と矛盾する。そこで，以下では 3 行目のみを U' として議論する。

以下，∇ を書き下すが，煩雑になるので，$\mu, \nu = \{x, y, z\}$ を用いて，$\partial/\partial\mu$ を ∂_μ と，$\partial^2/\partial\mu\partial\nu$ を $\partial^2_{\mu\nu}$ と，それぞれ省略する。式 (2.18) の $\{[\boldsymbol{u}(\boldsymbol{R}_m)-\boldsymbol{u}(\boldsymbol{R}_n)]\cdot\nabla\}^2\phi$ を計算するため，$[\boldsymbol{u}(\boldsymbol{R}_m) - \boldsymbol{u}(\boldsymbol{R}_n)]$ を $\boldsymbol{u}$ といったんまとめて，成分に分けて書き下しておこう。

$$
\begin{aligned}
(\boldsymbol{u}\cdot\nabla)^2\phi &= (u_x\partial_x + u_y\partial_y + u_z\partial_z)^2\phi \\
&= \left(u_x^2\partial^2_{xx} + u_y^2\partial^2_{yy} + u_z^2\partial^2_{zz} + 2u_xu_y\partial^2_{xy} + 2u_xu_z\partial^2_{xz} + 2u_yu_z\partial^2_{yz}\right)\phi \\
&= \sum_{\mu\nu} u_\mu u_\nu \partial^2_{\mu\nu}\phi
\end{aligned}
$$

$\boldsymbol{u}$ を $[\boldsymbol{u}(\boldsymbol{R}_m)-\boldsymbol{u}(\boldsymbol{R}_n)]$ に書き戻すと次のようになる。なお，途中で $\phi(\boldsymbol{r}) = \phi(-\boldsymbol{r})$ を用いた。

$$
\begin{aligned}
U' &= \frac{1}{4}\sum_{mn\mu\nu}[\boldsymbol{u}(\boldsymbol{R}_m) - \boldsymbol{u}(\boldsymbol{R}_n)]_\mu[\boldsymbol{u}(\boldsymbol{R}_m) - \boldsymbol{u}(\boldsymbol{R}_n)]_\nu\partial^2_{\mu\nu}\phi(\boldsymbol{R}_m - \boldsymbol{R}_n) \\
&= \frac{1}{4}\sum_{mn\mu\nu}[u_\mu(\boldsymbol{R}_m) - u_\mu(\boldsymbol{R}_n)][u_\nu(\boldsymbol{R}_m) - u_\nu(\boldsymbol{R}_n)]\partial^2_{\mu\nu}\phi(\boldsymbol{R}_m - \boldsymbol{R}_n) \\
&= \frac{1}{2}\sum_{mn\mu\nu}[u_\mu(\boldsymbol{R}_m)u_\nu(\boldsymbol{R}_m)\partial^2_{\mu\nu}\phi(\boldsymbol{R}_m - \boldsymbol{R}_n) \\
&\qquad\qquad - u_\mu(\boldsymbol{R}_m)u_\nu(\boldsymbol{R}_n)\partial^2_{\mu\nu}\phi(\boldsymbol{R}_m - \boldsymbol{R}_n)] \\
&= \frac{1}{2}\sum_{m\mu\nu}u_\mu(\boldsymbol{R}_m)u_\nu(\boldsymbol{R}_m)\sum_l\partial^2_{\mu\nu}\phi(\boldsymbol{R}_m - \boldsymbol{R}_l) \\
&\quad -\frac{1}{2}\sum_{m\mu\nu}u_\mu(\boldsymbol{R}_m)u_\nu(\boldsymbol{R}_m)\partial^2_{\mu\nu}\phi(0) \\
&\quad -\frac{1}{2}\sum_{m\neq n,\mu,\nu}u_\mu(\boldsymbol{R}_m)u_\nu(\boldsymbol{R}_n)\partial^2_{\mu\nu}\phi(\boldsymbol{R}_m - \boldsymbol{R}_n)
\end{aligned}
\tag{2.19}
$$

式 (2.19) の最後で，それまで n で和をとっていたものを l での和に書き換えているが，どんな文字を使おうが足す操作に変わりはない。後の比較の都合上，n を避けたほうが見やすいため，ここで文字を置き換えた。また，$\sum_{m\neq n}$ は $m \neq n$ になるすべての m と n の組み合わせについて和をとることを意味する。

ここで得られた式 (2.19) の形は，式 (2.15) の $D_{\mu\nu}$ に

$$D_{\mu\nu}(\boldsymbol{R}_m - \boldsymbol{R}_n) = \delta_{\boldsymbol{R}_m,\boldsymbol{R}_n} \sum_l \partial^2_{\mu\nu}\phi(\boldsymbol{R}_m - \boldsymbol{R}_l) - \partial^2_{\mu\nu}\phi(\boldsymbol{R}_m - \boldsymbol{R}_n) \tag{2.20}$$

を選んだ形と一致する。それを証明するために，この式を式 (2.15) に代入しよう。

$$\begin{aligned} U' &= \frac{1}{2}\sum_{mn\mu\nu} u_\mu(\boldsymbol{R}_m)\left[\delta_{\boldsymbol{R}_m,\boldsymbol{R}_n}\sum_l \partial^2_{\mu\nu}\phi(\boldsymbol{R}_m-\boldsymbol{R}_l)-\partial^2_{\mu\nu}\phi(\boldsymbol{R}_m-\boldsymbol{R}_n)\right]u_\nu(\boldsymbol{R}_n) \\ &= \frac{1}{2}\sum_{m\mu\nu} u_\mu(\boldsymbol{R}_m)\left[\sum_l \partial^2_{\mu\nu}\phi(\boldsymbol{R}_m - \boldsymbol{R}_l) - \partial^2_{\mu\nu}\phi(0)\right]u_\nu(\boldsymbol{R}_m) \\ &\quad +\frac{1}{2}\sum_{m\neq n,\mu,\nu} u_\mu(\boldsymbol{R}_m)[-\partial^2_{\mu\nu}\phi(\boldsymbol{R}_m - \boldsymbol{R}_n)]u_\nu(\boldsymbol{R}_n) \end{aligned} \tag{2.21}$$

ここまで来ると式 (2.19) と同じであることがわかるだろう。つまり，この節の冒頭の式 (2.15) で与えた形は，式 (2.16) あるいは式 (2.18) で与えたエネルギーの式から導出されるモデルを特別な場合として含む，より一般性の高い書き方であることが確認できた。

式 (2.15) の書き方は数学的には取り扱いやすくなっているが，直感からは遠ざかっている。特に注意を要する点は，動力学行列を用いた書き方は平衡位置からの変位量で展開しているため，平衡位置そのものが変化するような状況を素直に記述することができない点である。格子定数の変化は別の計算で求めておく必要がある。一方，前節まで使っていた式 (2.1) の取り扱いでは，格子定数が変化するような場合も区別なく扱うことができる。その理由は，式 (2.1) は常に小さい量である $(u_{n+1} - u_n)$ で展開しているためである。格子定数が変化すると u_n 自体は大きくなり得るが，隣接サイトとの変位量の差をとれば，それは常に小さい。実際に格子定数が変化するような例を 4.6 節で取り扱う[*16]。

2.3　格子比熱

熱力学の教科書を見ると，定積比熱 C_V，定圧比熱 C_P はさまざまな形で書き

*16　実際に格子定数の変化を計算する場合には，意識して計算しないとすぐに “大きいかもしれない変数” で級数展開してしまうことになる点に注意が必要である。

表せることが示されている[17]。

$$C_V = \frac{\partial U}{\partial T} = T\frac{\partial S}{\partial T} = -T\frac{\partial^2 F}{\partial T^2} \tag{2.22}$$

$$C_P = \frac{\partial H}{\partial T} = T\frac{\partial S}{\partial T} = -T\frac{\partial^2 G}{\partial T^2} \tag{2.23}$$

ここで T, P, V, S, U, F, H, G は（慣習通り）それぞれ温度，圧力，体積，エントロピー，内部エネルギー，ヘルムホルツ自由エネルギー $(F = U - TS)$，エンタルピー $(H = U + PV)$，ギブス自由エネルギー $(G = F + PV)$ である。上式では，格子に限らずすべての自由度に関したエントロピーや自由エネルギーが比熱に関与する。例えば強磁性転移に伴って磁気モーメントが整列すると，磁性に関連するエントロピーが大きく減少し，磁性由来の比熱（磁気比熱）に異常が観測されることになるが，そのような測定をする場合には格子振動に由来する比熱（格子比熱）を何らかの基準で差し引く解析が広く行われている。この節では，すべての物質が持つ格子比熱について考察を進めよう。

定積格子比熱を考えよう。内部エネルギー U は，

$$U = \sum_{\boldsymbol{q},s} \hbar\omega_s(\boldsymbol{q}) \left(\frac{1}{\exp(\hbar\omega_s(\boldsymbol{q})\beta) - 1} + \frac{1}{2} \right) \tag{2.24}$$

ここで s は縦波，横波，光学モードなどのフォノンのブランチを表すインデックスである。$\boldsymbol{q}$, s のモードの振動に対応するエネルギーが，そのモードのフォノン数 $n_{\boldsymbol{q},s}$ を用いて

$$\hbar\omega_s(\boldsymbol{q}) \left(n_{\boldsymbol{q},s} + \frac{1}{2} \right)$$

のように書けること，およびボース分布関数を用いた。β は $k_{\mathrm{B}}T$ の逆数である。この U を温度で微分すれば，粒子数 N あたりの定積比熱が得られる[18]。

$$C_V = \sum_{\boldsymbol{q},s} \frac{\partial}{\partial T} \frac{\hbar\omega_s(\boldsymbol{q})}{\exp(\hbar\omega_s(\boldsymbol{q})\beta) - 1}$$

*17 C_V, C_P とも $T(\partial S/\partial T)$ で表されるのが不思議に見えるかもしれないが，誤植ではない。

*18 この定義の C_V は一般の N であれば，むしろ熱容量というべき量である。N をアボガドロ数に選べばモル比熱になる。

$$= \sum_{\boldsymbol{q},s} \frac{\hbar^2 \omega_s^2(\boldsymbol{q})}{k_{\mathrm{B}} T^2} \frac{\exp(\hbar\omega_s(\boldsymbol{q})\beta)}{[\exp(\hbar\omega_s(\boldsymbol{q})\beta) - 1]^2} \tag{2.25}$$

高温では $\beta = 1/(k_{\mathrm{B}}T)$ が小さいので，分母の指数関数を β でマクローリン展開できる。一次の項までとれば，C_V が $3Nk_{\mathrm{B}}$ になることがすぐわかる。ここで $3N$ はフォノンの基準振動の数である（N 個の原子が空間 3 方向に動く自由度を持つことに対応する）。このように C_V は高温で定数になる。この事実は，デュロン–プティの法則 (Dulong–Petit law) として知られている。

T が小さい場合を議論するには，振動数分布に関する具体的なモデルが必要である。この問題に関してはデバイ近似とアインシュタイン近似が初期に提案されており，それぞれ長波長の音響モード，光学モードに対するよい近似となっている。

2.3.1　デバイ近似

デバイ近似は (1) $\omega = cq$ と近似する，(2) 第一ブリルアンゾーンに対する和を，同じ体積の逆空間における球の範囲の和で近似する（この球の半径をデバイ波数 q_D とする），という近似である。単位胞に原子が一つしかないと仮定すると，フォノンのブランチは音響モードの 3 本になり，和をとる際にブランチインデックス (s) で和をとる必要がなくなる。よく用いられるデバイ振動数 ω_D，デバイ温度 Θ_D の定義は $\omega_D = q_D c$, $k_{\mathrm{B}}\Theta_D = \hbar\omega_D$ である。C_V はこの近似の下では Θ_D のみで記述できる。そこまで式を変形しよう。式 (2.25) の和を，フォノンの状態密度 $D(\omega)$ を用いて次のような積分になおす。

$$C_V = 3k_{\mathrm{B}} \int_0^{\omega_D} \frac{(\hbar\omega\beta)^2 \exp(\hbar\omega\beta)}{[\exp(\hbar\omega\beta) - 1]^2} D(\omega) d\omega \tag{2.26}$$

q に対する状態密度 $D(q)$ は，半径 q_D の球の中に N 個の状態があるので，

$$D(q)dq = \frac{N}{\frac{4}{3}\pi q_D^3} \cdot 4\pi q^2 dq = \frac{3Nq^2}{q_D^3} dq$$

である。これを

$$D(q)\frac{dq}{d\omega}d\omega = \frac{3Nq^2}{q_D^3}\frac{dq}{d\omega}d\omega$$

と書き換えると，$D(q)(dq/d\omega)$ を $D(\omega)$ と解釈できる。$\omega = cq$ を用いると，

表 2.1 デバイ温度一覧。単位は K。理科年表より。† ダイヤモンド相の値

H																	He
105																	26
Li	Be											B	C†	N	O	F	Ne
344	1,440												2,230	68	91		75
Na	Mg											Al	Si	P	S	Cl	Ar
158	400											428	640			115	93
K	Ca	Sc	Ti	V	Cr	Mn	Fe	Co	Ni	Cu	Zn	Ga	Ge	As	Se	Br	Kr
100	230		420	380	630	410	467	445	450	343	327	320	370				
Rb	Sr	Y	Zr	Nb	Mo	Tc	Ru	Rh	Pd	Ag	Cd	In	Sn	Sb	Te	I	Xe
56	147		291	275	450			480	274	225	209	108	199	211		106	
Cs	Ba	LA	Hf	Ta	W	Re	Os	Ir	Pt	Au	Hg	Tl	Pb	Bi	Po	At	Rn
38	110		252	240	400	430		420	240	165	72	79	105	119			
Fr	Ra	AC															
		La	Ce	Pr	Nd	Pm	Sm	Eu	Gd	Tb	Dy	Ho	Er	Tm	Yb	Lu	
		142							195								
		Ac	Th	Pa	U	Np	Pu	Am	Cm	Bk	Cf	Es	Fm	Md	No	Lr	
			163		207												

$$D(\omega)d\omega = \frac{3N\omega^2}{\omega_D^3}d\omega$$

を得る。この $D(\omega)d\omega$ を式 (2.26) に代入し，$x = \hbar\omega\beta$ を用いて簡略化すると，次のようになる。

$$C_V = 9Nk_{\mathrm{B}}\left(\frac{T}{\Theta_D}\right)^3 \int_0^{\Theta_D/T} \frac{x^4 e^x}{(e^x - 1)^2}dx \tag{2.27}$$

この積分は，低温では積分範囲を 0 から ∞ としてよい。そうすると積分は $4\pi^4/15$ となり，比熱は

$$\frac{12\pi^4 Nk_{\mathrm{B}}}{5V}\left(\frac{T}{\Theta_D}\right)^3$$

となる。

デバイ温度がどの程度の量であるかを示すため，単元素からなる固体のデバイ温度を表 2.1 にまとめた。多くの金属で 300 K 程度であるが，Cr, Mn, Fe, Co の列

あたりでは結合が強いため[19]比較的高いデバイ温度となり，周期表の左右の列ではデバイ温度は低くなる傾向にある。重い元素では固有振動数が遅くなるのに対応してデバイ温度は下がり，周期表の右下に位置する金は 165 K，鉛は 105 K とかなり低い。逆に軽元素で結合の強いものはデバイ温度が高くなり，Be では 1,440 K と，顕著に高い。

デバイ近似は上述の通り，音速を縦波・横波区別なく一定値で置き換える，かなり粗い近似である。また，本来は単原子結晶に対する近似である。それにもかかわらず，さまざまな物質に対して適用できる。その理由は，この近似が本質的に音響モードのブランチを再現しているためである。特に低温比熱を考える場合には短波長（つまり高エネルギー）のモードは励起されず，連続体近似がよく成立するため，単位胞の詳細によらないこともこの近似の適用範囲を広げている。

2.3.2　アインシュタイン近似

アインシュタイン近似では ω が q によらず一定であると近似する。音響モードフォノンの分散関係とはかけ離れているが，光学モードフォノンの分散関係は多くの場合，比較的平らであり，アインシュタイン近似がデバイ近似よりよい出発点である。もちろん，フォノンの分散関係を知っていれば近似する必要はなく，その物質の格子比熱を計算できる。

式 (2.25) で $\omega_s(\boldsymbol{q})$ から $\boldsymbol{q}$ 依存性をなくして，ω_s とする。ここではブランチごとに異なる振動数を持つことを許容した書き方で進めよう。q 依存性がないので，$\sum_{\boldsymbol{q}}$ は $3N$ で置き換えられる[20]。そうすると

$$C_V = \sum_s 3N \frac{\hbar^2 \omega_s^2}{k_\mathrm{B} T^2} \frac{\exp(\hbar\omega_s\beta)}{[\exp(\hbar\omega_s\beta) - 1]^2} \tag{2.28}$$

を得る。グラフを描いてみればわかるとおり，この近似であっても高温で比熱は一定になり，低温で減少する。

---

*19　1 章の最初に書いたようにアルカリ金属と遷移金属では凝集エネルギーが数倍異なる。

*20　和の内側に $\boldsymbol{q}$ 依存するものがないため，各 $\boldsymbol{q}$ に関する和はただの定数倍（状態数倍）になる。$\boldsymbol{q}$ 空間の状態数は単位胞の数 N が x, y, z の 3 方向に振動できるために $\sum_{\boldsymbol{q}} \to 3N$ の置き換えとなる。

2.4 熱 膨 張

古典的に熱膨張を説明しよう。ある原子 A が，距離 $R+u$ 離れた隣の原子 B に及ぼすポテンシャルを $U(u)$ として，u の四次の項まで書き下すことにする*21。R は最安定な原子間距離であり，u はそこからの変位を表す。

$$U(u) = cu^2 - gu^3 + fu^4 \tag{2.29}$$

$$c, g, f > 0$$

この式での c は式 (2.1) の $(1/2)K$ にあたる。原子同士が衝突しようとする側はポテンシャルが急に大きくなり，遠ざかる側ではある程度の値でポテンシャルの増大が終わることを表現するために，調和振動から外れた三次の項 gu^3 を導入した。したがって，$g>0$ の条件は，図 2.5 に示したように u が負の側にポテンシャ

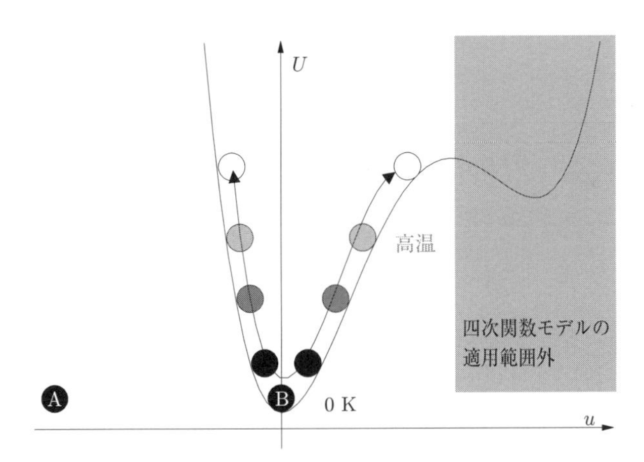

図 2.5　熱膨張を生む非調和ポテンシャル。原子 A が，原子 B に及ぼすポテンシャルを曲線で示した。右側の灰色の領域は不自然なポテンシャル形状になっているが，これは四次関数モデルの適用範囲外である。0 K ではポテンシャルの底に原子 B が存在する。高温での原子の振動を●〜◎〜○で模式的に表した。より高い温度をより淡い色で示した。ポテンシャルの非調和性のため，高温になるにつれて u が正の側に滞在する時間が長くなり，原子間距離が広がる。

---

*21　奇数次までの展開ではポテンシャルが遠方で無限に低くなってしまうので，形式的におかしなポテンシャル形状になってしまう。これを嫌って，偶数次まで展開に用いる。ただし，なぜか四次の項がなくても同じ結果を得ることができてしまう。

ル源の原子 (A) があることを意味する。

u の熱平均 $\langle u\rangle$ は，ボルツマン分布関数を用いて

$$\langle u\rangle = \frac{\int_{-\infty}^{+\infty} u \exp[-\beta U(u)]du}{\int_{-\infty}^{+\infty} \exp[-\beta U(u)]du} \tag{2.30}$$

と書ける。非調和項 $-gu^3$ が kT に比べて小さい場合，右辺の分子は

$$\begin{aligned}
&\int_{-\infty}^{+\infty} u \exp[-\beta U(u)]du \\
&= \int_{-\infty}^{+\infty} u \exp[-\beta(cu^2 - gu^3 + fu^4)]du \\
&= \int_{-\infty}^{+\infty} u \exp[-\beta cu^2] \exp[\beta gu^3 - \beta fu^4]du \\
&\simeq \int_{-\infty}^{+\infty} u \exp[-\beta cu^2](1 + \beta gu^3 - \beta fu^4)du
\end{aligned}$$

奇関数は積分すると 0 になるため

$$\begin{aligned}
&= \int_{-\infty}^{+\infty} \beta gu^4 \exp[-\beta cu^2]du \\
&= \frac{3}{4}\sqrt{\pi}\beta^{-3/2}c^{-5/2}g
\end{aligned}$$

となる[*22]。

式 (2.30) 右辺分母は同様に，偶関数のみ残ることとガウス積分の公式を用いて積分でき，$\sqrt{\pi/\beta c}$ である（$1-\beta fu^2$ を 1 に近似した)。

結果として，

$$\langle u\rangle = \frac{3g}{4c^2}k_{\mathrm{B}}T \tag{2.31}$$

とわかる。原子間隔は，古典的に計算すると温度 T に比例して大きくなる，つま

*22　ここで積分公式

$$\int_{-\infty}^{+\infty} x^{2n} \exp[-ax^2] = \frac{(2n-1)!!}{2^n}\sqrt{\frac{\pi}{a^{2n+1}}}$$

$$(2n-1)!! = (2n-1)(2n-3)\cdots 3\cdot 1$$

を用いた。

り熱膨張が生じる。大まかには，c が大きい，すなわち硬い場合には，熱膨張率 $(3k_{\mathrm{B}}g/4c^2)$ が小さくなるといえよう。エネルギー等分配則を考えると，式 (2.31) 右辺は弾性エネルギー（あるいは格子歪みのエネルギー）$K\langle u^2\rangle/2$ と比例するといえる。そのため，$\langle u\rangle \propto \langle u^2\rangle$ という関係が期待される。この熱膨張の議論の裏付けとして，$\langle u\rangle$ と $\langle u^2\rangle$ の比例関係を示す実験結果を 197 ページに示した。

上では古典的な計算を行い，温度に比例して原子間距離が広がるという結果を得た。実際には最低温で格子振動に起因する熱膨張は消失するが，これはゼロ点振動に起因すると解釈できる。定性的にはこの話は簡単にイメージできる。非調和項の効果は振幅の大きさが大きくなるに連れて増大する。低温ではゼロ点振動がどうしても残るため，古典で考えた結果より振幅が大きくなる。その影響で $\langle u\rangle$ が 0 より大きいある値に落ち着くと期待するのは自然だろう。しかし，実際にこれを量子的に計算するのはあまり簡単ではない。フォノンという考え方が調和振動を前提としており，非調和項と非常に相性が悪いためである。

熱膨張率と比熱

非調和効果の大きさは図 2.5 に示したポテンシャルをどれだけ登るかに応じて決まる。言い換えると，上の計算で示された内容は，0 K を基準にしてそこに投入した総エンタルピー H に比例して[*23]平衡位置 $\langle u\rangle$ がずれる，つまり $H \propto |\langle u\rangle|$ ということである。T で微分して，熱膨張率 $(\partial\langle u\rangle/\partial T)$ は $(\partial H/\partial T)$ と比例するといっても正しい。$(\partial H/\partial T)$ は式 (2.23) に述べたように定圧比熱である[*24]ので，比熱と熱膨張率が比例するという結論が得られる。古典的に計算した比熱はデュロン–プティの法則で見るように定数であり，それに対応して古典的に計算した熱膨張率も定数であった。同様に考えると，デバイ近似を用いて量子的に計算した熱膨張率は，デバイ近似で求めた比熱と同様の温度依存性を示すはずであると結論できる[*25]。図 2.6 に，実験的に求めた $\mathrm{SrTiO_3}$ の格子定数の温度依存性を示し

---

*23 エンタルピーは $U + PV$ である。つまり，PV で表される体積変化に要するエネルギーまで含めて，投入したすべてのエネルギーについてここでは語っている。

*24 ここでは格子系しか考えていない議論をしているので，ここでいう比熱は格子比熱である。

*25 熱膨張は非調和項の効果である。一方，比熱には非調和性が第一近似では入らない。それにも関わらずこれらが関連するのはやや不思議に見える。ここの議論では非調和の効果を生み出す振幅の大きさ（これ自体は調和近似できる量）と比熱を関連付けているだけである。

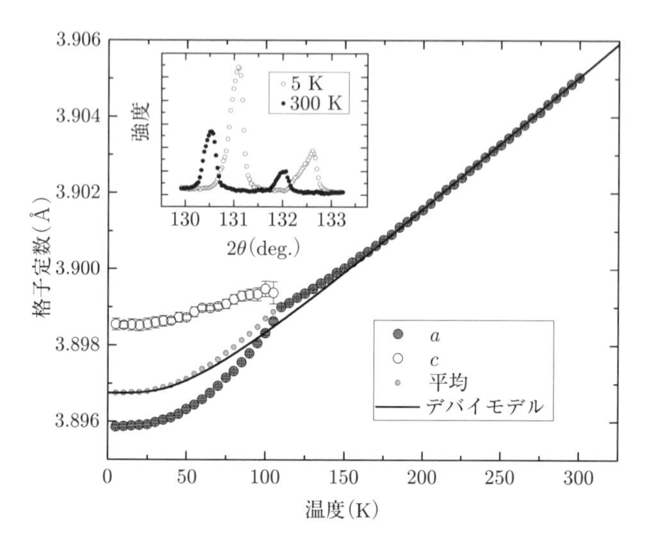

図 2.6　$SrTiO_3$ の格子定数の温度依存性。$SrTiO_3$ は室温で立方晶，105 K 以下で正方晶になる。低温相での平均格子定数は，単位胞体積の 3 乗根で求めた。実線はデバイ近似で計算した格子定数の温度依存性である。転移点付近で多少の外れが見られるが，全体の傾向はよく合っている。(挿入図) 5 K, 300 K でのブラッグ反射プロファイル。測定は Mo $K\alpha$ 線の実験室の回折計を用い，$2\theta \simeq 130°$ の (10, 0, 0) 反射を用いた。低角側が $K\alpha_1$，高角側が $K\alpha_2$ による反射で，低温で少しピークが広がって見えるのは a 軸と c 軸の格子定数の微小な差に起因する。

た[*26]。大まかにいってデバイ近似がよく適用できることがわかる。

負の熱膨張率

まれに負の熱膨張率を持つ物質がある。それらは多くの場合，図 2.7 のような折れ曲がりの自由度を持つフレームと大きな空隙を持つ。この構造によって，温度上昇に伴って折れ曲がりを増やしてエントロピーを大きくしようとし，その結果として負の熱膨張が実現する。

文献 [35] に，負の熱膨張を示す物質のフォノンの状態密度に関する研究が報告

*26　ここで示した図は特に工夫のない四軸回折計で測定した結果である。$SrTiO_3$ の相転移は，高分解能の格子定数測定用に開発した回折計でも研究されており，例えば文献 [34] にその報告がある。

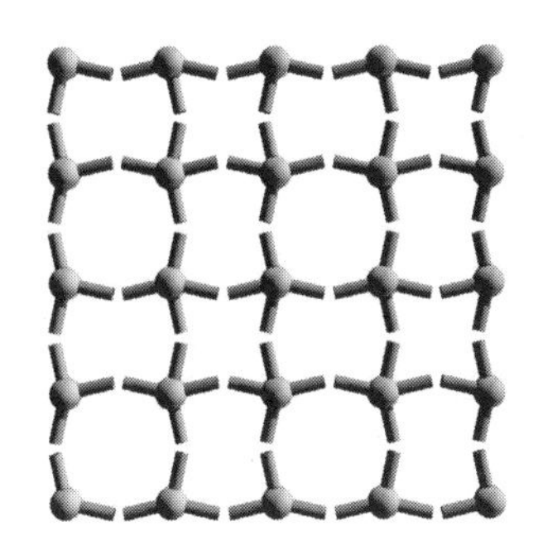

図 2.7　負の熱膨張を示しやすい構造。硬い骨格が関節でつながるような構造では，低いエネルギーで関節が曲がる振動が励起され，平均として大きな曲がりが実現する。その結果，図中の丸の間の距離が温度上昇とともに短くなる場合がある。

されている。折れ曲がりに対応するモードは多くの場合，振動数が低く，低温で励起される。一方，伸縮に対応するモードは振動数が高く，ある程度温度が高くならないと励起されない。この二種類のモードの振動数に十分な開きがある時には，伸縮モードが励起されないうちに折れ曲がりモードの振幅が大きくなり，負の熱膨張率が実現する，と報告されている。

熱膨張のその他の由来

熱膨張にはここで述べた熱振動に由来する起源の他に，何らかの秩序の形成に伴う原子間ポテンシャルの温度依存性（4.6 節），原子の持つ電子分布の異方性の温度変化（4.2.3 項），磁気秩序形成によるバンド構造を介した電子密度の変化（磁気体積効果，96 ページ）などが関与する。逆にいえば，熱膨張からこれらの現象に関する情報を得ることができる，ということである。

2.5　固体の融解

熱振動が大きくなると，固体は融解する。どのように融解するかの微視的なプロセスは本書執筆段階ではまだ研究対象であり，完全に理解されているわけではない。文献 [36] では，原子が入れ替わる形の格子欠陥 (interstitial) の生成エネルギーが熱エネルギーと同程度になったところで，急速に欠陥密度が増大して，結晶から液体に転移する，という案が提案されており，それなりにもっともらしい考えであると感じている。

微視的な理解はともかく，単純な物質では熱振動の大きさ（変位量を u として $\sqrt{\langle u^2 \rangle}$）が原子間隔の20%から25%になったあたりで融解する例が多い。これはリンデマンの融解法則 (Lindemann melting rule) あるいは融解条件 (Lindemann melting criterion) などとして知られている。融点での熱振動の大きさを見積もるために，$\langle u^2 \rangle$ をデバイ温度 Θ_D で書きなおしておこう。

$$
\begin{aligned}
\langle u^2 \rangle &= \frac{1}{N} \sum_n |u_n|^2 \\
&\simeq \frac{9\hbar^2 T}{M k_{\mathrm{B}} \Theta_D^2}
\end{aligned}
$$

ここで M は原子質量である。

熱振動の振幅は9.4節で述べるように回折実験で直接観測できる量（原子変位パラメータとして観測される）であるので，実験結果が“普通”であるのか，そうでないのかを，この関係を通して確認できる。

第3章
電気的性質

量子力学誕生以前から，電気伝導性については電磁気学に基づく議論や，ボルツマン方程式に見られるような力学的な考察がなされており，それらは今でも広く使われている。量子力学の確立とほぼ同時にバンド理論が形成され，固体の電気的性質の多くが深く理解されるようになった。ここでは構造との関係に注意しつつ伝導性を概観し，伝導性（あるいは絶縁性）の起源を分類する。

3.1　結晶に対するバンド理論

自由電子近似，強束縛近似によるバンド形成の導出は多くの固体物理の教科書で示されている。ここでは式による導出以外の部分に注目した説明を試みる。

3.1.1　自由電子近似

1.5 節で述べたように，金属の結晶中の電子は，周期的に並んだ鋭いポテンシャルの谷（原子核周辺）を除けば比較的平坦なポテンシャルを感じていると見ることができる。そこで，自由電子を出発点に考える。自由電子の運動量 $\boldsymbol{p}$ は $\hbar\boldsymbol{k}$ であり，エネルギーは $\hbar\omega = p^2/2m$ である（$\boldsymbol{k}$, ω, m はそれぞれ電子の波数ベクトル，振動数，質量）。分散を描くと図 3.1 の点線のようになる。

7.2 節で詳述するように，周期的なポテンシャルの中を進行する波はブラッグ反射[*1]以外では散乱されない[*2]。ブラッグ反射が生じた時の物質中の波の様子を図示したのが図 3.2 と図 3.3 である。ここでは例として，二次元正方格子の (0,2) ブ

---

*1　歴史的にブラッグ反射という用語が使われているが，本当は反射ではなく回折である。

*2　7.2 節では X 線の散乱の話をしているが，波が電子の波動関数であってもこの結果は成立する。波の種類による違いは原子散乱因子だけである。なお，熱振動や格子欠陥などがあれば当然散乱が生じるが，それらはポテンシャルの周期性を破っているので，この議論の前提で排除されている。63 ページで熱振動の影響について触れる。

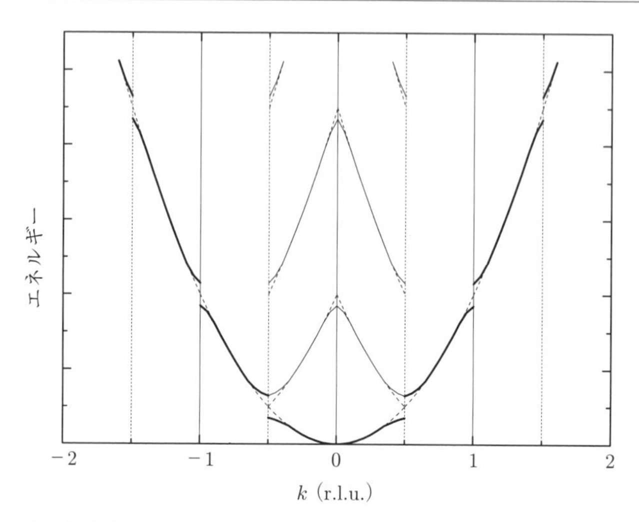

図 3.1　ほとんど自由な電子のエネルギー分散。還元ゾーン形式を細い線で，拡張ゾーン形式を太い線で示した。点線は完全に自由な電子の場合（至るところでポテンシャルが 0 の状態）を示している。

ラッグ条件を満たす場合の図を用意した[*3]。波数 $\boldsymbol{k}$ の波が進行している状況を図 3.2(a), 図 3.3(a) に示した。この波は (0,2) ブラッグ条件を満たすので，ブラッグ反射を起こして新しい $\boldsymbol{k}'$ の波が生じる。反射を起こすにあたり，自由端反射と固定端反射の 2 通りが考えられる。図 3.2(b) に前者の場合，図 3.3(b) に後者の場合の散乱波を示した。(c) はある瞬間における $\boldsymbol{k}$ の波と $\boldsymbol{k}'$ の波が干渉した後の振幅の空間分布である。振幅の 2 乗の時間平均を (d) に示した。自由端反射では原子位置に振幅の大きな面（波の腹）が，固定端反射では振幅の小さな面（波の節）が重なっていることがわかる。この二つの状態ではエネルギーが異なる。原子核の近傍では電子のポテンシャルが低いため，原子位置に波の腹が来る場合には，同じ波数でも波の節が来る時よりもエネルギーが低くなる。このような理由によって，物質中の電子波がブラッグ条件を満たす時に，自由電子の放物線型の分散曲線にギャップが生じる。その様子を図 3.1 に太い実線で示した。生じるギャップの大きさは電子に対するポテンシャルの $\boldsymbol{G}$ に対するフーリエ成分の 2 倍で与え

*3　二次元系を考えているので，ブラッグ反射の指数も二次元になる。

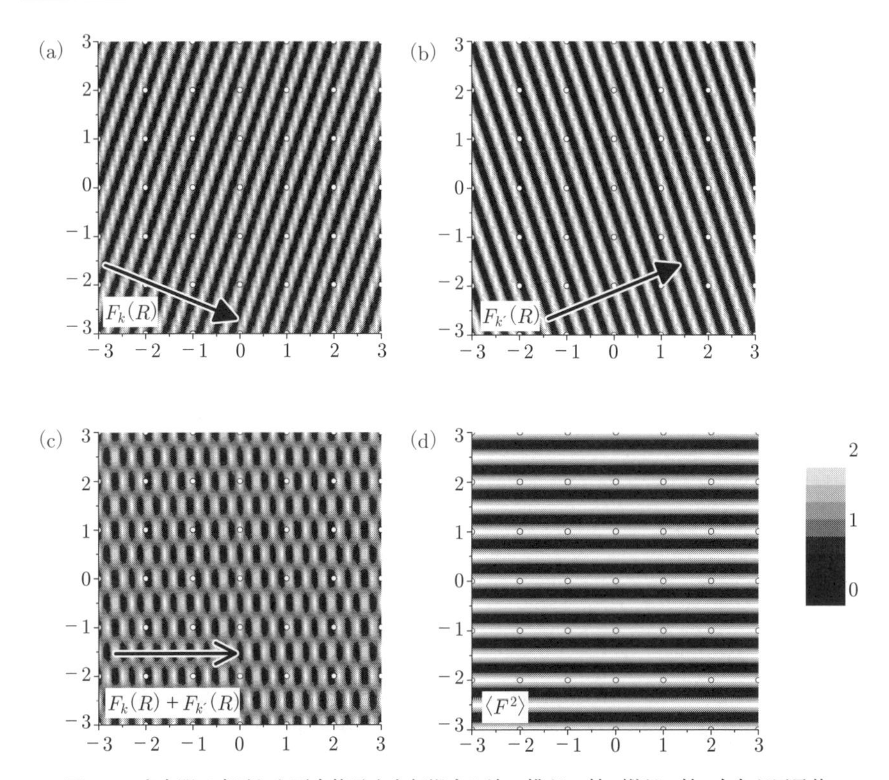

図 3.2　実空間で表示した正方格子中を伝搬する波。横が a 軸，縦が b 軸，白丸が原子位置を表す。(a) 波数 $\boldsymbol{k} = (\sqrt{8}, -1)$ で進行する波 ($\cos(2\pi \boldsymbol{k} \cdot \boldsymbol{R})$)。矢印は波数ベクトルの方向を表す。(b) 波数 $\boldsymbol{k}' = (\sqrt{8}, 1)$ で進行する波 ($\cos(2\pi \boldsymbol{k}' \cdot \boldsymbol{R})$)。$\boldsymbol{k}' - \boldsymbol{k} = (0, 2)$ なので，$\boldsymbol{k}$ と $\boldsymbol{k}'$ は $\boldsymbol{G} = (0, 2)$ のブラッグ反射の入射，散乱波である。(c) $\boldsymbol{k}$ の波が原子位置で自由端反射の要領で散乱されて $\boldsymbol{k}'$ の波を形成し，干渉した結果の図。(0,2) ブラッグ反射の結果，この形の定在波が立つ。y が整数と半整数の面に波が立っており，その間に節が存在するのは，ここで生じているブラッグ反射が (0,2) であるためである。この波は矢印の方向に流れていく。(d) (c) の波の振幅の 2 乗を時間平均した図。原子のある位置で振幅が大きいことがわかる。波が電子の波動関数であれば，このブラッグ反射は電子のポテンシャルエネルギーを下げるはずである。

られる[*4]（$\boldsymbol{G}$ は対応する逆格子ベクトル。逆格子ベクトルの定義については 7.3 節参照）。結晶格子の周期性から，ブリルアンゾーン[*5]一つ分に格子の情報はすべ

---

*4　詳細は文献 [5] の 3.2 節参照。

*5　ブリルアンゾーンは 25 ページで導入した。

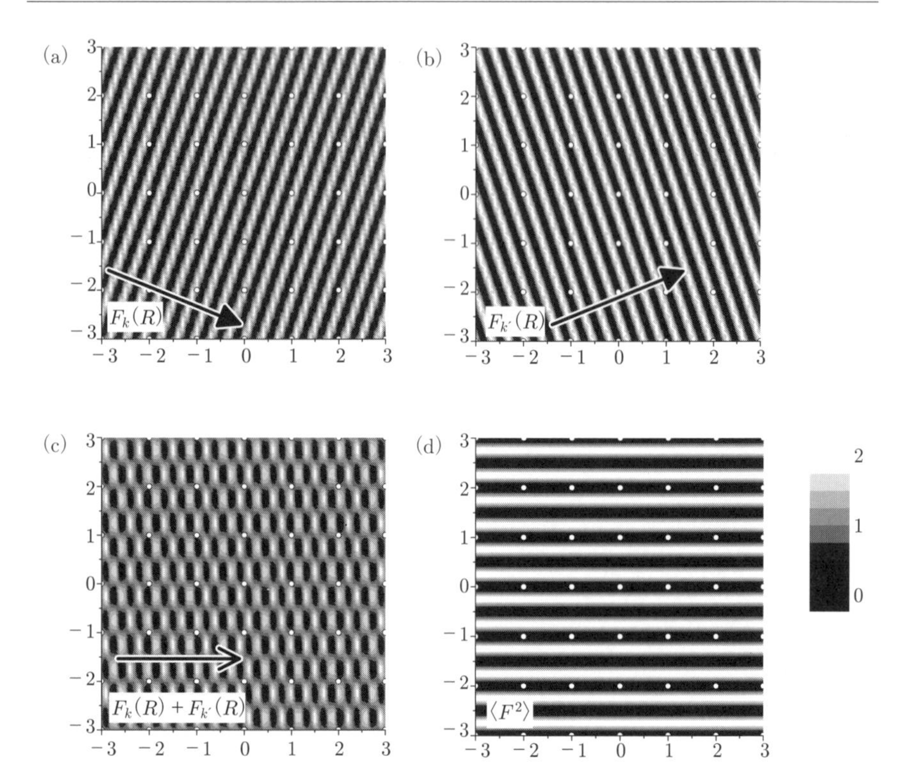

図3.3　図3.2と同じだが，固定端反射の要領で $\boldsymbol{k}'$ の波を形成した場合の図（$\cos(2\pi\boldsymbol{k}\cdot\boldsymbol{R})$ と $-\cos(2\pi\boldsymbol{k}'\cdot\boldsymbol{R})$）。(d) では原子のある位置で振幅が小さく，このブラッグ反射は電子のポテンシャルエネルギーを上げるはずである。

て入っており，それより高い波数の側では，格子に関しては第一ブリルアンゾーンを繰り返しているだけである。電子系も格子の周期性を反映するはずであるので，繰り返しになるような表現が適切である場合もある。このような書き方は図3.1の細い実線のようになり，還元ゾーン形式という。第一ブリルアンゾーンの外側の情報を，逆格子ベクトルの整数倍だけ並進することで第一ブリルアンゾーンの内側に移す形で全体を折りたたんだ表記である。

バンドの途中のエネルギーを持つ状態までが占有されている場合，無限小のエネルギーで電子を動かすことができ，金属状態となる。すべてのバンドが完全に占有されているか，完全に空である場合は，電子を動かすために占有されたバンドから空のバンドに励起する必要がある。これには有限のエネルギーが必要であるため，温度を十分下げた状態では電流が流れなくなる。このような状態は半導体あるいは絶縁体と呼ばれる。

自由電子近似では，電子を実空間で考えるより，q 空間で表した方が簡単な表現になる。実空間では電子の波動関数が全空間に広がった状況を考えることになるが，q 空間では一つの電子が一点で表される。一つの状態が占める q 空間の体積は，体積 V の三次元的な試料の場合 $(2\pi)^3/V$ となる*6。この近似では，ただ一つのパラメータ，電子密度 $\rho = N/V$ がすべてを表す（ここで N は総電子数，V は体積である）。標準的な固体物理の教科書を見ると，次のような関係が示されている。

- フェルミ波数 $k_{\mathrm{F}} = (3\pi^2\rho)^{\frac{1}{3}}$
- フェルミエネルギー $E_{\mathrm{F}} = \dfrac{\hbar^2}{2m}(3\pi^2\rho)^{\frac{2}{3}}$
- 状態密度 $D(\varepsilon)/V = \dfrac{1}{2\pi}\left(\dfrac{2m}{\hbar^2}\right)^{\frac{3}{2}} \cdot \varepsilon^{\frac{1}{2}}$
- 状態密度 $D(\varepsilon)/N = \dfrac{1}{2\pi\rho}\left(\dfrac{2m}{\hbar^2}\right)^{\frac{3}{2}} \cdot \varepsilon^{\frac{1}{2}} = \dfrac{3}{2}\dfrac{1}{E_{\mathrm{F}}^{\frac{3}{2}}} \cdot \varepsilon^{\frac{1}{2}}$

状態密度は，体積 V や総電子数 N で規格化した表記にした。考える試料サイズに比例して $D(\varepsilon)$ は大きくなるが，試料サイズに依存しない指標の方が物質の性質を表すのに適した指標であると思われる。

3.1.2　強束縛近似

孤立原子は $1s, 2s, 2p$ などの各軌道に対応するエネルギー準位を持つ。2 個の原子を近づけていくと，結合性軌道と反結合性軌道の二つに準位が分裂する。n 個の原子が集まると，結合性軌道と反結合性軌道のエネルギー準位の間に $n-2$ 個，両端を含めて n 個の準位ができて，n が大きくなると実質的に連続的に準位が分布するようになる。このようにして多数の原子が集まるとバンドが形成され

*6　文献 [15] の 6 章参照。スピン自由度を考えると，この体積に二つ電子が入る。

る（図1.1も参照）。

s軌道が作るバンドを考える。この場合，隣接サイトとの飛び移り積分は等方的であり，その大きさを方位に無関係にtと書くことができる。そうすると，周期aの一次元の場合$-2t\cos(ka)$の形のバンドが得られる。$-\pi/2 < ka < \pi/2$の範囲のkがブリルアンゾーンに対応する。二次元正方格子であれば$-2t[\cos(k_x a)+\cos(k_y b)]$でバンド幅は$8|t|$，単純立方格子であれば$\cos(k_z c)$が加わってバンド幅は$12|t|$となる。

s軌道が伝導を支配する場合は飛び移り積分は等方的であるが，p軌道やd軌道が支配的な場合には異方性が強く現れる。これについては3.4節に詳述する。

原子間の飛び移りを考える場合，次近接以遠の直接の飛び移りが無視できない場合も多い。特にs軌道間の飛び移りは距離の2乗に反比例と，比較的ゆるやかな距離依存性を持つため（表3.2参照[7], [14]），例えば最近接へのtの1/10の大きさまで考察に取り込むためには，最近接の3倍の距離までの飛び移りを計算に入れる必要が出る。これは半径3の球に含まれる格子点の数が関与するということで，およそ100個のtを取り込む計算になる。これの意味するところは，自由電子近似がよいものを無理に強束縛近似で取り扱おうとすると沢山の飛び移り積分を考える必要が出る，ということである*7。d電子間の飛び移りであれば距離の5乗に反比例となるため，最近接間距離の1.6倍まで取り込めば，最近接の飛び移りの1/10の影響まで取り込む計算になる。分子性の固体では分子軌道の間の飛び移りを考えるため，飛び移り積分に極めて強い異方性が出る。その一方で次近接以遠への飛び移りは極めて小さくなるため，強束縛近似が非常によく適用できる系である。

3.2　バンド構造と結晶構造

電子の取り得る状態はq空間で均一な密度に分布している。そのため，電子系の全エネルギーEは

$$E \propto \int_{k<k_{\mathrm{F}}} \varepsilon(\boldsymbol{k}) d\boldsymbol{k} \tag{3.1}$$

*7　s軌道の広い空間分布のために，s軌道の作るバンドは一般的に広いバンド幅を持ち，自由な電子と見るほうが近い。

と書ける。ここで $\varepsilon(\boldsymbol{k})$ は波数 $\boldsymbol{k}$ の電子のエネルギーで，積分範囲はフェルミ波数 k_{F} 以下の波数の状態全体とした。この積分をエネルギー方向に書きなおすと見通しがよくなる場合がある。エネルギー ε から $\varepsilon + d\varepsilon$ の電子の状態数，すなわち状態密度を $D(\varepsilon)d\varepsilon$ と書こう。状態数を N とすると，$D(\varepsilon) = dN/d\varepsilon$ である。これを用いると電子系の全エネルギーは

$$E \propto \int_0^{E_{\mathrm{F}}} \varepsilon D(\varepsilon) d\varepsilon \tag{3.2}$$

となり，エネルギー 0 からフェルミエネルギー E_{F} までの積分となる。バンド構造への依存性はすべて $D(\varepsilon)$ に入っている。バンド構造は前節までで見たように結晶構造と関係している。そして，上の式で決まる電子系のエネルギーが小さくなる構造が安定な構造である。

三次元の自由電子の場合，$D(\varepsilon)$ は $\sqrt{\varepsilon}$ に比例する*8。図 3.4 に Na，Mg，Al の状態密度を密度汎関数法で計算した結果を示す。大まかには $\sqrt{\varepsilon}$ 型の状態密度が得られており，これらの物質の電子状態は自由電子でよく近似されることがわかる。

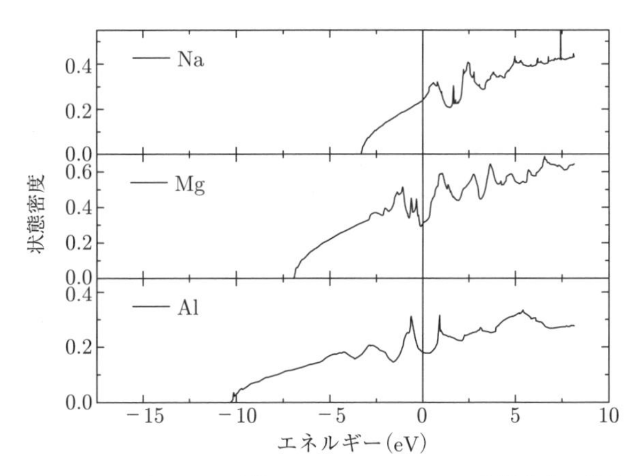

図 3.4 擬ポテンシャルを用いて計算した Na，Mg，Al の状態密度。横軸エネルギーの原点はフェルミエネルギーに選んだ。三次元の自由電子の状態密度は $\sqrt{\varepsilon}$ に比例する，という解析的な答えをよく反映している。

---

*8 状態数は q 空間の体積に比例するので $N \propto k^3$ である。自由電子近似では $\varepsilon \propto k^2$ である。この二つから，$N \propto k^3 \propto \varepsilon^{3/2}$ となり，$D(\varepsilon) = dN/d\varepsilon \propto \varepsilon^{1/2}$ を得る。

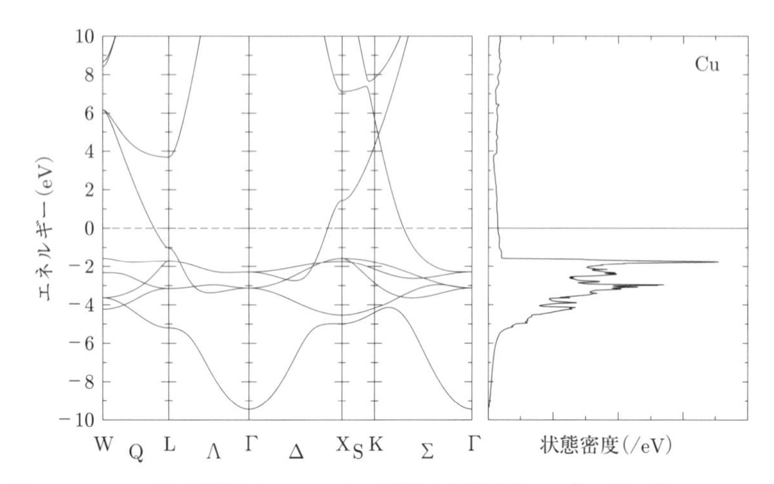

図 3.5　LAPW 法で計算した Cu のバンド構造と状態密度。エネルギーが −1.5 eV から −5 eV の範囲の，比較的傾きの小さいバンドが d 軌道に関連するバンドである。エネルギー原点はフェルミエネルギーに選んだ。傾きの小さいバンドは高い状態密度を，傾きの大きなバンドは低い状態密度を与える。

$3d$ 電子のように比較的局在した電子が入った場合，$3d$ バンドのエネルギー幅が狭くなるため，状態密度に細いピークができる。LAPW 法で計算した銅のバンドと状態密度を図 3.5 に示した。Γ 点（逆格子原点）に谷底を持つ大きな放物線が s 軌道に関するバンドであり，エネルギーが −1.5 eV から −5 eV の範囲の，比較的傾きの小さいバンドが d 軌道に関連するバンドである。量子力学的に可能な状態は波数空間に均一な密度で分布するため，図 3.5 右のようにエネルギーに対する状態密度を描くと，傾きの小さいバンドは高い状態密度を，傾きの大きなバンドは低い状態密度を与える。例として極端な場合を考えよう。隣の原子とまったく電子のやり取りがなければ，すべての原子は同じエネルギー準位の軌道を持ち，孤立原子の場合と同様に δ 関数状の状態密度を与える。

電子系のエネルギーは E_{F} より下側にある電子のみで決まるため，構造を少し変えることで $D(E_{\mathrm{F}})$ の状態密度を下げることができれば，そのほうが低いエネルギー状態になる場合が多い。結果として，$D(E_{\mathrm{F}})$ が谷底になるような構造が安定化される傾向がある。図 3.4 の Mg や Al の状態密度を見ると，確かにフェルミエネルギーが状態密度の谷底に位置することが見て取れるだろう。遷移金属が体心立方構造を取るか面心立方構造を取るかは元素によって違っているが，その原因はここで述べたように電子系のエネルギーを下げる配置を実現するためであることが知られている。

3.3 イオンの価数が構造に及ぼす影響

前節までバンドについて話を進めてきた。結晶構造がわかれば原子間距離が決まり，それに基づいてかなり定量的に飛び移り積分が評価でき，バンドを計算できる*9。そのバンドのどこまで電子が入るかを決めるのが結晶を構成するイオンの価数である*10。

1 章で述べたように，イオンは価数によって異なる半径を持つ。逆に，価数によって原子核間の距離が変わる，といってもよい。これは，価数によって構造が影響されることを意味する。

3.3.1 ボンドバレンスサム

イオンの価数は通常，分光的な測定で観測されるが，異なる価数のイオンが共存する場合や，同種元素が複数のサイトを占める場合に見分けがつかない。構造から価数を見積もる標準的な手法がボンドバレンスサム (bond valence sum, BVS) である。構造から価数を見積もる利点は，どのサイトのイオンが何価になっているのか見分けがつく点である。

多数の無機化合物の構造データから，経験的に以下の様な関係があると報告されている[37]。i 番目のイオンの価数 V_i は，i 番目と j 番目のイオンの間の距離を r_{ij} として

$$V_i = \sum_j \exp\left(\frac{r_0 - r_{ij}}{B}\right) \tag{3.3}$$

*9 強束縛近似の視点での表現を取った。ヒュッケル法による分子軌道計算の場合などはこのような順番で考える。

*10 実際にはバンドが決まってから価数が決まるわけではなく，価数が変わることでバンドが大きく影響される場合もあるので，ここで書いた話の順番は物理的な実体を反映したものではなく，単に説明の方便である。イオンの価数は化学的にかなり限定される元素も多いが，遷移金属やある種の希土類などではさまざまな価数を示す元素が存在する。

で表される。ここで和は i 番目のイオンに配位している原子について取る。r_0 はイオンの種類によって経験的に定められたパラメータであり，その一覧は国際結晶学連合 (International Union of Crystallography, IUCr) のウェブサイトに与えられている[*11]。B は r_0 パラメータに対して指定される一定値で，ほとんどの場合 0.37 Å である。BVS の初期の論文には文献 [37], [38] が挙げられ，これらにも多数のパラメータが与えられている。

表 3.1 はペロブスカイト型酸化物 $R^{3+}M^{3+}O_3^{2-}$（R：希土類，M：遷移金属）の M–O 距離一覧である。TiO_6 八面体を例にとると，3 価の場合と 4 価の場合で Ti–O 距離が 0.08 Å 変わることが BVS からは期待される。表を見ると，すべての物質について BVS の値はおおむね 3 になっており，ボンド長から価数がきちんと読み取れることがわかる[*12]。e_g 電子に関するヤーン–テラー (Jahn–Teller, JT) 活性（4.2 節参照）な Mn 酸化物では，三つの M–O 距離のばらつき $\sigma(M\text{–O})$ が顕著に大きいことも読み取れる。

表 3.1　ペロブスカイト型 $R^{3+}M^{3+}O_3^{2-}$ 酸化物の平均ボンド長と BVS の値。JT の列はヤーン–テラー活性か不活性かを ac., inac. で示した。ペロブスカイト構造では 3 種類の金属–酸素距離が対称性から期待される。三つの M–O の列は，各 M に対してボンド長を，ここで引用した文献で報告されているすべての R について平均化した値を示している（かっこ内の数字は標準偏差）。$\langle M\text{–O}\rangle$ と $\sigma(M\text{–O})$ は直前の三つの M–O の平均と標準偏差である。BVS の列は，各物質で計算した BVS の値を R について平均化した値を示している。参考文献は Ti: [39]，V: [40]，Cr: [41]，Mn: [42]，Fe: [43]。

M	JT	M–O1	M–O2$_1$	M–O2$_2$	$\langle M\text{–O}\rangle$	$\sigma(M\text{–O})$	BVS
Ti (d^1)	ac.	2.022(6)	2.031(3)	2.071(9)	2.0414(12)	0.021(6)	3.055(9)
V (d^2)	ac.	1.998(3)	2.013(8)	2.008(4)	2.007(3)	0.007(4)	2.94(2)
Cr (d^3)	inac.	1.974(1)	1.988(7)	1.980(4)	1.980(4)	0.006(2)	3.00(3)
Mn (d^4)	ac.	1.94(1)	2.22(3)	1.91(2)	2.024(5)	0.14(2)	3.14(6)
Fe (d^5)	inac.	2.002(4)	2.025(7)	2.005(5)	2.011(2)	0.011(3)	3.04(2)

*11　2017 年 1 月現在，IUCr のホームページ (http://www.iucr.org/) 内の Home>resources>data>data sets>bond valence parameters に bvparmxxxx.cif（xxxx は年号，2011 年，2013 年，2016 年の版を執筆時点で確認している）というファイルがアップロードされており，その中にパラメータ一覧がある。

*12　金属酸化物では，試料作製条件によって酸素量が過剰になったり欠損したりすることも多く，設計通りの価数にならない場合も多々ある。

異なる価数のイオンが周期配列を形成する，いわゆる電荷秩序が生じた場合などは，それによってイオン周辺の配位構造が歪む。このような場合に BVS で価数を見積もると，各サイトの平均価数を知ることができる[44]。BVS による価数評価を行うためには定量的な原子座標が必要であり，高精度の構造解析を行う必要がある。

EXAFS*13によって求めた金属–酸素距離と回折実験によって求めたそれが一致しないこともしばしば生じる。これは価数配置が完全に秩序化していない場合に見られる症状である。EXAFS は一つひとつの原子の周辺構造を見る一方，回折実験では大きな範囲（マイクロメートル程度）の周期構造を観測する。例として，半数の原子が n 価，残りが m 価になっているが，それが完全にランダムに配置している場合を考えよう。EXAFS や XANES*14で観測すると n 価と m 価が半々に混ざっていると観測される一方，回折実験からは $(n+m)/2$ 価と観測されることになる。この状態から温度を下げるなど，環境を変化させて電荷秩序（3.5.3 項参照）が起こった場合，EXAFS や XANES では変化が見えない一方，回折実験では明瞭に新しい周期構造に対応するピークが出現し，BVS でサイトごとに n 価と m 価に分かれて見え，どのような構造に電荷秩序が生じたかが観察されることになる*15。

3.3.2　スピン状態の変化に伴う変形

八面体配位した $3d$ 電子系では，高スピン状態，低スピン状態と呼ばれる異なった電子配置が考えられる（4.2.1 項，図 4.3 参照）。d 軌道に n 個電子が入った状態を d^n と書く。d^4 から d^6 の範囲では，低スピン状態ではすべての電子が M–L

---

*13　エグザフスと読む。Extended X–ray Absorption Fine Structure の略。X 線の吸収係数のエネルギー依存性から，特定元素の周囲の局所構造を観測する。

*14　日本語的な発音ではゼーンズ，まれにザーネス，英語ではゼインズのように読む。X–ray Absorption Near Edge Structure の略。特定元素の化学状態を観測する。EXAFS と XANES を総称して XAFS（ザフス）とも呼ぶ。

*15　そのような構造解析はしばしばたいへん難しい。非常に弱いブラッグ反射を解析に入れる必要がある点，空間群の選択が通常は難しい点，また場合によっては電荷秩序構造が発生した段階で双晶ができてしまうことがある点などが困難の原因である。構造解析をせずに，周期性だけを見るのであれば，これらの問題はほぼすべて解消され，かなり簡単な測定になる。

ボンド（L は配位子）から外れた方向に伸びる t_{2g} 軌道に入る一方，高スピン状態では一部の電子が M–L ボンドに平行な電子雲を持つ e_g 軌道に入る。その結果，高スピン状態と低スピン状態ではかなり M–L 結合長が変わる。d^6, d^5 の Fe^{2+}, Fe^{3+} の場合は，高スピン状態のほうが低スピン状態より M–L 結合長がそれぞれ 0.2 Å, 0.1 Å 伸びている[45]。窒素と酸素では，窒素のほうが共有結合性が強いことを反映して，高スピン–低スピンの変化に対する Fe–L 長変化が大きい。このような場合，価数は変化しないのに M–L 間距離が変わる。このような場合に合わせて，本来ならば高スピン状態と低スピン状態に対する BVS の r_0 パラメータを用意するべきであろうが，今のところそのようなものはなさそうである。BVS は，飽くまである程度類似した物質群のデータベースを基にした，経験的な指標であることを意識して使うべき手法である。

3.4　飛び移り積分

価数のほかに伝導性と密接に関連するのは飛び移り積分であった。飛び移る経路の原子間距離が近いか遠いか，あるいは道が真っすぐか曲がっているか，などで飛び移り積分は影響を受ける。飛び移り積分は関連する電子軌道の異方性などを反映してしばしば非常に異方的であり，構造歪みとも関連が深い。ここでは構造となるべく関連が付くように飛び移り積分を見ていこう。

i 番目の原子と j 番目の原子の間の飛び移り積分はしばしば t_{ij} のように書かれる。伝導に関与する電子の持つ軌道が複数ある場合，それらを別々に記述する必要がある。具体的には，i 番目の原子の m 番目の軌道と，j 番目の原子の n 番目の軌道（ここで n は例えば $n = 0, 1, 2, 3$ でそれぞれ $2s$, $2p_x$, $2p_y$, $2p_z$ を表すなど，状況に応じて定義する）の間の飛び移り積分は t_{ij}^{mn} のように表記することとなる。図 3.6 のように原子 i と j が $(0, 0, r)$ の距離だけ隔てられている状況で，m と n が例えば (a) $2p_z$ と $2p_x$ であればお互いの間の飛び移り積分は 0, (b) どちらも $2p_z$ であれば非ゼロの飛び移り積分が期待される。なぜならば，(a) では左側の原子の電子雲に対し，右側の原子の波動関数の符号が正の部分と負の部分が対称に広がっており，波動関数の重なりを積分すると完全にキャンセルすることが対称性から期待される一方，(b) ではそのような状況になっていないためである。

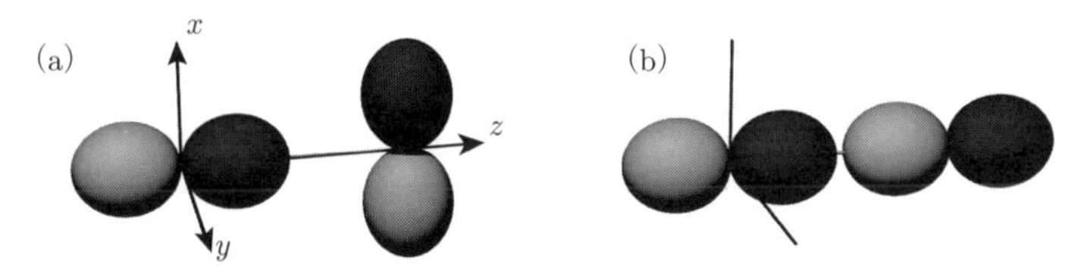

図 3.6 原子 i と j が $(0,0,r)$ の距離だけ隔てられている状況で，n と m が (a) $2p_z$ と $2p_x$ の場合と (b) どちらも $2p_z$ である場合。(a) の場合の飛び移り積分は 0 であるが，(b) の場合は有限の値が対称性から期待される。

このように，原子間の相対的な位置関係と軌道の対称性に基いて飛び移り積分が 0 になるものを判定できる。この判定には正しくは群論を用いるが，空間的に波動関数がどう広がっているかを正しくイメージすれば，ほとんどは容易に判断できるだろう。結果的には意外なほど少数の軌道の組み合わせだけ考えればよいことがわかる。以下は根拠を別の教科書に任せ（例えば文献 [7], [14], [46]），使いやすい結果のみ記す*16。

表 3.2 に，s, p, d 軌道で t が 0 にならない組み合わせをすべて書いた。$(ll'm)$ は t の角度依存性を表し，スレーター–コスター (Slater–Koster) パラメータと呼ばれる。これは原点にいる軌道 l（$= s, p$ または d）から位置 $(0,0,1)$ にある軌道 l'（$= s, p$ または d）への，経路 m（$= \sigma, \pi$ または δ 結合）を通した飛び移り積分の -1 倍で定義される*17。具体例を挙げよう。$(pp\sigma)$ と $(pp\pi)$ は p 軌道同士の σ 結合，π 結合に対応する伝導パスに対応する t に -1 を乗じた量を表す。考えたい p 軌道が z 軸から x 方向に少し傾いている場合，p_z と p_x に波動関数を分解し，p_z-p_z の $(pp\sigma)$ と p_x-p_x の $(pp\pi)$ を考えればよい。

ここまでは単にゼロにならない飛び移り積分の組み合わせを書き出しただけである。近似的にはパラメータ間の大きさの比が一定となるため，ここからさらにパラメータ数を減らすことができる。

$$
\begin{aligned}
(pp\sigma)/(pp\pi) &\simeq -4.0 \\
(pd\sigma)/(pd\pi) &\simeq -2.2 \\
(sd\sigma)/(pd\sigma) &\simeq 1.1
\end{aligned}
\tag{3.4}
$$

*16 f 電子に対する計算結果は文献 [47] に与えられている。

*17 $(ll'm)$ の l (l'), m は球面調和関数 Y_l^m の l, m に対応している。表 3.2 参照。

表 3.2　スレーター–コスターパラメータ一覧。スレーター–コスターパラメータは右図の組み合わせの飛び移り積分の -1 倍で定義される。距離依存性は文献 [7] の 20-D 節に従った。

スレーター–コスターパラメータ	対応する軌道	球面調和関数表記	
$(ss\sigma)$ $(<0,\ r^{-2})$	s - s	Y_0^0 - Y_0^0	
$(sp\sigma)$ $(>0,\ r^{-2})$	s - p_z	Y_0^0 - Y_1^0	
$(sd\sigma)$ $(<0,\ r^{-3.5})$	s - $d_{3z^2-r^2}$	Y_0^0 - Y_2^0	
$(pp\sigma)$ $(>0,\ r^{-2})$	p_z - p_z	Y_1^0 - Y_1^0	
$(pp\pi)$ $(<0,\ r^{-2})$	p_x - p_x	$\frac{1}{\sqrt{2}}(Y_1^1+Y_1^{-1})$ - $\frac{1}{\sqrt{2}}(Y_1^1+Y_1^{-1})$	
$(pd\sigma)$ $(<0,\ r^{-3.5})$	p_z - $d_{3z^2-r^2}$	Y_1^0 - Y_2^0	
$(pd\pi)$ $(>0,\ r^{-3.5})$	p_x - d_{zx}	$\frac{1}{\sqrt{2}}(Y_1^1+Y_1^{-1})$ - $\frac{1}{\sqrt{2}}(Y_2^1-Y_2^{-1})$	
$(dd\sigma)$ $(<0,\ r^{-5})$	$d_{3z^2-r^2}$ - $d_{3z^2-r^2}$	Y_2^0 - Y_2^0	
$(dd\pi)$ $(>0,\ r^{-5})$	d_{zx} - d_{zx}	$\frac{1}{\sqrt{2}}(Y_2^1-Y_2^{-1})$ - $\frac{1}{\sqrt{2}}(Y_2^1-Y_2^{-1})$	
$(dd\delta)$ $(<0,\ r^{-5})$	d_{xy} - d_{xy}	$\frac{i}{\sqrt{2}}(Y_2^2-Y_2^{-2})$ - $\frac{i}{\sqrt{2}}(Y_2^2-Y_2^{-2})$	

また，原子間距離 r が変わった場合，ss, sp, pp の組み合わせでは r^{-2} に比例し，pd の組み合わせでは $r^{-3.5}$ に比例する。この関係も表に示した。

M–O–M の場合の飛び移り積分などの計算も同様に実行可能である。このあたりは文献 [14] に詳しい。ここでは基本的な場合について図 3.7 を用いて例を示す。M_1–O–M_2 結合角が θ で，M–O 結合方向に伸びた $3z^2-r^2$ 型の軌道の間の飛び移りを考えよう。後の便利のため，角 $180°-\theta$ を δ と定義しておく。座標は図 3.7 に示したように取る。図 3.7(a) に示した M_1 の $|3z_1^2-r^2\rangle$ から O の $|z_1\rangle$ への飛び移り積分は $-(pd\sigma)$ である。(b) に示した O の $|z_2\rangle$ から M_2 の $|3z_2^2-r^2\rangle$ への飛び移り積分も同じである。$|z_1\rangle=\cos\delta|z_2\rangle+\sin\delta|x_2\rangle$ であるため，M_1 か

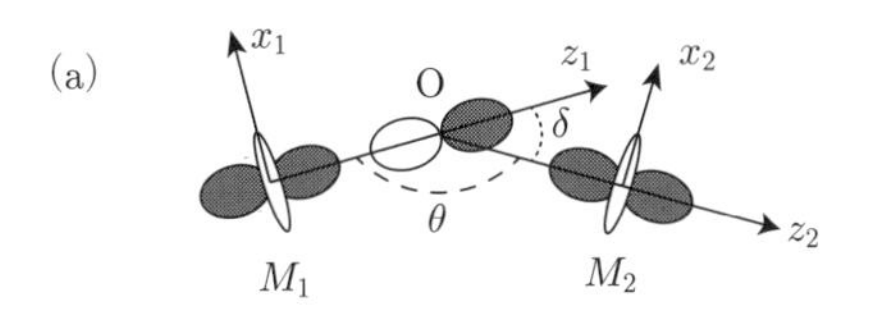

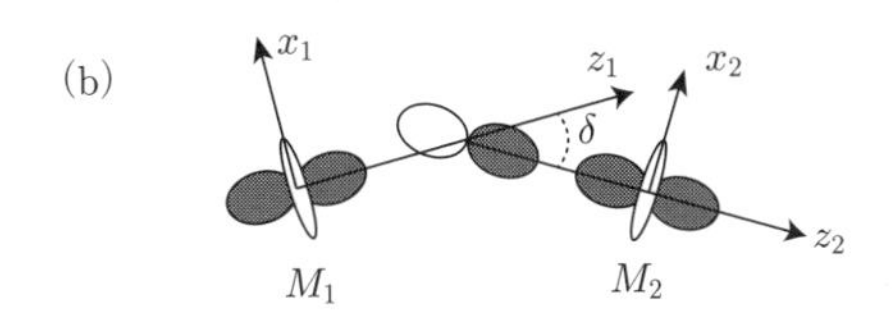

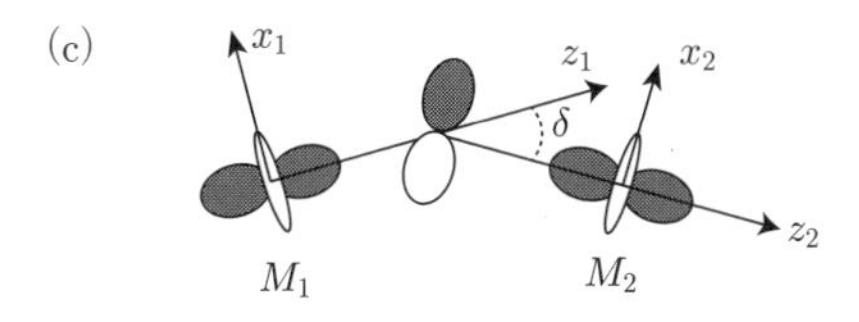

図 3.7 M_1–O–M_2 結合の飛び移り積分。(a) M_1 の $|3z_1^2 - r^2\rangle$ から酸素の $|z_1\rangle$ への飛び移り積分は $-(pd\sigma)$ である。(b) と (c) は O の p 軌道を $|z_2\rangle$ と $|x_2\rangle$ でそれぞれ表記した。$|z_1\rangle = \cos\delta|z_2\rangle + \sin\delta|x_2\rangle$ であること，および (c) に示した酸素の $|x_2\rangle$ から M_2 の $|3z_2^2 - r^2\rangle$ への飛び移り積分が 0 であることから，M_1 から M_2 の飛び移り積分は $(pd\sigma)^2\cos\delta$ となる。

ら M_2 への飛び移り積分は $(pd\sigma)^2\cos\delta$ である。ここで (c) に示した O の $|x_2\rangle$ から M_2 の $|3z_2^2 - r^2\rangle$ への飛び移り積分は 0 であることを用いた。

3.5 金属と非金属

3.1 節で乱れも電子間の相互作用も考えなくてよい場合についての議論を行い，バンドをどこまで占有するか（バンドフィリング*18）によって金属と非金属が分けられるとした。一般的にはこのように，フェルミエネルギーがバンドの中にあ

*18 fill は “満たす” という意味である。filling で “充塡” を意味し，half filled といえば半分満ちた状態，つまり軌道一つあたり電子一つ入った状態を指す（スピン自由度を考えて軌道一つあたり二つ入るのが完全に充塡された状態で，それを基準とする）。

れば金属，バンドギャップの中にあり，かつバンドギャップが大きければ絶縁体，小さければ半導体，という分類がなされる。しかし，これは後述するアンダーソン局在による絶縁体を金属と誤認する基準の取り方である。

金属–絶縁体転移は物性物理の大きなテーマの一つである。文献 [21] の分類では，金属–絶縁体転移は5種類，パイエルス転移，ブロッホ–ウィルソン転移，アンダーソン転移，モット転移およびパーコレーション転移に分類される。金属と非金属の定義はそれほど明確にできない場合もあるが，ここでは次の定義を用いよう：ある物質中で電子を巨視的に動かすのに要するエネルギーが無限小である場合，その物質を金属とする。以下，金属と非金属の境界について，大まかなイメージを与える記述を試みる。

物質の電気伝導度 σ は，素電荷 e, 移動度 μ, キャリア密度 n を用いて

$$\sigma = n(-e)\mu \tag{3.5}$$

と書ける。ここから伝導度が0となる条件は，(1) $n = 0$，つまりフェルミ準位での状態密度 $D(E_{\mathrm{F}})$ が0であること，あるいは (2) 移動度 μ が0であることである。(1) は一般的なバンド絶縁体，モット絶縁体，ブロッホ–ウィルソン転移およびパイエルス転移による絶縁体の起源である。(2) はアンダーソン局在による絶縁化に関連する。パーコレーションはこれとは多少区分が異なるので，ここでは対応する機構がない[21]。

3.5.1　金　　属

前述のとおり，フェルミエネルギーがバンドの中にあり，かつその電子が長距離にわたって移動できる状態の物質を金属と呼ぶ。金属では電子の波動関数が試料全体に広がっているように表現できる。典型的な金属は自由電子ガスがよい議論の出発点であり，3.1.1項の最後に述べたように，多くの性質がただ一つのパラメータ，電子密度 ρ で表現できる。物理的な特徴を表現するために，電子密度と同じ意味を持つ無次元化した量を用いることも多い。この場合の無次元量としては，電子一つに割り当てられる体積と同じ体積を持つ球の半径をボーア半径 r_B を単位に表現した量，r_s を使うことが多い。$r_s = [3/(4\pi\rho)]^{1/3}/r_{\mathrm{B}}$ である。実際の物質での r_s の値を表3.3に示した。

表 3.3 電子一つに割り当てられる体積と同じ体積を持つ球の半径をボーア半径 (~0.529 Å) で割った量，r_s の値。単体金属では 2 から 6 の間に大部分は分布する。

1 族	r_s	2 族	r_s	遷移金属	r_s
Li	3.27	Be	1.86	Cr	2.13
Na	3.99	Mg	2.65	Fe	2.12
K	4.96	Ca	3.26	Cu	2.67
Rb	5.31	Sr	3.56	Ag	3.02
Cs	5.75	Ba	3.74	Au	3.01

電子気体は希薄であるほど，つまり r_s が大きいほど，電子間の相互作用が重要になることが知られている。これはクーロン力が長距離力であることによる。理論研究によると[48]，r_s が 70 以下（電子密度が高い側）では常磁性，70 から 100 の間は強磁性，100 から 160 でウィグナー結晶状態[*19]が最安定であると報告されている。この結果と表 3.3 を比較すると，自由電子ガスと見なせるアルカリ金属がどれも常磁性である理由がわかるだろう。逆にいえば，強磁性金属は自由電子ガスからかけ離れた状況であるといえよう。

金属の電気抵抗

3.1.1 項冒頭で述べた通り，金属の電気伝導は結晶の周期ポテンシャルの中においた，ほぼ自由な電子の近似で理解できる。完全に周期的なポテンシャルを仮定すると，電子の波動関数はブラッグ反射以外の散乱を受けないが，現実の物質では熱振動などによってポテンシャルの周期性が破れる。金属の電気抵抗は，このような周期性の破れに起因する電子の散乱で理解できる。

熱振動を持つ結晶格子による平面波の散乱については，12.2 節で詳述する。一般論として，結晶での散乱現象では，エネルギー保存則と結晶運動量の保存則[*20]の二つが成立する。結晶運動量の保存則は，散乱前の運動量の合計 $\sum \hbar\boldsymbol{k}$（和は散乱現象に関与するすべてのものについて取る）が，散乱の後で $\hbar\boldsymbol{G}$ の自由度を除いて保存する，というものである（ここで $\boldsymbol{G}$ は $\boldsymbol{0}$ も含めた任意の逆格子ベクトル）。例えば波数 $\boldsymbol{k}$ を持つ伝導電子が，波数 $\boldsymbol{q}$ のフォノンを吸収して波数 $\boldsymbol{k}' = \boldsymbol{k} + \boldsymbol{q} + \boldsymbol{G}$

*19 電子がお互いの斥力で自発的に格子を組んで結晶化した状態をウィグナー結晶と呼ぶ。
*20 結晶運動量の保存則の導出は文献 [6] の付録 M に与えられている。

に方向を変え，エネルギーも吸収したフォノンの分だけ上昇する1フォノン吸収過程，あるいは波数 $\boldsymbol{q}$ のフォノンを放出して波数 $\boldsymbol{k}' = \boldsymbol{k} - \boldsymbol{q} + \boldsymbol{G}$ に方向を変え，エネルギーも放出したフォノンの分だけ減少するする1フォノン放出過程のような形で伝導電子の散乱が生じる。この散乱によって，もともと $\hbar\boldsymbol{k}$ の運動量を持っていた伝導電子は，しばらく時間が経った後にはどちらに進んでいるかわからなくなり，平均すると運動量0の状態になる。つまり，電気抵抗が生じる。

このような散乱過程は電子–フォノン相互作用と呼ばれ，金属の電気抵抗の主要な原因であるのみならず，伝導電子が格子歪みと結合したポーラロンの形成をはじめとしたさまざまな現象を引き起こす。詳細は文献 [5] の 6.13 節，あるいは文献 [6] の 26 章を参照して欲しい。

3.5.2　バンド絶縁体

フェルミエネルギーがバンドギャップの中にあり，かつバンドギャップが大きいものはバンド絶縁体，バンドギャップが小さいものは半導体と呼ばれる。式 (3.5) の区分でいうと $D(E_{\mathrm{F}}) = 0$ のタイプの絶縁体である。半導体では室温程度の温度で電子がバンドギャップを超えて励起され，絶対零度で0だったキャリア密度 n は温度上昇とともに増大し，それに伴って伝導度 σ も温度上昇とともに大きくなる。以下，半導体も絶縁体の一種と取り扱い，バンドギャップの大小は考慮しない。

この絶縁体の最も単純な例は，価電子を二つ持つ原子が間隔 a で一次元的に並んだものである。この場合は図 3.8(a) に示したようにバンドがすべて電子で占有され，電子は身動きが取れなくなる。この状況で電子が動くためには，よりエネルギーの高い，空きのあるバンドに励起する必要があり，“無限小のエネルギーで電子を動かせる” という金属の定義から外れる。

上の例で二つの価電子を提供するのが s 軌道であったとしよう。上の議論では，s バンドをすべて占有して絶縁体になるはずである。しかし，現実の物質ではすぐ上に空の p 軌道があり，この p バンドとの重なりが生じる[*21]ので話は複雑になる。

*21　二つのバンド A, B が「重なる」という言葉の意味を定義しておこう。波数 k におけるバンド m のエネルギーを $E_m(k)$ とする。二つのバンド A, B が「重なる」とは，$E_A(k_1) = E_B(k_2)$ となる k_1, k_2 の組み合わせが存在することを意味する。

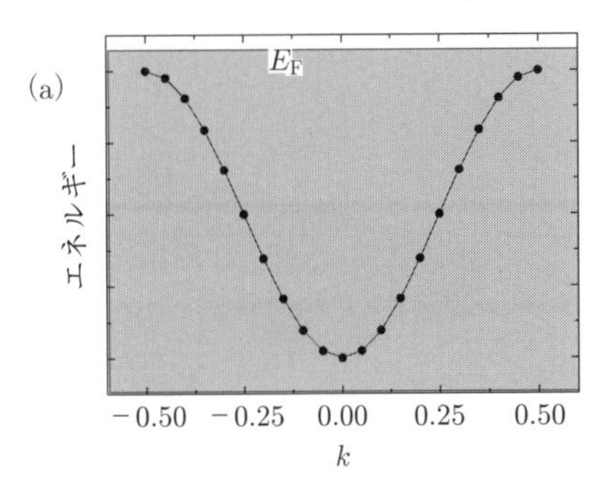

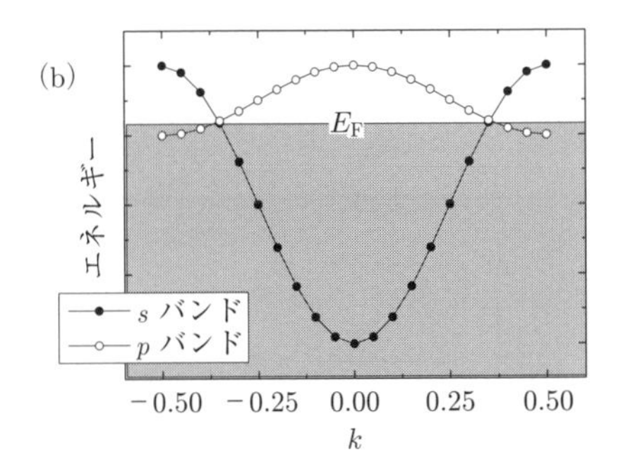

図 3.8 バンド絶縁体の模式図。E_F の下，グレーのエネルギー領域が電子の占有する領域である。(a) s 軌道のみが伝導帯に電子を供給し得る場合。このバンドで電子に許される状態数は，波数空間では原子の個数 N と等しく，各 k に対してスピン up, down の 2 通りがあるため，合計 $2N$ になる。各原子が二つの電子をこのバンドに供出する場合，このバンドは完全に埋まる。(b) s バンドと p バンドが重なっている場合。フェルミエネルギーがバンドの途中に位置して，金属になる。

s と p のバンド幅が s と p の準位間のエネルギー差より広い場合，図 3.8(b) に示したようにこれらのバンドは重なる。その結果，エネルギーが低いところから順に電子が入っていくため，電子は s バンドを全部占有せずに一部の電子が p 軌道由来のバンドにまわり，バンドの中にフェルミ準位が位置することになる。結果として $D(E_F) \neq 0$ となり，金属になる。

バンド絶縁体と結晶構造

内部構造が複雑でない，単純な物質を想定し，強束縛近似で話を進める。圧力をかけて等方的に原子間距離を縮めた場合に何が起こるだろうか。単純に考えると，原子間距離が縮まるために隣接原子間の波動関数の重なりが増大して，飛び移り積分 t が大きくなる。その結果，図 3.9(a) に示したように，バンド幅が増大して金属的になると期待される。個々のバンドが $4s$ 軌道や $3d$ 軌道といった，孤立原子の固有状態を由来とするバンドと見てよいのであれば，各準位のエネルギー差は不変であるため，飛び移り積分の変化に注目したこのような議論が正当である。この機構による金属–絶縁体転移を（第一種の）ブロッホ–ウィルソン転移という。一方，例えば共有結合の結合性軌道と反結合性軌道を由来とするバンドが

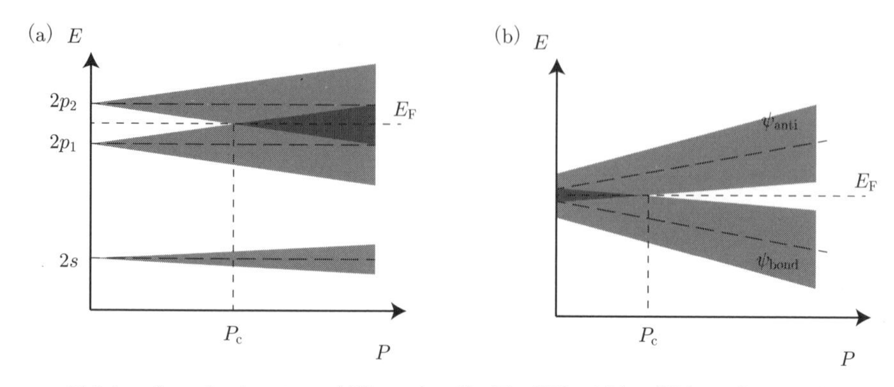

図 3.9 ブロッホ–ウィルソン転移のエネルギー図。横軸に圧力，縦軸にエネルギーを取った。(a) 加圧に伴いバンド幅が増大して P_c で重なりが生じ，絶縁体から金属へ転移する第一種ブロッホ–ウィルソン転移。(b) 加圧に伴い結合性軌道 ψ_bond と反結合性軌道 ψ_anti のエネルギー差が増大することによってバンドの重なりが解消され，金属から絶縁体へ転移する第二種ブロッホ–ウィルソン転移。破線は強束縛近似のもととなるエネルギー準位を示す。

問題になる場合を考えてみよう。原子間距離が近づくと上述のとおり t は増大する。しかしそれ以上に結合性軌道と反結合性軌道のエネルギー差が広がるため，図 3.9(b) に示したようにバンドの重なりが解消されて，加圧によって絶縁化してしまう場合があり得る。このような機構による金属–絶縁体転移も（第二種の）ブロッホ–ウィルソン転移と呼ばれる。この機構に関する詳細な説明は文献 [21] に与えられている。

3.5.3 モット絶縁体

前節の基準では，例えば原子一つあたり一つ（あるいは奇数個）の電子を伝導バンドに供出する物質ではバンドの途中までしか占有されず，必ず金属になると期待されるが，実際にはこの期待はしばしば裏切られる。考察から抜けていたのは電子間の相互作用*22である。電子間相互作用に起因する絶縁状態をモット絶縁体と呼ぶ。

電子間相互作用を取り入れたモデルとして，次のハバードハミルトニアンが広く用いられている：

*22 用語の定義について，13 ページの *16 を参照。

$$H = \sum_{\langle i,j \rangle,\sigma} t_{ij} c^\dagger_{i\sigma} c_{j\sigma} + U \sum_i n_{i\uparrow} n_{i\downarrow} \tag{3.6}$$

ここで $\langle i,j \rangle$ は i, j の組に関する和，σ はスピンであり，$\uparrow, \downarrow$ のどちらかを表す。t_{ij} はサイト i から j への飛び移り積分，$c^\dagger_{i\sigma}$, $c_{i\sigma}$ はサイト i，スピン σ の電子に対する生成演算子，消滅演算子である。U はオンサイトクーロンエネルギーと呼ばれ，同一軌道にスピン上下の電子が入った際の電子間相互作用に起因するクーロンエネルギーを表す。$n_{i\uparrow}$ はサイト i, スピン $\uparrow$ の電子の数を表す数演算子 ($= c^\dagger_{i\uparrow} c_{i\uparrow}$) である。$U$ と t は典型的には遷移金属酸化物で 0.5 eV～5 eV 程度，有機伝導体で 0.1 eV～0.3 eV の大きさである[*23]。

式 (3.6) の一つ目の和は運動エネルギーを表している。$c^\dagger_{i\sigma} c_{j\sigma}$ はサイト j，スピン σ の電子が消滅し，同じスピンの電子がサイト i に生成される（つまりある電子がサイト j から i へ移動する）過程を表している。電子が動くというのは波動関数が広がっていることを意味しており，1.5 節で述べたように，電子の波動関数が広がっている方が運動エネルギーが小さくなる。このエネルギー低下の度合いを t_{ij} で表している。二つ目の和は上述したオンサイトクーロンエネルギーを表す。

ここで t が U に対して十分大きければ，電子間相互作用の影響が小さいということであり，前節の議論が再現される。一方で U が大きくなると，電子はお互いを避け合うようになる。U が大きい極限では，1 原子あたり一つの電子がある場合，各サイトに電子が一つずつ置かれた状態からまったく身動きが取れなくなる。このような状況はモット絶縁体と呼ばれている。この状況を図 3.10(a) に示した。ここでは軌道一つあたりスピン $\uparrow, \downarrow$ の二つが入った状態をキャリア密度 1 と定義する。この状況からキャリア密度を変化させた場合を考えよう。例えば電子数が増えた場合，(b) に示したように，電子が動いてもエネルギーの変化がなくなる。そのため，キャリア密度 0.5 から外れると，絶縁化する理由がなくなると期待される。全体をまとめて相図にしたものが (d) である。キャリア密度が 0.5 で，t に

---

*23　直観的な意味合いとしては，U はイオン化エネルギーの仲間である。キャリアが同じサイトに二つ入った時に，一つしか入っていない場合と比べてどれだけエネルギーが違うか，というパラメータであるので，価数の一つ異なるイオンの間のエネルギー差を表していることになる。これを電子間相互作用のエネルギーと呼ぶのが適切であるかどうかは議論の余地がありそうである。少なくとも U は 1.4 節での電子間相互作用の定義とは異なる量であるように見える。

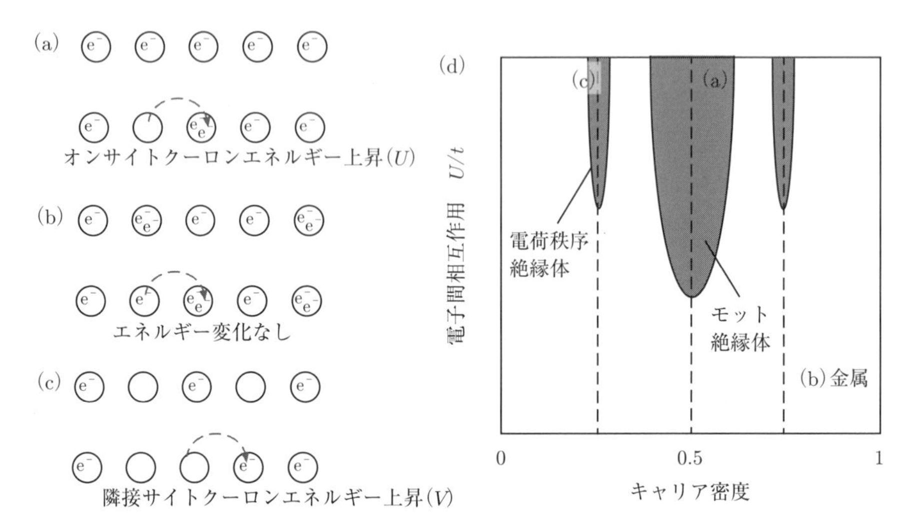

図 3.10　(a) モット絶縁体の概念図。各原子が一つずつ伝導帯に電子を供与する場合（スピン自由度を考えに入れ，この状態をキャリア密度 0.5 と数える）を考える。ある電子が隣のサイトに移ると（下段），同じサイトに電子が二つ密集することになり，クーロン斥力の分，エネルギーを損する。この損失の度合いは式 (3.6) の U である。(b) キャリア密度が高い場合。この場合，電子が移動してもエネルギーの変化が生じないため，絶縁化する理由が失われる。(c) 電荷秩序の概念図。モット絶縁体と同様であるが，エネルギー上昇は隣接サイトクーロン相互作用 V に起因する。(d) モット絶縁体の相図。灰色の領域が絶縁相，白が金属相である。キャリア密度 0 と 1 はバンド絶縁体に対応する。飛び移り積分 t が大きければ，多少のクーロンエネルギーの損があっても電子は動き回ることができる。t に比べ U が大きくなると絶縁化が生じる。

対して U が大きい時にモット絶縁相が現れる。

ハバードハミルトニアンは時に次のような形に書かれることもある。

$$H = \sum_{\boldsymbol{k},\sigma} \varepsilon_{\boldsymbol{k}} c^{\dagger}_{\boldsymbol{k}\sigma} c_{\boldsymbol{k}\sigma} + U \sum_{i} n_{i\uparrow} n_{i\downarrow} \tag{3.7}$$

ここで $\varepsilon_{\boldsymbol{k}}$ は波数 $\boldsymbol{k}$ の電子のエネルギー，$c^{\dagger}_{\boldsymbol{k}\sigma}$, $c_{\boldsymbol{k}\sigma}$ は波数 $\boldsymbol{k}$, スピン σ の電子の生成消滅演算子（つまりこの二つの組み合わせで数演算子）である。エネルギー部分は波数表記し，クーロン相互作用部分は実空間表記している。この方がそれぞれの和の内側の部分を考察するうえではわかりやすい。

ハバードモデルは非常に広く研究されており，また式の意味も直観的でわかりやすいため，いろいろな拡張がなされている。オンサイトのクーロン相互作用だけでなく，隣接サイトのクーロン相互作用（慣習的に V で表すことが多い）を取り入れる，あるいは運動エネルギーを担う t にいろいろなバンドの成分を持たせる，などが代表的である。隣接クーロン相互作用を取り入れることで現れる顕著な物性に，電荷秩序（同種元素からなる異なる価数のイオンが周期配列することで電荷が動けなくなった絶縁状態）がある。原子一つあたり 0.5 個の電子を持つ場合，図 3.10(c) に示したような事情で絶縁化が生じる。これもモット絶縁体の一種と見なすことができる。

3.5.4　パイエルス不安定性による絶縁体

これは擬一次元系に見られる絶縁化の機構である。式 (3.5) の区分では $D(E_{\mathrm{F}}) = 0$ のタイプの絶縁体であるが，大きな違いは，フェルミエネルギーをバンドギャップの中に押しこむように自発的に格子が歪む点にある。

この絶縁体の最も単純な例は，価電子を一つ持つ原子が間隔 a で一次元的に並んだものである。これは，バンドが半分詰まっているので金属になりそうである。しかし，この場合，格子を歪ませて周期を $2a$ にし，図 3.11 のようにゾーン境界を移動させる。ここでバンドギャップが開くと，E_{F} より低エネルギー側を満たす電子の総エネルギーが低下することが図から見てとれるだろう。

これは 2 倍周期でなくても，フェルミ面が平行に並んでいると生じる。これは平行に並んだフェルミ面がゾーン境界に乗るように格子が歪むということで容易に理解できよう（図 3.12(a)）。平坦なフェルミ面では，多くの電子のエネルギーが図 3.11 に示した分だけ下がる。このような効果で元の構造がエネルギー極小に対応しなくなることをパイエルス不安定性と呼ぶ。また，この不安定性に起因する自発的格子歪みを伴う絶縁化をパイエルス転移と呼ぶ。

一方，例えば自由電子で期待されるような球形のフェルミ面でこのような格子変形を起こしても，ほとんど電子系のエネルギー利得が得られない。変形することによってゾーン境界に乗る電子は極めて少数であり（図 3.12(b)），全体として格子変形によるエネルギー損を上回る電子系でのエネルギー利得が得られないために自発的な格子変形は生じない。

現実の三次元の物質では，完全に平坦なフェルミ面はまず形成されない。しか

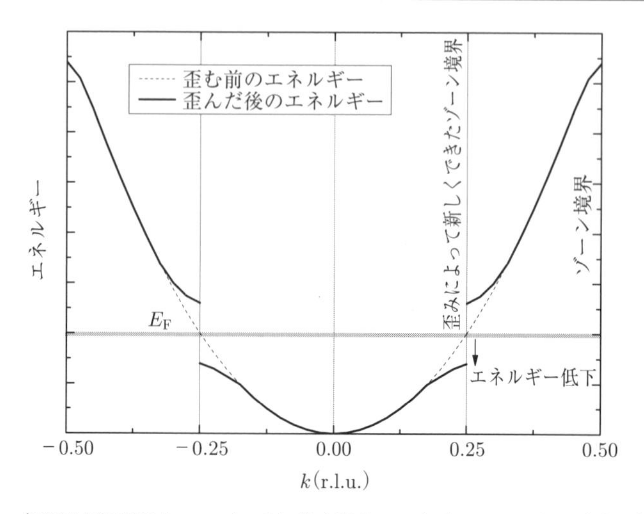

図 3.11　各原子が価電子を一つバンドに出す場合の一次元モデルによる電子エネルギー（点線）。E_F はフェルミエネルギーを表す。一次元の場合，E_F にブリルアンゾーン境界が来るように自発的に格子が歪み，実線のようなエネルギーを電子は持つようになる。

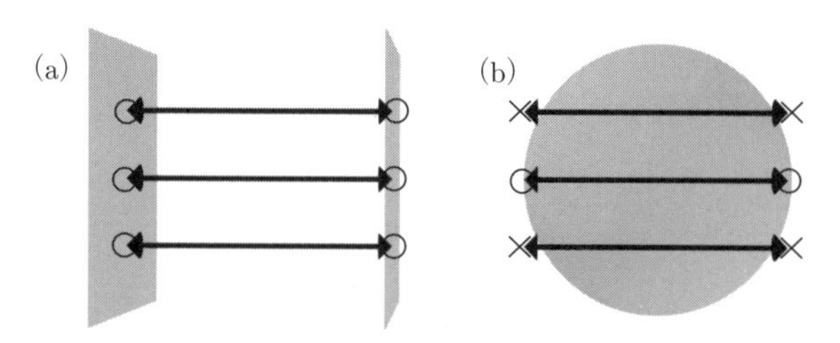

図 3.12　(a) 一次元系に対するフェルミ面（グレーの平面），(b) 三次元系に対するフェルミ面（球）。矢印で図 3.11 のゾーン境界間の間隔を示した。矢印の先がフェルミ面を指していれば ○，指していなければ × をつけた。(a) ではゾーン境界とフェルミ面が大きく重なり，多くの電子のエネルギーが低下するが，(b) ではごく少数の電子のエネルギーしか低下しない。

し面白いことに，フェルミ面が平面でなくても，フェルミ面同士を並進によって広い範囲にわたって重ねることができる場合は，パイエルス転移が生じる。この逆空間での並進ベクトルをネスティングベクトルと呼び，並進によって重ねる操作（あるいは重ねられること）をフェルミ面のネスティングと呼ぶ。これについては平坦なフェルミ面の場合に比べて直観的にわかりづらいかもしれないので，少し

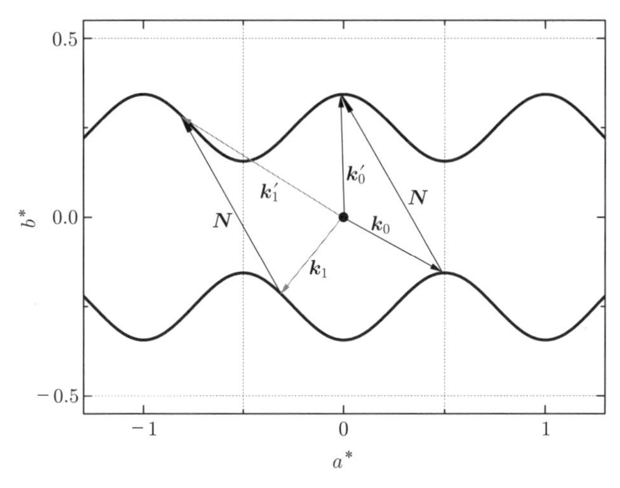

図 3.13　ネスティングベクトル $\boldsymbol{N}$ を持つフェルミ面（太線）。$\boldsymbol{k}_n$ と $\boldsymbol{k}_n'$ の波が作る電子の定在波は，波数 $\boldsymbol{N}$ の構造変調によってエネルギーが変わる。

丁寧に説明を試みる。図 3.11 に見られる電子エネルギーの変化のうち，全体のエネルギー変化に関与するのはフェルミ面近傍の電子だけである。以下，歪む前の格子でエネルギー E_{F} を持つ電子について考える。図 3.13 に，ネスティングベクトル $\boldsymbol{N}$ を持つフェルミ面を描いた。ここで，$\boldsymbol{k}_0$ と $\boldsymbol{k}_0'$ の波数を持つ電子を考える。この二つはどちらも同じエネルギー E_{F} を持つため，振動数も等しい。この二つの電子が重なることで定在波が生じる[*24]。定在波の振幅の 2 乗の時間平均（つまり電子の存在確率）は，$\boldsymbol{k}_0' - \boldsymbol{k}_0$ の波数，つまり $\boldsymbol{N}$ の波数を持つ。これは図 3.2 からの類推でわかるだろう。結果として電子密度には波数 $\boldsymbol{N}$ の波が立つ（このような電子密度の周期的な変調を電荷密度波 (charge density wave, CDW) と呼ぶ)。そのため，$\boldsymbol{N}$ の波数ベクトルで特徴付けられる格子変形が生じれば，それによってこの定在波に関与する電子のエネルギーは一定量変化する。一般論として，波数 $\boldsymbol{q}$ の変調を受けた電子系のエネルギーに影響するのは波数 $\boldsymbol{q}$ の格子歪みである[*25]。詳細は付録 A を参照してほしい。

エネルギーが上がるか下がるかは，$\boldsymbol{k}_0$ と $\boldsymbol{k}_0'$ の波が重なる時の位相で決まる電子系の定在波の位相と，格子歪みの側の位相との関係によって決まる（図 3.2 で

*24　振動数が異なれば位相が時々刻々変わるため，定在波は形成されない。

は自由端反射か固定端反射かによって，$\boldsymbol{k}$ と $\boldsymbol{k}'$ の相対的な位相が変わっていたことに対応する)。そして，このような波数 $\boldsymbol{N}$ の定在波を作る電子の組 ($\boldsymbol{k}_n$ と $\boldsymbol{k}'_n$，ここで $n = 0, 1, \cdots$) は，フェルミ面のかなり広い範囲にわたって存在する。そのため，波数 $\boldsymbol{N}$ の格子変調*26は電子系全体のエネルギーを大きく変化させることができる。電子系のエネルギーの減少と，歪むことによる弾性エネルギーの増加の兼ね合いで決まる振幅で，自発的な格子歪みが発生する。

パイエルス不安定性による絶縁状態は，フェルミ面のネスティングに起因するCDWが，そのCDWと同じ波数を持つ格子歪みを引き起こして生まれる。これは電子格子相互作用による絶縁化，あるいは電子–フォノン相互作用*27または電子–フォノン結合(electron-phonon coupling)による絶縁化，などといわれる。本当に絶縁化の鍵となるCDWが生じているかどうかは，格子歪みが生じていることを確認するのがもっとも直接的である。

この節ではパイエルス不安定性によるCDWの形成について述べた。ただし，CDWの形成にとってネスティングが必須ではないという提案もあり[49], [50]，また一見フェルミ面が広い範囲で平行になっているように見えても，ネスティングベクトル $\boldsymbol{N}$ と異なる波数のCDWが生じる場合もある[50], [51]。どの波数のCDWが発生するかは，電子格子相互作用の $\boldsymbol{q}$ 依存性も重要な役割を果たすようである*28。

3.5.5　アンダーソン局在による絶縁体

自由電子近似の考え方は，電子の波動関数が周期ポテンシャルの中をほぼ自由に動けることを出発点にしている。周期ポテンシャルの中では，平面波はブラッグ反射以外の影響を受けずに進行した（図3.2参照)。不純物が入った場合，周期性が崩れ，その並進対称性の破れはブラッグ反射以外の散乱を起こす。これに

---

*25　3.1節で述べたように，電子のエネルギーがゾーン境界で変化するのは定在波と構造の整合による。ゾーン境界だからエネルギーが変わっているわけではなく，エネルギーが変わる（つまり構造の波数と整合する波数の定在波が形成される）ところがゾーン境界と一致していた。境界以外でも，定在波と構造がきちんと整合すればエネルギーは変化する。

*26　この場合は原子変位による構造変調を考える。構造変調という考え方に馴染みがない読者は10.1節の変調構造の定義を参照いただきたい。

*27　周期的な格子歪みは，振動数0のフォノンと扱うことができる。

*28　CDWという言葉もしばしば雑に用いられているようであり，単に中途半端な波数の格子ひずみを伴う絶縁状態を指している場合すらあるので，論文を読む際に注意が必要である。

よって移動度，あるいは伝導度は減少するだろう。ここでは不純物を入れた場合に伝導性にどう影響が出るかを考えよう*29。

不純物は結晶中に希薄に存在する*30ので，不純物に注目した場合には強束縛近似が適切だろう。ここで不純物の持つエネルギー準位は幅 W の中に均等に分布すると仮定し，隣接不純物間の飛び移り積分は一定値 t であるとしよう。不純物間距離が不均等であることを考えると，飛び移り積分が一定であるという仮定は恐ろしく雑であるが，問題の本質は逃していないようである。このモデルで，不規則さを表す指標は $W/|t|$ である。

隣接する不純物の準位差が ΔE である場合を考える。$\Delta E = 0$ であれば，結合性軌道と反結合性軌道に準位が分裂し，波動関数は両方の不純物サイトに均等に広がる。$\Delta E < |t|$ であれば類似の状況になる。逆に $\Delta E > |t|$ では隣のサイトへの波動関数の広がりは小さくなり，$|t|/\Delta E$ 程度の振幅となる。つまり，波動関数が隣のサイトに広がるためには $\Delta E < |t|$ であることが要求される。不純物準位の分布の幅 W が $|t|$ に比べて小さい場合は，$W > \Delta E$ であるため，$\Delta E < |t|$ の条件は常に満たされ，電子の波動関数は遠方まで広がることができる。一方，$W \gg |t|$ の場合，$\Delta E < |t|$ となる確率は $|t|/W$ となる。二つ隣まで飛び移れる確率は $(|t|/W)^2$ であり，N 個向こうまで飛べる確率は $(|t|/W)^N$ となる。$W \gg |t|$ の条件を考えると，これは小さい数の N 乗であり，実質的に 0 となる。つまり，電子は遠方まで動くことができない。このような機構による絶縁化をアンダーソン局在という。

この機構による絶縁化は，構造変化を伴うとは考えづらい。

半導体中の不純物伝導

半導体中の不純物伝導について，アンダーソン局在の考え方にもとづいて考察する。半導体に不純物を入れた場合，第一に重要な効果はキャリアドーピングである。不純物の持つ電子が半導体の伝導バンドに熱励起される，あるいは不純物に

*29 文献 [52] の説明を大いに参考にした。ここで取り上げなかった，スケーリング理論や弱局在の振る舞いまで直観的にわかりやすい説明が与えられている。

*30 とはいえ，3%の不純物濃度であれば 30 個に一つは不純物であり，$3 \times 3 \times 3$ の中に一つ不純物がある程度の濃度である。

向けて価電子帯から電子が一つ励起され，価電子帯にホールが入ることでキャリアが注入される。これは単純なバンド伝導である。高濃度に不純物が入ると，不純物準位の波動関数が重なり，不純物準位間を飛び移りながら伝導を担うことができるようになる。これは不純物伝導 (impurity conduction) と呼ばれる現象である。エネルギーが異なる不純物準位間を電子が移動するため，そのエネルギーの差はフォノンの生成・吸収で補償される。W に対して比較的高温では波動関数の重なりが大きな隣接サイトの間のホッピングによって伝導が担われる。低温になると，波動関数の重なりの大きさよりも，準位間のエネルギーが近いことのほうが飛び移りの確率を支配するようになる。この場合の伝導はバリアブルレンジホッピングと呼ばれる。隣接ホッピングとバリアブルレンジホッピングでは伝導率の温度依存性に違いが見られ，前者は $\sigma \propto \exp(-W/k_{\mathrm{B}}T)$, 後者は $\sigma \propto \exp[-a/T^{(d+1)}]$ の形（a は定数，d は伝導の次元）になる[*31]。

エネルギーに対する状態密度がどうなっているかを図 3.14 に示した。不純物が希薄でお互いの波動関数に重なりがないと，不純物準位は細いピークになる。こ

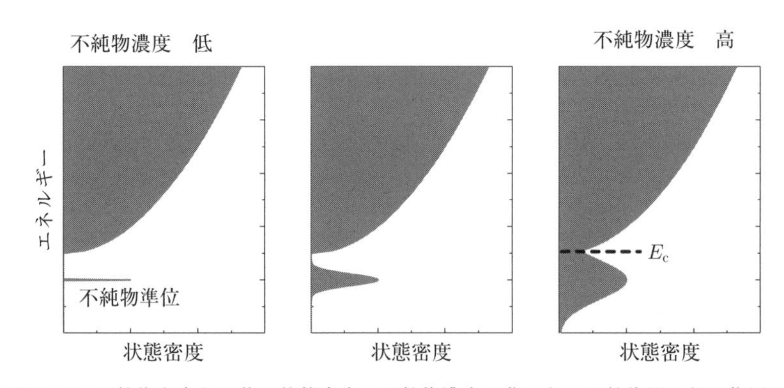

図 3.14　不純物を含む固体の状態密度。不純物濃度が薄いと，不純物間の相互作用が小さく，不純物に対応するエネルギー準位が離散的に存在する。濃度が高くなると不純物間の相互作用が大きくなり，強束縛近似あるいは結合性/反結合性の分子軌道の成立と類似の過程でエネルギー準位が幅を持ち，バンドになる。このバンドが広くなると母材側のバンドと重なりが出る。この場合，あるエネルギーより低いエネルギーの電子は局在，高いエネルギーの電子は巨視的に広がっている，という状態になる。この境界のエネルギーを移動度端と呼ぶ。

*31　文献 [22] の 5.10 節の説明はわかりやすい。

こから熱励起でキャリアが半導体のバンドに入ることで，不純物が伝導に寄与する。不純物の濃度が増すと，強束縛近似の要領で不純物準位に幅ができ，上記の不純物伝導が起こるようになる。さらに濃度が増すと伝導帯と状態密度がつながることになる。伝導帯の中の電子は当然，広がった波動関数を持つ。不純物帯の底の部分は，数個の不純物にわたって波動関数が広がった結合性分子軌道に対応するエネルギーであるはずである。これは局所的に不純物が固まった場所であろうから，局在している。同じエネルギーの電子の一部が局在し，一部が広がることはあり得ない。なぜならば，広がった電子の波動関数は局在した波動関数と空間的に重なりを持つはずで，エネルギーが同じであればそれらは混成して，局在していた側も広がりを持つことになるためである。そうすると，あるエネルギーより低いエネルギーの電子は局在，高いエネルギーの電子は広がっている，という境界のエネルギーがあると考えるほかない。この境界のエネルギーは移動度端 E_{c} と呼ばれている。$E_{\mathrm{F}} < E_{\mathrm{c}}$ ならば絶縁状態，$E_{\mathrm{F}} > E_{\mathrm{c}}$ ならば金属状態となる。

3.5.6　パーコレーションによる金属/絶縁体

マイクロメートル程度のスケールで見て金属と絶縁体が混在している場合，巨視的に見て電気伝導が生じるか否かは，金属相が試料の両端をつないでいるかどうかで決まる[*32]。二次元の場合の図を図 3.15 に示した。一次元の場合には，ほんの少しでも絶縁相が混ざれば全体が伝導性を失う。

このような，二相共存状態を巨視的に見た際の伝導性を考えよう。理論的には，格子点に導電性の球か絶縁性の球かのどちらかを置く際に，導電性の球の出現確率 p がどこまで高まれば全体が金属相でつながるか，という問題を考えることになる。代表的な例としては，二次元三角格子では半数のサイトが，正方格子では59.3%のサイトが導電性であれば全体が金属的になることが知られている。このような機構による導電性の変化の機構をパーコレーションと呼び[*33]，パーコレーションの閾値が三角格子では 50%, あるいは正方格子では 59.3%である，という表現をする。閾値は三角格子やカゴメ格子の場合には数学的に厳密に求められて

*32　絶縁相が両端をつないでも何も変わらない。その意味で金属と絶縁体は非対称である。

*33　パーコレーションとは浸透という意味である。コーヒーを淹れる道具をパーコレーターと呼ぶ。

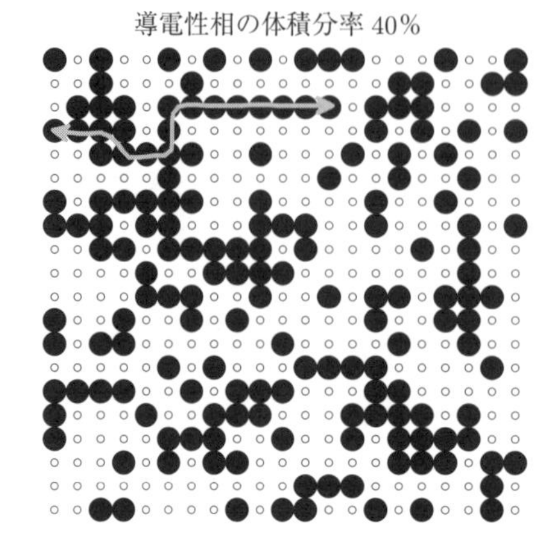

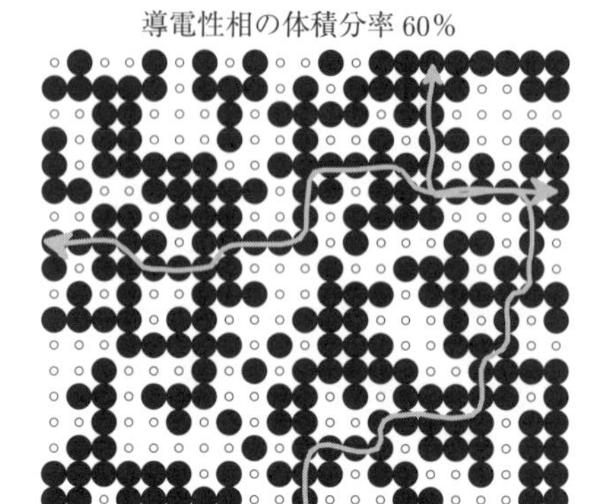

図 3.15　パーコレーションの模式図。左：導電相が 40%の二次元正方格子。右：導電相が 60%の場合。大きな黒いシンボルが導電相，小さな白抜きシンボルが絶縁相を表す。右は導電性の領域が上下，および左右をつないでいるため，巨視的に見て導電性を示すと期待できる。

表 3.4　パーコレーション濃度一覧（有効数字 3 桁）[21]

格子	閾値	閾体積	格子	閾値	閾体積
二次元格子			三次元格子		
ハニカム	0.696	0.421	ダイヤモンド	0.428	0.146
カゴメ	0.653	0.444	単純立方	0.312	0.163
正方	0.593	0.466	体心立方	0.246	0.167
三角	0.500	0.454	面心立方	0.198	0.147

いるが，多くの場合はモンテカルロシミュレーションで求めた値が使われる。代表的な構造に対する閾値を表 3.4 に示した。全体のサイズが有限である場合，偶然によって伝導パスがつながったり切れたりし得るため，パーコレーションは無限に大きな系で議論するべき考え方である。

閾値は大まかにいって，配位数が大きいほど低く，次元が高いほど低くなる（閾値が低いとは，金属になりやすいという意味である）。逆にいうと，閾値は試料がどのような格子であるかに依存する。これは物質の理解という観点では役に立ち得るのかもしれないが，別の観点で見ると，一般性に欠けるとも見なせるだろう。より一般性の高い傾向が，閾体積という観点では見出せる。二次元の場合，三角格子と正方格子では円（つまり二次元の球）が占める空間充填率が異なり，それぞ

れ $\pi/(2\sqrt{3}) \simeq 0.907$ と $\pi/4 \simeq 0.785$ である。このようにパーコレーションを考えると，金属によって充填される体積がある閾値を超えた時に金属的伝導が現れる，と見ることもできる。このようにして得られる閾体積は面白いことに格子の種類にあまり依存せず，ただ次元性にのみ強く依存して，二次元ではおよそ 0.45, 三次元ではおよそ 0.15 である。

パーコレーションは本質的に二相共存状態を前提とした考え方であるので，微視的に見た場合には二相共存の様が見えるはずである。本節ではマイクロメートルスケールと書き始めたが，当然ながら電極間隔や試料サイズと比べて十分小さく，原子間隔に対して十分大きなスケールであればどのようなスケールのドメイン構造でも構わない。強相関電子系では自発的に電子相分離状態が発生する例が多く知られており，化学的な混合とは別の状況をこの考えで取り扱う場合も発生している。

3.6 誘 電 性

原子に電場をかけると，電子雲と原子核に逆向きの力が働き，分極が生じる（電子分極）。H_2O のような極性を持った分子に電場をかけると，分子形状に起因する電気双極子が電場に平行に並ぶ（配向分極）。$BaTiO_3$ のような絶縁性の固体に電場をかけると，陽イオンと陰イオンが電場と平行/反平行に変位して分極が現れる（イオン分極）。固体の電気分極はこれら電子分極，配向分極，イオン分極に分類される。動きが遅い順に並べると配向分極，イオン分極，電子分極の順である。光の周波数でいうと配向分極はマイクロ波程度の周波数を超えると追随できなくなり，イオン分極は赤外領域，電子分極も紫外領域を超える周波数では追随できなくなる。

代表的な強誘電体である $BaTiO_3$ では分極の大きさが 20 $\mu C/cm^2$, 原子変位は 0.1 Å 程度の大きさである。同様に強誘電体の代表例としてよく取り上げられる $PbTiO_3$ では分極が 60 $\mu C/cm^2$, 原子変位は 0.4 Å 程度の大きさである[*34]。

原子座標を見れば，個々のイオンを点電荷として扱うことで分極がすぐ求めら

*34 文献 [8] の 168 ページあるいは文献 [11] の 111 ページ参照。

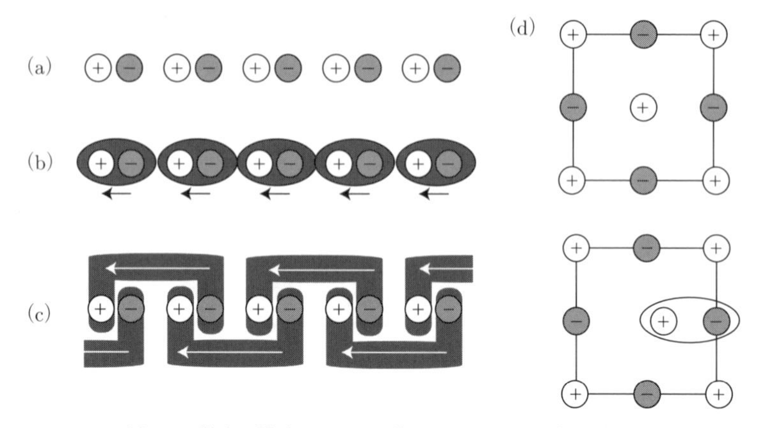

図 3.16　(a) 分極した構造の模式図。(b) 隣接した陽イオンと陰イオンを組み合わせて双極子を考え，それが集合して結晶が形成されていると解釈した図。(c) 遠方の陽イオンと陰イオンで組を作り，その双極子が集合して結晶が形成されていると解釈した図。(d) 上段：分極前の単位胞，下段：分極した単位胞。楕円で囲んだ組に共有結合が形成され，イオンを点電荷と見る正当性が失われる場合がある。

れそうに思うかもしれないが，実際には分極をどう取り扱うかはそれほど単純ではない。電磁気学の教科書を見ると，多数の粒子からなる物体の分極は，内部の構成要素の持つ電気双極子の総和で与えられると説明されている。しかし，この“内部の構成要素”の取り方は，結晶の並進対称性のために一意に決まらない。この事情を図 3.16(a)〜(c) に示した。分極に対するこの解釈は，最終的には結晶の端がどうなっているかを真面目に取り扱わざるを得なくなり，まったく美しくない。ただし，分極を反転させた時の差を見れば，どのような組み合わせを選んでも同じ量が得られることになる。もう一つ考える必要があるのは，イオンを点電荷で置き換えることの正当性である。図 3.16(d) 上段に分極前，下段に分極後の単位胞の模式図を示した。分極が生じた時に，楕円で囲った二つの原子の間に共有結合のボンドが形成される場合を考えよう。分極を反転すると，反対側の原子との間にボンドが形成される。この分極反転過程で，中心の陽イオンが持つボンドに関与する電子は，原子の直径程度の距離を移動することになる。この電子移動は強誘電分極によって通常引き起こされる 0.1 Å 程度の原子変位に比べて非常に大きいため，分極の大きさを大きく変える可能性がある。実際，$BaTiO_3$ では

Ti と O の間に共有結合が形成されて大きな分極が発生し，Ti と O の価数が 3 倍程度に大きくなったと仮定することで実験とよく合う分極が得られる*35。実際のイオンの価数でなく，分極を説明するための価数をボルン有効電荷と呼ぶ。

結晶は全体として中性を保とうとするが，結晶構造と結晶の表面との関係で分極が現れる場合がある。例えばペロブスカイト構造を持つ $LaAlO_3$ の (001) 表面を考えよう。

図 3.17 に示すように，この物質の (001) 面は全体として +1 の電荷を持つ $La^{3+}O^{2-}$ 面と，−1 の電荷を持つ $Al^{3+}O_2^{4-}$ 面が交互に積み重なってできている。そのため，(1) LaO^+ 面から始まって LaO^+ 面で終わるような構造であれば全体が正に帯電し，(2) LaO^+ 面から始まって AlO_2^- 面で終わるような構造であれば中性ではあるが分極が生じる。(2) の場合に対応する $LaAlO_3$ 薄膜周辺の静電ポ

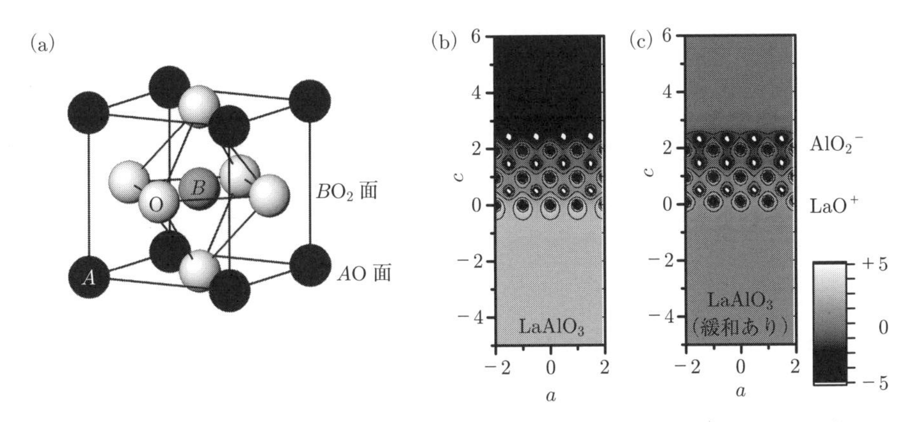

図 3.17 (a) ペロブスカイト型 ABO_3 の構造。$LaAlO_3$(001) 面を考えると，LaO^+ 面と AlO_2^- 面が交互に積み重なった構造とみることができる。(b) 歪みのない $LaAlO_3$ 薄膜周辺の静電ポテンシャルの空間分布。(c) 上側の AlO_2 終端の面で Al を外側，O を内側に，下側の LaO 終端の面で La を内側，O を外側に，それぞれ 0.4 Å 動かして計算した静電ポテンシャル。大きな構造緩和によって結晶内部での静電ポテンシャルの傾き（つまり電場）が打ち消される。

*35 分極の変化量は価数と変位量の積であり，ここでは大きな変位が生じていると思っている。しかし，変位量を原子変位の大きさに決めておいて，分極の変化を説明できるだけの価数を与えても，分極について議論するうえでは同じことである。

テンシャルの空間分布を図 3.17(b) に示した。このような表面を極性表面 (polar surface) と呼ぶ。極性表面では (c) に示すように非常に大きな表面構造緩和が生じる場合がある。

構造を通した誘電体の研究の歴史は長い。この分野に関しては文献 [8], [11] のように多くの教科書があるので，それらを参照いただきたい。

第4章
磁気的性質

電子の持つ磁気モーメントはスピン角運動量と軌道角運動量に由来する。これらの大きさから電磁気学的に期待される双極子間相互作用のエネルギーは，室温の熱揺らぎに比べて圧倒的に小さい。室温でも安定に存在する磁気秩序の起源となる磁気的相互作用，いわゆる交換相互作用は，完全に量子力学的な相互作用である。ここでは磁性と構造の関係に注意を払いつつ，磁気的相互作用のさまざまな効果を概観する。

4.1　軌道角運動量と原子の変形

電子の軌道角運動量に注目しよう。古典的には電子の円運動の強さに対応する軌道角運動量は，磁性と直接関係する。電子の取り得る s, p, d などの軌道は方位量子数 l と磁気量子数 m を用いて，球面調和関数 Y_l^m で表せる。ここでは角運動量を持つ簡単な軌道，p 軌道を例にとって話を進める。$|p_x\rangle \pm i|p_y\rangle \propto Y_1^{\pm 1}$, $|p_z\rangle \propto Y_1^0$ であることを思い出そう[*1]。電子軌道を球面調和関数で表現するのが，電子の軌道が軌道角運動量に対応することを示す近道である。

$Y_1^1 \propto -\sin\theta e^{i\phi}$ である。これは図 4.1 に示したように，ドーナツ型の電子密度にそって波動関数の位相が変化していることに対応する。時間依存するシュレーディンガー方程式を考えると，このグラデーションがついたドーナツが時間とともに回転する図が得られる。具体的な理解のために図 3.2 と対比しよう。図 3.2 では，進行する平面波が運動量を持った電子の並進運動に対応していた。これと比較すると，図 4.1 の状況は，電子が回転運動していると見ることができよう。これを軌道角運動量と呼ぶ。

---

*1　動径分布関数は今の議論に関係ないので省略した。

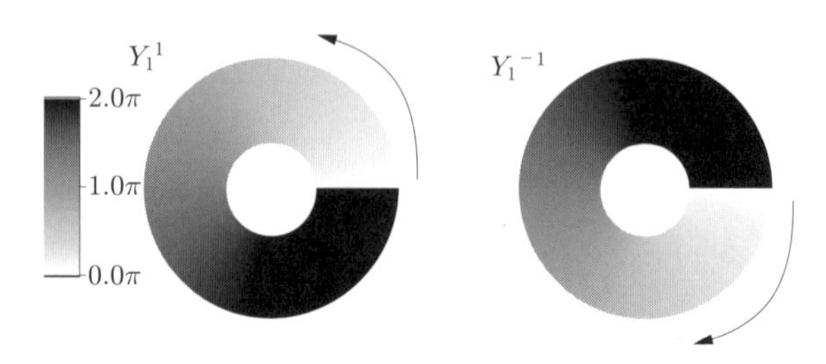

図 4.1　球面調和関数 Y_1^1, Y_1^{-1} の位相と，波動関数の時間発展。時間の経過とともに波動関数が矢印の方向に回転する。つまり Y_1^1 型の p 軌道と Y_1^{-1} 型の p 軌道は逆向きに回転している。この二つを足し合わせると虚部が消えて p_x あるいは p_y 軌道になる。

Y_1^1 は軌道角運動量がある状態であった。Y_1^{-1} は逆回転する状態である。これらは $|p_x\rangle \pm i|p_y\rangle$ で表され，x–y 面内に広がった電子雲を持つ。一方，$Y_1^0 \propto |p_z\rangle$ は軌道角運動量の z 成分の期待値が 0 の状態であり，z 方向に伸びた軌道である。$d, f, \cdots$ 軌道に対応する $l \geq 2$ の場合も含めて，軌道角運動量の z 成分の固有値 m の絶対値が大きいほど x–y 面内に広がった軌道（$|m|$ が小さいほど z 方向に伸びた軌道）になる。これは軌道角運動量の向き・大きさに応じて原子の形状が変化することを意味する。

4.2　結　晶　場

物質中におかれた原子は，孤立した原子と異なり，周辺の環境から強い影響を受けている。注目する原子のサイトシンメトリー*2によって変わるこの周辺環境の効果は，結晶場の効果として古くから研究されている。

結晶場は d 電子の軌道間のエネルギー準位を決める主たる要因であり，また全角運動量 J ごとに分かれた f 電子のエネルギーに対する摂動を与える。直観的にわかりやすいのは，MO_6 八面体（M は遷移金属）における結晶場分裂であろう。これを例に結晶場の効果を見てみよう。

*2　原子が感じる周辺環境の対称性を指す。例えば鏡映面の上に原子が乗っている場合は，一般の位置にいるより対称性が高いといえる。サイトシンメトリーは構造解析の結果を International Tables for Crystallography（文献 [24]）と見比べるとわかる。

4.2.1 八面体配位した遷移金属

軌道に応じたエネルギー準位

歪みのない MO_6 八面体は，金属原子 M を原点に置くと，図 4.2(a) に見られるように x, y, z 軸に金属–酸素結合を持つように座標を取ることができる。このような環境では 3d 軌道のうち，$3z^2 - r^2$ と $x^2 - y^2$（群論の分類法に従って e_g 軌道と呼ばれる）は金属–酸素結合の方向に伸びた電子雲を持っており，xy, yz, zx（同じく t_{2g} 軌道と呼ばれる）の三種類は金属–酸素結合を避けるように伸びた電子雲を持つ[*3]。この結果として前者は後者より高いエネルギーを持つ。このような結晶場によるエネルギー準位の分裂は 1 eV (∼11,000 K) の桁の大きさを持ち，室温に比べて非常に大きなエネルギー差を与える。

この結晶場分裂とフントの法則 (Hund's rules) によって，八面体配位した遷移金属では d 電子数を決めるだけで電子配置がかなり正確に判明する。フントの法則は，イオン全体のスピン角運動量を $\boldsymbol{S}$，軌道角運動量を $\boldsymbol{L}$ とすると，(1) S が最大な配置が実現する，(2) S 最大の状態の中では，$\sqrt{L(L+1)}$ が最大の状態が最低エネルギーを持つ。(3) 全角運動量 $\boldsymbol{J} = \boldsymbol{L} + \boldsymbol{S}$ は，軌道数 $\geq$ 電子数ならば $J = |L - S|$，軌道数 $\leq$ 電子数ならば $J = L + S$ である[*4]，の三つである。

フントの法則によるエネルギー準位の分裂（フント結合）が結晶場分裂より強い場合と弱い場合について，エネルギー準位図を図 4.3 に示した。フント結合が強い場合はスピンが平行に入ることが優先される。この状態を高スピン状態 (high

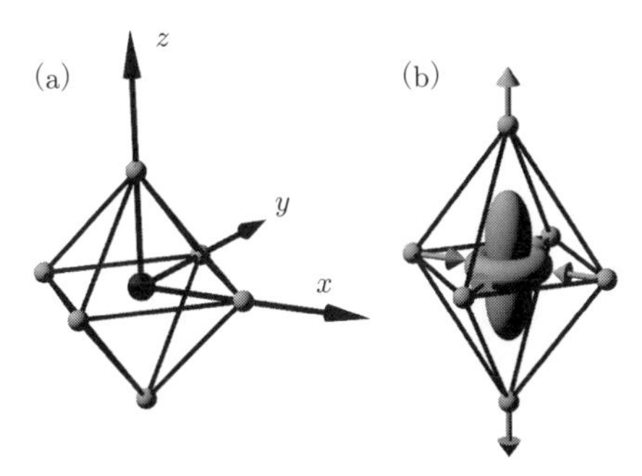

図 4.2 (a) MO_6 正八面体。(b) Q_2 モードに歪んだ八面体と $3z^2 - r^2$ 軌道の電子雲。

---

*3 e_g 軌道，t_{2g} 軌道は，それぞれ $d\gamma$ 軌道，$d\varepsilon$ 軌道と呼ばれることもある。

*4 軌道数 = 電子数であれば $L = 0$ であるので，$\geq$ の式でも $\leq$ の式でも同じ $J = S$ となる。

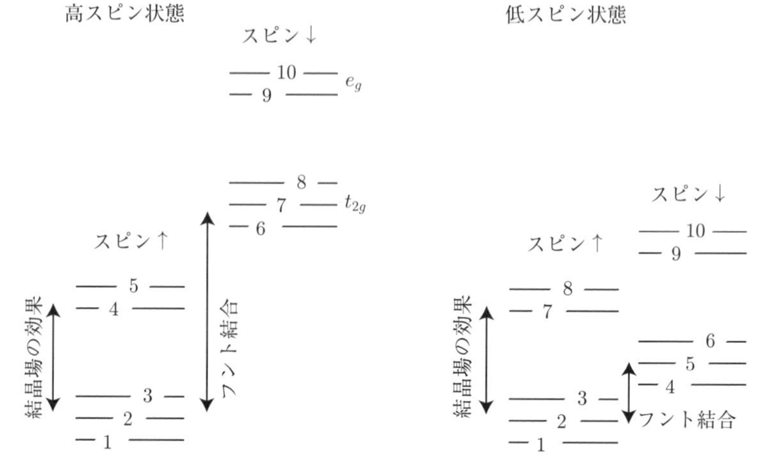

図 4.3　八面体配位の MO_6 のエネルギー準位図。左：高スピン状態，右：低スピン状態。それぞれ番号の順にスピンが入っていく。

spin state) と呼ぶ。フント結合が弱い場合は t_{2g} から順に占有されていく。この状態を低スピン状態 (low spin state) と呼ぶ。実際の遷移金属酸化物ではどちらの状態も観測されている。一部の Co 酸化物では，このどちらでもない中間スピン状態が実現していると考えられている。$5d$ 電子系では $3d$ 電子系に比べて d 軌道が原子核から遠く離れたところまで広がっており，結晶場の影響をより強く受ける。その結果として低スピン状態を取りやすくなる。

ヤーン–テラー効果

d 電子を四つ持つ高スピン Mn^{3+} の場合，二重縮退した e_g 軌道に一つだけ電子が入ることになる。このような場合，格子が歪むことでエネルギーを下げることができる。この事情を図 4.2(b) に示した。これはヤーン–テラー効果 (Jahn–Teller effect，以下では JT 効果と省略する) として知られている。これは，電子のエネルギーが歪み量に比例して変化する[*5]のに対し，弾性エネルギーの増大は歪み量

*5　図 4.2(b) の歪みの大きさを $+\delta$ から $-\delta$ に変えた時に，$3z^2-r^2$ のエネルギーは下降する側から上昇する側に変わるのであるから，歪みの 1 乗に比例したエネルギー変化があると期待できる。

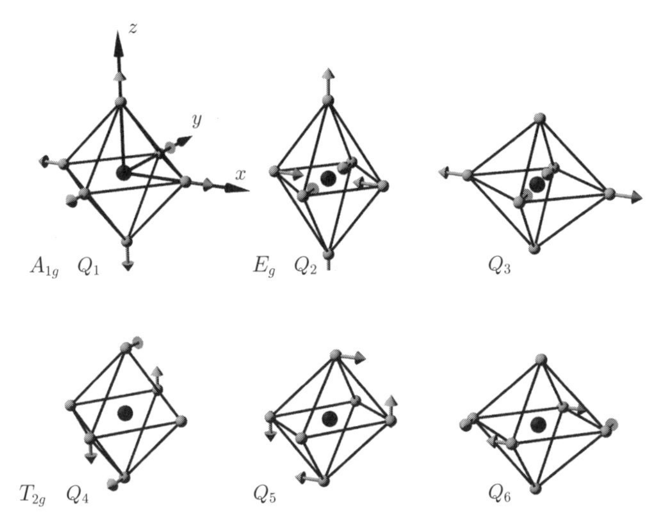

図 4.4　MO_6 八面体の反転対称性を持つ変形モード。A_{1g} 対称性を持つ Q_1, E_g 対称性を持つ Q_2, Q_3, T_{2g} 対称性を持つ Q_4, Q_5, Q_6。回転に対応する Q_7〜Q_9 は省略した。

の 2 乗に比例するため，エネルギーを最小にする状態は多少歪んだ状態になる，という効果である。同様に，三重縮退した t_{2g} 軌道が部分占有される場合も JT 効果による歪みが生じる。歪みが生じることで JT 効果を通してエネルギーを下げられるイオンを JT 活性なイオンと呼び，Mn^{3+} $(t_{2g}^3 e_g^1)$ や Cu^{2+} $(t_{2g}^6 e_g^3)$ が代表例である。t_{2g} に三つあるいは六つ，かつ e_g に 0 または二つの電子が入った場合は，JT 歪みが起こる理由はなく，JT 不活性なイオンと呼ばれる。

e_g 電子と t_{2g} 電子で，JT 効果を生じる歪みのモードが異なる。六つの酸素が x, y, z の 3 自由度を持つため，八面体の歪みモードは 18 ある。その中の半数のモードが反転対称性を持つ。その中で，八面体の回転に対応する三つのモードを省いた六つを図 4.4 に示した*6。どのモードの歪みがエネルギーと関係するかは，電子の対称性と歪みの対称性から群論的な議論を通して決まる。e_g 軌道のエネルギーは全対称 A_{1g} 型の Q_1 の他に E_g 型の Q_2 と Q_3 に依存し，t_{2g} 軌道のエネル

*6　反転対称性がないモードには，八面体の並進に対応するモード三つと，そうでない六つのモードがある。文献 [18] の 3.1 節に全モードの表が与えられている。

ギーは $Q_1 \sim Q_6$ すべてに依存する*7。ここの詳細に興味がある読者は群論の教科書を参照してほしい*8。e_g 電子系では JT 効果のエネルギーが非常に高いため，歪み方を見ることでどの軌道が電子に占有されているかがわかる。一方で t_{2g} 電子系では JT 効果のエネルギーがあまり大きくなく，ほかのさまざまな効果との兼ね合いで構造歪みが決まる。これは，より複雑な物性が期待できるという見方もできるだろうし，構造から直接読み取れる情報が少ないという見方にもなるだろう。t_{2g} 電子に対する JT 効果については文献 [18] の 3.1 節に詳しい議論が与えられている。

八面体配位での軌道角運動量 $\boldsymbol{L}$

$3z^2 - r^2$, $x^2 - y^2$, xy, yz, zx の d 軌道波動関数はそれぞれ Y_2^0, $Y_2^{-2} + Y_2^2$, $Y_2^{-2} - Y_2^2$, $Y_2^{-1} + Y_2^1$, $Y_2^{-1} - Y_2^1$ に比例する。xy などの形の表記は前節の p_x などと同様に右回りと左回りが重なった定在波に対応し，その結果，軌道角運動量の期待値が 0 になる。固有関数に xy, yz, zx を選んだうえで軌道角運動量の期待値を 0 でなく残すためには，例えば $|yz\rangle + i|zx\rangle$ のように軌道を混ぜることが必要となる。このような操作を可能にするためには，軌道の縮退が残っている必要がある。もし JT 効果で軌道の縮退が解け，yz と zx のエネルギーに差が生じていると，この二つの線形結合は固有関数になり得ない。このように，結晶場の効果は軌道角運動量と密接に関連する。八面体配位の場合について，軌道角運動量がどうなるかをまとめると，(a) 軌道縮退が残っていない場合，軌道角運動量の期待値が 0 になる。(b) e_g 軌道については軌道縮退があっても軌道角運動量を持つようになることができない。(c) t_{2g} に縮退がある場合，軌道角運動量が有限に残り得る。

JT 効果は軌道縮退をなくそうとする方向に働く。上記 (c) に該当する場合には

---

*7　群論について少し知識のある人向けの注：JT 効果では電子密度（=波動関数の 2 乗）が歪みと相互作用する。e_g の波動関数に対応する電子密度の対称性は $E_g \otimes E_g = A_{1g} + A_{2g} + E_g$，$t_{2g}$ の電子密度は $T_{2g} \otimes T_{2g} = A_{1g} + E_g + T_{1g} + T_{2g}$ である。同じ対称性の組み合わせのみが積分に寄与するため，e_g 電子のエネルギーは $Q_1 \sim Q_3$，t_{2g} 電子のエネルギーは $Q_1 \sim Q_6$ に依存する。反転対称性を仮定しない場合は，より多くのモードがエネルギーに関与する。

*8　例えば文献 [13] の 7.4 節，7.8 節など参照。

スピン軌道相互作用が生じるが，これは軌道角運動量を残すように，必要な軌道が混成できるような対称性を保とうとする。上の例でいえば yz と zx の縮退を残すためには，z 軸方向への歪みは許しても，x と y を非等価にするような歪みは阻害する方向に働く。

現実の物質での格子歪み

現実の物質で生じる歪みの大きさがどの程度であるかを見てみよう。e_g 軌道に一つ電子が入っている $R\mathrm{MnO_3}$ の Mn–O 距離は，表 3.1 に見られるように一本だけほかより 0.2 から 0.25 Å 長い。これは Mn–O 距離の 10%程度に対応するため，かなり大きな変形である。このように，e_g 電子系の場合は JT 効果によるエネルギー分裂が大きく，ほぼ軌道と歪み方が一対一対応するため，わかりやすい。

t_{2g} 軌道に一つ電子が入っている $\mathrm{YTiO_3}$ の構造解析の結果[53]から，原子間距離や角度を読み取った結果を図 4.5 にまとめた。Ti–O ボンド長は対称性から 3 種類あるが，短いボンドが二つ，それに比べて 2%長いボンドが一つに分類される。長いボンドの方向を z 軸と取ると，xy 軌道が yz, zx の二つより高いエネルギーになる。さらに八面体の間の傾きまで計算に入れると，$|yz\rangle + |zx\rangle$ が安定であると報告されている。実験的にもさまざまな手法で検証され，確かにこの軌道が占有されていると判明している。

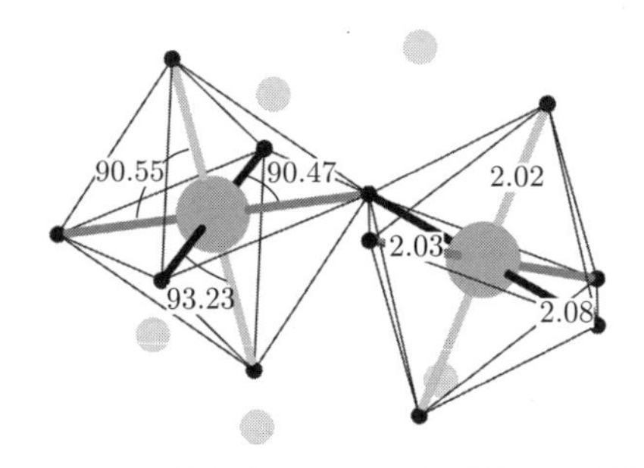

図 4.5　$\mathrm{YTiO_3}$ の Ti–O 距離（右）と O–Ti–O 角（左）。八面体の頂点に酸素，中心に Ti があり，八面体外部にあるのが Y である。長さ，角はそれぞれÅ，度の単位で示した。Ti–O 距離は黒で示したボンドが 0.05 Å 程度長い。O–Ti–O 角は一つだけ顕著に 90° からずれている[53]。

4.2.2 四面体配位した遷移金属

金属酸化物では八面体配位だけでなく，四面体配位も非常に頻繁に現れる。どちらも立方対称であるが，八面体配位は反転対称性を持ち，四面体配位は反転対称性を持たない点が大きな違いである。正四面体配位では低いエネルギーに二重縮退した e 軌道，高いエネルギーに三重縮退した t_2 軌道がある*9。四面体配位の場合の JT 効果は八面体配位の e_g 電子系の場合に比べるとずっと弱いことが知られている。

4.2.3 軌道角運動量と格子ひずみ

希土類化合物への結晶場の影響

f 電子系では全角運動量 J で大まかにエネルギー固有値が分類された後に，結晶場の効果でさらに縮退が解けていく。結晶場によって，前述の JT 効果で自発的に格子を歪ませることでエネルギーが下がる*10。この結晶場によるエネルギー分裂幅は 10～100 K の桁である場合も多々ある。そのような場合は低温から高温にかけて，異なる形状に歪む複数の状態の占有率が連続的に移り変わっていくことになる。例えば，ある正方晶の物質が基底状態がパンケーキ型，第一励起状態がシガー型に歪みたがる状況であるとしよう*11。低温ではパンケーキ型の状態だけが占有されて a 軸長が長く，高温ではパンケーキとシガーが半々に混ざって a 軸長が短くなると期待される。このような場合，格子定数の温度依存性を測定すると，広い温度範囲にわたって徐々に格子定数が変化していくように見える。熱膨張率で表現すると，2.4 節で述べたデバイ比熱に比例した熱膨張率に加え，結晶場励起に対応したショットキー (Schottky) 比熱*12に比例した熱膨張率が現れる。以下では，上述のストーリーをどのように定式化するかを紹介する。個々の原子周辺の歪みの記述法である等価演算子法を導入した後，それらの歪んだ環境が熱励起されることによる異方的な熱膨張の実例を示す。

---

*9 八面体配位の時は t_{2g} と e_g であった。添え字 g は反転対称性がある場合につく慣習であるために名前が違う。

*10 これは原子の変形という見方ではなく，原子の周囲の環境を変えるために歪む，と見たほうが適切である。

*11 念のため：パンケーキ型は平たい回転楕円体，シガー（葉巻）型は長細い回転楕円体を表す。

等価演算子

異方的な格子歪みを誘起する電子的な状態を記述するには，電荷分布 $\rho_{\mathrm{e}}(\boldsymbol{r})$ と磁荷[*13]分布 $\rho_{\mathrm{m}}(\boldsymbol{r})$ を球面調和関数 $Y_l^m(\hat{\boldsymbol{r}})$ に射影するのが素直な表現である（ここで $\hat{\boldsymbol{r}}$ は $\boldsymbol{r}/|\boldsymbol{r}|$）。球面調和関数に射影した電気多極子モーメント Q_l^m，磁気多極子モーメント M_l^m を次のように定義する[*14]。

$$Q_l^m = \int r^l \sqrt{\frac{4\pi}{2l+1}} Y_l^m(\hat{\boldsymbol{r}})^* \rho_{\mathrm{e}}(\boldsymbol{r}) d\boldsymbol{r} \tag{4.1}$$

$$M_l^m = \int r^l \sqrt{\frac{4\pi}{2l+1}} Y_l^m(\hat{\boldsymbol{r}})^* \rho_{\mathrm{m}}(\boldsymbol{r}) d\boldsymbol{r} \tag{4.2}$$

l を多極子のランクという。$l=0,1,2,3$ は，単極子，双極子，四極子，八極子に対応する。多極子の概念図を図 4.6 に示した。逆変換にあたる，$\rho_{\mathrm{e,m}}$ を Q_l^m, M_l^m から書き戻す形は，方向依存性にのみ注目すると

$$\rho_{\mathrm{e}} \propto \sum_{lm} \sqrt{2l+1} Q_l^m Y_l^m(\hat{\boldsymbol{r}}) \tag{4.3}$$

$$\rho_{\mathrm{m}} \propto \sum_{lm} \sqrt{2l+1} M_l^m Y_l^m(\hat{\boldsymbol{r}}) \tag{4.4}$$

---

*12　二準位系の比熱である。励起エネルギーを ε とすると，$\varepsilon/k_{\mathrm{B}}$ の 0.42 倍辺りの温度にピークを持つ比熱が得られる。エネルギー 0 と ε の二準位を持つ N 個の粒子の組を考える。ボルツマン分布を考えると，全体のエネルギー U は

$$U = N\varepsilon \frac{e^{-\varepsilon/k_{\mathrm{B}}T}}{1+e^{-\varepsilon/k_{\mathrm{B}}T}} = \frac{N\varepsilon}{e^{\varepsilon/k_{\mathrm{B}}T}+1}$$

と書け，比熱 $\partial U/\partial T$ は

$$\frac{\partial U}{\partial T} = \frac{N\varepsilon^2 e^{\varepsilon/k_{\mathrm{B}}T}}{k_{\mathrm{B}}T^2(e^{\varepsilon/k_{\mathrm{B}}T}+1)^2}$$

となる。これをショットキー比熱と呼ぶ。

*13　E–H 対応の流儀での電磁気学では，電場と磁場を対称に取り扱うため，電荷に対応する磁荷を導入する。この場合，$\mathrm{div}\boldsymbol{B}=0$ を保つために，磁性の最小単位を磁気双極子に選ぶことになる。E–B 対応の電磁気学では磁荷を考えず，円電流から磁性が生じるという立場を取るが，対応するものは定義できる。詳細は電磁気学の教科書や文献 [54] を参照。

*14　多極子は慣れないと恐ろしいものに見えるようだが，単にフーリエ級数展開と同様の，直交関数展開の一種である。基底関数に三角関数を使うのがフーリエ級数展開，球面調和関数を使うのが多重極展開である。電荷分布でいうと，全体として電荷を積分したら q の電荷があった，というのに対応するのが単極子，合計すると 0 だが，正の電荷と負の電荷がどのように分布している，というのを表すのが双極子以上の分布である。

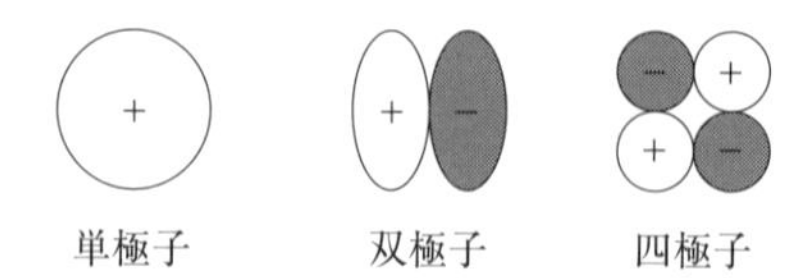

図 4.6　単極子，双極子，四極子の概念図。電荷分布について考えると，単極子は結晶の体積に直結し，双極子は電気分極，四極子は直交座標を取った時の x, y, z 方向の歪みと直結する。

となる。時間反転に対する対称性を見ると，Q_l^m は時間反転に対して対称（偶であるという）であり，M_l^m は時間反転に対し符号を変える（奇であるという。時間反転によって，磁気モーメントを生む円電流が逆回転することに対応する）。

古典的に見ると，Q_l^m, M_l^m 自体はただの球面調和関数 Y_l^m への展開係数であるが，量子力学的に見た場合，これらは演算子になる。球面調和関数も量子力学では演算子になり，球テンソル演算子と呼ばれる。ここでは球テンソル演算子を T_l^m と表記する*15。T_l^m は l が偶数の場合は時間反転に対して偶，奇数の場合は奇であるように定義する*16。

Q_l^m や M_l^m は球面調和関数で書かれていたので，T_l^m と同じ方向依存性を持つ。偶数の l の Q_l^m（これは反転対称性のある電荷分布を表す），奇数の l の M_l^m は，T_l^m と時間反転に対する振る舞いが同じであるため，これらは T_l^m に方向に依存しない係数を乗じることで表現できる。この係数は動径方向の情報や，その他の物理的な情報を持つ。このような書き方を等価演算子法と呼ぶ。ここまでの話からわかるように，等価演算子法は空間反転中心に置かれたイオンにのみ適用できる書き方である*17。

---

*15　T_{lm} と書いたり，$T_m^{(l)}$ と書くことが多いようである。

*16　T_l^m の定義は文献 [54] に明示的に書かれており，角運動量演算子の l 次の多項式で定義されている。球面調和関数が角運動量で書かれるのが不思議に見えるかもしれないが，球面調和関数は角運動量の固有関数であることを思い出すと納得しやすいだろう。また，過度の一般化は危険であるが，三角関数では $\cos(2x) = 2\cos^2(x) - 1$，$\cos(3x) = 4\cos^3(x) - 3\cos(x)$ のように，$\cos(nx)$ は $\cos(x)$ の n 次の多項式で表現できることとの類似性も指摘しておく。

　T_l^m は，l が偶数の場合には角運動量の偶数次の項だけで表現される。このために，l が偶数の場合は時間反転に対して符号が変わらなくなる。ただし，これは導出される性質ではなく，l が偶数の場合に符号が反転しないほうが便利であるからこのように T_l^m を定義したのだと想像する。

T_l^m はどのような演算子であろうか。磁荷分布 ρ_{m} は角運動量と直結しているだろう。さらに電荷分布 ρ_{e} も，4.1 節の議論を思い出すと，角運動量で書けてもよいと思われる。実は，場合によっては確かに角運動量 (J) で電荷分布が書ける。空間反転対称性がある物質で，ある一つの全角運動量 J だけを状態を考えるのであれば，$\boldsymbol{J}$ と J_z で T_l^m が書けることが知られている[54], [55]（表 4.1 も参照）。

f 電子を持つ希土類イオンに注目した結晶場のハミルトニアン H_{CEF} を考えよう（CEF は crystalline electric field，結晶場を意味する）。f 電子が作る静電ポテンシャルを $\phi(\boldsymbol{r})$ とする。このポテンシャルは，電気多極子モーメント Q_l^m を用いて展開できる。

$$\phi(\boldsymbol{r}) = \sum_{l=0}^{\infty} \sum_{m=-l}^{l} \frac{1}{r^{l+1}} \sqrt{\frac{4\pi}{2l+1}} Q_l^m Y_l^m(\hat{\boldsymbol{r}})$$

希土類イオンの周囲の j 番目の配位子の持つ電荷を q_j，位置を $\boldsymbol{R}_j$ とすると，結晶場ハミルトニアンは次のように書ける。

$$\begin{aligned} H_{\mathrm{CEF}} &= \sum_j q_j \phi(\boldsymbol{R}_j) \\ &= \sum_{l=0}^{\infty} \sum_{m=-l}^{l} \left[\sum_j \frac{q_j}{R_j^{l+1}} \sqrt{\frac{4\pi}{2l+1}} Y_l^m(\hat{\boldsymbol{R}}_{\boldsymbol{j}}) \right] Q_l^m \\ &\equiv \sum_{l:\mathrm{even}} \sum_{m=-l}^{l} A_l^m T_l^m \end{aligned} \tag{4.5}$$

最後は Q_l^m と T_l^m が定数倍の関係にあることを用い，比例係数をすべて A_l^m に押し付けた。A_l^m の中には q_j の電荷が位置 $\boldsymbol{R}_j$ に在る，というような情報がすべて入っているため，構造変化があれば A_l^m を通してエネルギーが変わることになる。

歴史的には，結晶場のハミルトニアンは，スティーブンスの等価演算子 (Stevens operator) O_l^m と，A_l^m と同じ意味を持つ係数 B_l^m を用いて，次のように書かれることも多い。

*17 希土類が四面体配位しているような場合には，結晶全体に反転対称性があっても等価演算子法は不適切である。一方で，最近接だけを見た際に大まかに反転対称に近い環境にあるイオンに対して等価演算子法を適用するのは，近似と理解したうえで使うならば悪くないと思われる。

表 4.1　スティーブンスの等価演算子[55]の例。実数化した球テンソル演算子と内容は同じであり，規格化の定数が違うだけである。

O_0^0	1
O_2^0	$3J_z^2 - J(J+1)$
O_4^0	$35J_z^4 - 30J(J+1)J_z^2 + 25J_z^2 - 6J(J+1) + 3J^2(J+1)^2$
O_2^2	$J_x^2 - J_y^2$
O_4^2	$\frac{1}{4}[(J_+^2 + J_-^2)(7J_z^2 - J(J+1) - 5) + (7J_z^2 - J(J+1) - 5)(J_+^2 + J_-^2)]$
O_4^4	$(J_+^4 + J_-^4)/2$

$$H_{\mathrm{CEF}} = \sum_{l=2,4,6} \sum_{m=-l}^{l} B_l^m O_l^m$$

O_l^m は全角運動量 J を用いて，表 4.1 のように定義されている。スティーブンスの等価演算子は歴史的に長く使われてきているが，立方晶，正方晶，直方晶の場合についてのみ，どの係数が必要であるのかが知られているに留まる。球テンソル演算子を用いて，具体的な構造に対して計算をする手法が確立されているので，複雑な構造の場合にはそれを用いるとよい。

結晶場準位の熱励起による熱膨張

格子定数に結晶場がどう影響するかを考える。単極子 Q_0^0 を通して体積変形が，四極子 Q_2^m を通して異方的な（x, y, z 方向の）変形が誘起される。多くの希土類イオンは大抵 3+ の価数を取るため，電荷を表す Q_0^0 は一定と期待される。そこで，ここでは四極子だけに注目して話を進めよう。このような J を通した格子変形に関する相互作用を磁気弾性相互作用 (magnetoelastic coupling) と呼ぶ。

格子定数に影響するのは，Q_2^m の熱平均 $\langle Q_2^m \rangle$ である。格子定数 L $(= a, b$ または $c)$ への結晶場の影響 $(\Delta L/L)_{\mathrm{ME}}$ は*18，弾性定数などに依存したパラメータ C_L^m を用いて

$$\left(\frac{\Delta L}{L}\right)_{\mathrm{ME}} = \sum_{m=-2}^{2} C_L^m \cdot \langle Q_2^m \rangle \tag{4.6}$$

*18　添え字 ME は磁気弾性効果 magnetoelastic の意。

$$\langle Q_2^m \rangle = \frac{1}{Z} \sum_{\nu} \langle \nu | Q_2^m | \nu \rangle \exp(-E_\nu / k_\mathrm{B} T) \tag{4.7}$$

と書ける。ここで T は温度，$|\nu\rangle$ は固有状態，E_ν は $|\nu\rangle$ のエネルギー，Z は分配関数である。$\Delta L/L$ は，ある温度を基準とした格子定数の変化量 ΔL を基準となる温度での格子定数で規格化した，格子定数の変化率である。300 K を基準に取ることが多い*19。$\Delta L/L$ は 2.4 節で述べた非調和性に起因する通常の熱膨張の成分も持つが，ここで話題にしているのは結晶場に起因する部分である。式 (4.6) 右辺で温度依存性をおもに担うのは $\langle Q_2^m \rangle$ である。

個々の物質に合わせて f 電子の固有状態 $|\nu\rangle$ と固有エネルギー E_ν が決まり，それに伴って $\langle \nu | Q_2^m | \nu \rangle$ も決まる。結果として $\langle Q_2^m \rangle$ の温度依存性，ひいては $\Delta L/L$ の温度依存性は，ボルツマン因子 $\exp(-E_\nu / k_\mathrm{B} T)$ に支配される。基底状態では最低エネルギーの固有状態のみが占有され，それに対応した $(\Delta L/L)_\mathrm{ME}$ が実現する。第一励起状態のエネルギーが室温程度以下である場合，温度上昇に伴って励起状態が熱的に混ざるようになり，$\langle Q_2^m \rangle$ が大きく変化する。それに伴って $(\Delta L/L)_\mathrm{ME}$ も大きな温度依存性を示すことになる。ただしこの温度変化は，相転移のようにある特定の温度で突然変わるような変化は見せず，広い温度範囲でゆっくりと変化していく。もし基底状態のほか，ただ一つの結晶場の励起状態を考えればよいのであれば，単純な二準位系と見なせる。この場合，熱膨張率の温度依存性はショットキー比熱と同じ形になり[56]，$(\Delta L/L)_\mathrm{ME}$ で表記すればショットキー比熱を温度で積分した形になる。

実例として正方晶の $\mathrm{HoPO_4}$ を見よう[57]。この物質は 90 K から 120 K のエネルギー範囲 (8.4〜11.6 meV) に複数の結晶場の励起状態があることが知られている[58]。結晶場の効果による格子定数の変化を，2.4 節で述べた格子振動の非調和性に起因する熱膨張などと区別するため，希土類サイトを f 電子を持たない Lu や Y，軌道角運動量 L が 0 になる Gd で置き換えた物質の熱膨張からのズレを求めるやり方が広く普及している。図 4.7(a) に格子定数の温度依存性を示した。$\mathrm{HoPO_4}$ の格子定数の温度依存性は $\mathrm{LuPO_4}$ と大きく異なることがわかる。Ho 化合物と Lu 化合物の差を (b) に示した。(b) はさらに四極子 $\langle Q_2^m \rangle$ に基づく計算値を実線と

*19　例えば温度 T での a 軸長を $a(T)$ と書くならば，$[a(T) - a(300\ \mathrm{K})]/a(300\ \mathrm{K})$ がここで議論している量である。

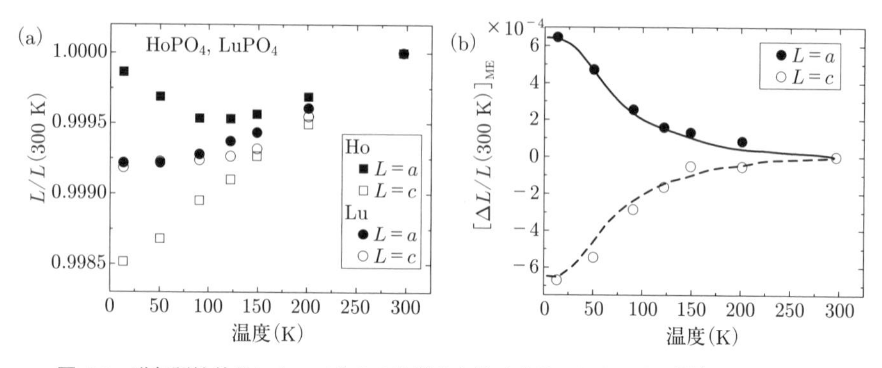

図 4.7　磁気弾性効果によって生じる特徴的な格子定数の温度依存性[57]。(a) 正方晶 $LuPO_4$ と $HoPO_4$ の格子定数の温度依存性，(b) 磁気弾性効果による格子歪みの温度依存性。実線，点線は $\langle Q_2^m \rangle$ による計算値。

点線で示した。通常の格子振動起因の熱膨張とはかけ離れた格子定数の温度依存性が，磁気弾性効果の影響を考えに入れることでよく説明できることがわかる。

磁　　歪

鉄などの強磁性体金属では軌道角運動量が残っており，それに応じて磁気弾性効果が生じる。そのため，前節と同様の議論で格子の変形が生じる。格子定数の変化の度合いは 10^{-6} 程度である。面白いのは磁化の方向に応じて軌道角運動量の向きも変化するため，歪みの方向が結晶学的な方位ではなく磁化の方向に追随する点である。

4.3　遍歴電子の磁性

ここからは個々の磁気モーメントを見るのではなく，モーメント間の相互作用が引き起こす秩序磁性に注目していこう。磁性の大枠の分類法としては，磁気モーメントを担う電子が局在しているか遍歴しているか，および交換相互作用を媒介する電子が局在しているか遍歴しているか，で分けることになる。この分類を表 4.2 に示した。I は $3d$ 遷移金属酸化物などに代表される局在磁性であり，磁性を持つ電子自身が摂動的に動くと見なして相互作用を導入する。II は $4f$ 希土類化

表 4.2 磁性の分類

磁気モーメントを持つ電子	局在	遍歴
磁気相互作用を媒介する電子		
局在	I 直接/超交換相互作用	–
遍歴	II RKKY，近藤効果	III 遍歴磁性

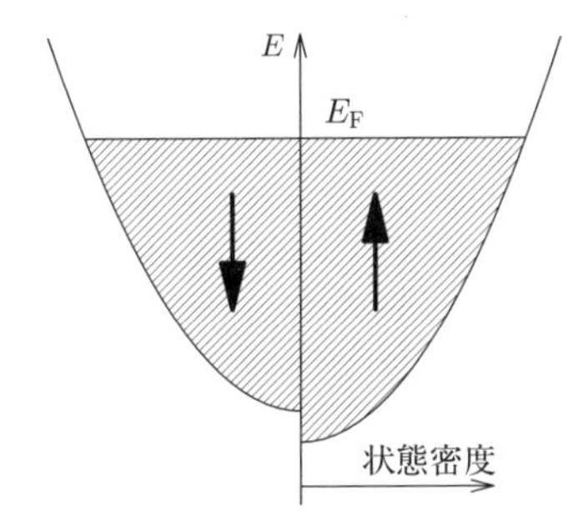

図 4.8 遍歴的な電子による強磁性のストーナーモデル

合物に見られる状況である。動かない局在モーメントと，その周囲を動き回る伝導電子が相互作用する。III は鉄やニッケルに代表される金属の磁性である。磁気モーメントを担う電子自身が伝導バンドを形成し，動き回る状況にある。I, II は後の節で詳しく議論するが，そこに進む前に III の状況についてまとめておこう。

遍歴電子について考える場合，どの原子に属する磁気モーメントという表現がすでに適切ではない。適切な表現法は自由電子モデルで出発した描像であり，電子を波数ベクトルで表現することになる。強磁性の場合，図 4.8 に示したように，上向きスピンと下向きスピンの状態密度を分けて考える。この図のような状態密度を仮定すると，フェルミエネルギー E_{F} まで電子が入った時に上向きと下向きのスピンの数が違うために磁性が発生する。このような解釈はストーナー (Stoner) モデルとして知られている。強磁性を持つ $3d$ 遷移金属の代表例として，鉄とニッケルの状態密度を見てみよう。鉄，ニッケルとも基底状態は強磁性である。スピン↑とスピン↓の状態密度を分け計算した結果を図 4.9 に示した。状態密度を 0 から E_{F} まで積分し得られるそれぞれのスピンの電子数 $n_{\uparrow}$ と $n_{\downarrow}$ からわかるように，スピン↑の電子数の方が多く，この不均衡が全体としての磁化を生む。

式 (3.7) のハバードハミルトニアンを思い出そう。

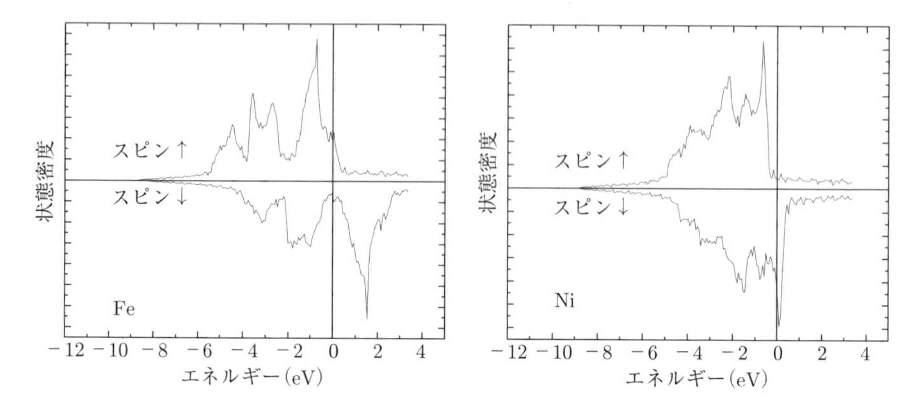

図 4.9　KKR 法で計算した鉄とニッケルの状態密度

$$H = \sum_{\boldsymbol{k},\sigma} \varepsilon_{\boldsymbol{k}} c^{\dagger}_{\boldsymbol{k}\sigma} c_{\boldsymbol{k}\sigma} + U \sum_i n_{i\uparrow} n_{i\downarrow} \tag{3.7}$$

磁化は $n_\uparrow - n_\downarrow$ に比例する。磁場がある場合は，上のハミルトニアンにゼーマンエネルギーの項 $h\sum_i(n_{i\uparrow} - n_{i\downarrow})$ を加える（ここで h は磁場とスピン磁気モーメントの積で表される，1 スピンあたりのゼーマンエネルギー）。磁気的な相互作用は電子間の相互作用 $U\sum_i n_{i\uparrow}n_{i\downarrow}$ の形で取り込まれている。このままでは計算が難しいので，この相互作用の部分を

$$U \sum_i n_{i\uparrow} n_{i\downarrow} \to U \sum_i (n_{i\uparrow}\langle n_{i\downarrow}\rangle + \langle n_{i\uparrow}\rangle n_{i\downarrow} - \langle n_{i\uparrow} n_{i\downarrow}\rangle)$$

のように近似する平均場近似がよく用いられる。

磁気体積効果

磁気モーメントを担う電子が局在していない場合でも，磁性と構造の間の関係は存在する。磁気体積効果はそのよい例である。遍歴磁性（表 4.2 の分類でⅢのもの）では秩序磁性が生じると，通常は体積が増大する。その理由を定性的に紹介する[*20]。極端な例として完全にスピン偏極した自由電子を考えよう。体積 V の三次元的な試料の中の自由電子では，51 ページにも述べたように，一つの波数

*20　詳細は文献 [12] の 4-1 節参照

ベクトルを持つ状態が $(2\pi)^3/V$ の q 空間体積を占める。非磁性ではスピン上下の両側に電子が入っていくが，一方のスピンにしか電子が入れないとすると，電子が占める q 空間体積が 2 倍必要になる。すなわち，フェルミ球の体積が 2 倍，フェルミ波数が $\sqrt[3]{2}$ 倍になる必要がある*21。フェルミ波数が大きくなるということは，運動エネルギーの大きな電子の数が増大するということである。この運動エネルギーの上昇をそのまま受け入れるよりは，結晶を膨張させて電子密度を下げて，q 空間での単位体積あたりの状態数 $(= V/(2\pi)^3)$ を増やしたほうが，全体として見たエネルギー収支で得をする*22。これが上述の磁気体積効果の起源である*23。磁気体積効果の大きさは磁化の 2 乗に比例し，通常は熱膨張より小さな効果である。

4.4　交換相互作用

ここからは局在した磁気モーメントが磁性を担う状況を念頭に置いて話を進めよう。正確な議論は磁性や量子力学の教科書に与えられているので，ここでは概要をつかむための記述に留める。

4.4.1　直接交換相互作用と運動交換相互作用

ハイトラー–ロンドン近似 (Heitler–London approximation) で水素分子のエネルギー E を計算すると，クーロン積分 V と交換積分 J を用いて次のように書

*21　秩序磁性が安定化される場合は，運動エネルギーの上昇分より余計にポテンシャルエネルギーが下がる。そうでなければ非磁性状態のほうが安定である。

*22　三次元自由電子気体の単位電子数あたりの総運動エネルギーは電子密度の 2/3 乗に比例する。つまり電子密度を下げればエネルギーが下がる。しかし，これは際限なく固体が膨張して揮発することを意味するわけではなく，原子核の存在によるポテンシャルエネルギーによって歯止めがかかる。ここでの議論は，非磁性状態と磁性状態の比較に注目しており，磁性を持つことによって運動エネルギーの効果が非磁性の時より大きくなり，非磁性の時に比べれば体積を増やしたところに平衡位置がずれるであろう，という流れである。自由電子の出発点がよくない場合にまでこの議論が適用できるかどうかは別の考察が必要であり，事実局在モデルから出発すると，4.6 節で見るように，磁性発現に伴い体積は減少すると期待される。

*23　より正確には，スピン揺らぎを中心に据えた理論がある。そちらに興味のある人は遍歴磁性の教科書を参照してほしい。

ける：

$$E = E_0 + \frac{V \pm J}{1 \pm S} \tag{4.8}$$

ここで E_0 は定数項，S は重なり積分である*24。一般の固体中の二つの原子対を考える場合も，適切な一般化を行った“水素様分子”を出発点とすることは正当であろうと思われるため，エネルギーにクーロン積分と交換積分に対応する項が現れるだろう。交換積分の項はスピンを含むため，磁性に由来したエネルギー変化が生じる。ここで示した交換積分 J に起因する磁気的相互作用は，直接交換相互作用あるいはポテンシャル交換相互作用と呼ばれる[2], [9], [18]。

交換を考える二つの軌道が直交していない場合は J は反強磁性的にも強磁性的にもなり得るが，直交する二つの軌道間の直接交換相互作用は強磁性的になる*25。基底状態が反強磁性状態である分子でも，直交基底を選ぶことが可能だが，もちろん基底の選び方で磁気的相互作用が変わるはずはない。固有状態の波動関数は，直交した基底関数の線形結合で書くことができる。その結果，直交した基底の視点で見ると電子が移動しているように見える。このような電子の移動を考えに入れると，直接交換相互作用以外の磁気的相互作用があるように見える。これを運動交換相互作用という。

運動交換相互作用では，中間状態として電子が動き回る。そして，1.5 節で述べたように，電子は動き回れるほうがエネルギーが下がる。水素分子の場合を見てみよう。スピンが平行の場合はパウリの排他律によって一方の原子に電子が集まることができないが，反平行であれば一方に電子が集まる状態が許容される。この事情でスピンが反平行の場合のエネルギーが下がる。飛び移り積分を t，一方の原子に二つの電子が存在することによるクーロンエネルギーの損失を U として（3.5.3 項で導入したハバードモデルの U である)，平行スピン状態に比べて反平行スピン状態は $2t^2/U$ だけエネルギーが下がる*26。

*24　重なり積分，クーロン積分，交換積分は多くの教科書で説明されている通りの定義である。ハイトラー–ロンドン近似の説明も他書に譲る。

*25　直接交換相互作用が働くためには波動関数に重なりが必要である。波動関数が直交していること（重なり積分がゼロであること）と，重なりがないことは違う点に注意すること。

超交換相互作用

水素分子の場合，運動交換相互作用による反強磁性の安定化は t^2 に比例した。これは直観的には，一方の原子に局在していた電子が隣に (1) 行って (2) 帰る，という 2 回の飛び移りが生じる確率に対応していると見ることができる。もっと複雑な構造に対応する同様な交換相互作用の例として，61 ページの図 3.7 に示した構造を再度考えてみよう。金属 M 同士の交換相互作用を考える。この場合，M–O, O–M, M–O, O–M と電子が行って帰る形になるため M–O 間の飛び移り積分 t_{MO} の 4 乗に比例した大きさの交換相互作用となる。61 ページの議論では M_1 から O を介して M_2 へ移る飛び移り積分は $(pd\sigma)^2\cos\delta$ となっていたので，交換相互作用は往復分の $(pd\sigma)^4\cos^2\delta$ に比例する。距離依存性についても表 3.2 に示した依存性を用いることができる。このような交換相互作用は遷移金属酸化物でよく見られ，超交換相互作用と呼ばれる*27。ここまでの議論から，超交換相互作用は構造と強く関係していることがわかるだろう。

4.4.2 交換相互作用の定式化

異方性まで考慮に入れた場合，二つのスピン $\boldsymbol{S}_1$ と $\boldsymbol{S}_2$ の間の交換相互作用は次のようなハミルトニアン H_{mag} でしばしば記述される。

$$H_{\mathrm{mag}} = \sum_{\mu\nu} J_{\mu\nu} S_{1\mu} S_{2\nu} \tag{4.9}$$

ここで μ, ν は方位 x, y, z を表す*28。このような形の相互作用を $J_{\mu\nu} = J_{\nu\mu}$ の

*26 $2t^2/U$ は二次の摂動エネルギーである。二次の摂動エネルギーは

$$-\sum_{m\neq n} \frac{\langle n|H'|m\rangle\langle m|H'|n\rangle}{E_m - E_n}$$

である。分母は始状態と中間状態のエネルギー差であり，今の場合は電子が動いた結果，一つのサイトに電子が集まって U だけエネルギーが上がることに対応する。分子は摂動ハミルトニアン H'（今の場合は磁性に関する効果）で始状態から中間状態へ行く確率（これが飛び移り積分 t になる）と，中間状態から始状態へ戻る確率の積である。これによって電子が動ける場合にはエネルギーが t^2/U だけ下がる。原子 a から b へ行って帰る場合と，b から a へ行って帰る場合の両側を考えて，$2t^2/U$ を得る。

*27 水素分子のように二つの隣接したイオンの間の運動交換相互作用は二次摂動で記述されたが，M–O–M の超交換相互作用は四次摂動で書かれる。交換相互作用の経路が M–O–O–M であれば六次摂動になる。

対称的な相互作用と $J_{\mu\nu} = -J_{\nu\mu}$ の反対称的な相互作用に分離することは常に可能である。交換相互作用を等方的な成分 J，異方的で対称な成分 $J_{\mu\nu}$ *29，反対称な成分 $j_{\mu\nu}$ の三つに形式的に分けて表記すると，

$$H_{\mathrm{mag}} = \sum_{\mu\nu} J S_{1\mu} S_{2\nu} \delta_{\mu\nu} + \sum_{\mu\nu} J_{\mu\nu} S_{1\mu} S_{2\nu} + \sum_{\mu\nu} j_{\mu\nu} S_{1\mu} S_{2\nu} \tag{4.10}$$

$$= (S_{1x}, S_{1y}, S_{1z}) \begin{pmatrix} J & 0 & 0 \\ 0 & J & 0 \\ 0 & 0 & J \end{pmatrix} \begin{pmatrix} S_{2x} \\ S_{2y} \\ S_{2z} \end{pmatrix}$$

$$+ (S_{1x}, S_{1y}, S_{1z}) \begin{pmatrix} J_{11} - J & J_{12} & J_{13} \\ J_{12} & J_{22} - J & J_{23} \\ J_{13} & J_{23} & J_{33} - J \end{pmatrix} \begin{pmatrix} S_{2x} \\ S_{2y} \\ S_{2z} \end{pmatrix}$$

$$+ (S_{1x}, S_{1y}, S_{1z}) \begin{pmatrix} 0 & j_{12} & j_{13} \\ -j_{12} & 0 & j_{23} \\ -j_{13} & -j_{23} & 0 \end{pmatrix} \begin{pmatrix} S_{2x} \\ S_{2y} \\ S_{2z} \end{pmatrix} \tag{4.11}$$

$$\equiv J \boldsymbol{S}_1 \cdot \boldsymbol{S}_2 + \boldsymbol{S}_1^t \hat{J}_{\mathrm{aniso}} \boldsymbol{S}_2 + \boldsymbol{D} \cdot (\boldsymbol{S}_1 \times \boldsymbol{S}_2) \tag{4.12}$$

となる*30。この式では J が負の時に強磁性的な相互作用を表すが，全体の符号を反転して，J が正の時に強磁性相互作用を表す記述法も使われる。ここで式 (4.12) の最初の項が等方的な交換相互作用，二番目がその異方性の補正項（S^t は行ベクトルに転置したことを表し，$\hat{J}$ は行列であることを示す），三番目がジャロシンスキー–守谷相互作用（Dzialoshinsky–Moriya interaction，DM 相互作用）である。第二項によって磁気異方性が現れ，磁化容易軸と磁化困難軸が生まれる。2 番目，3 番目の項で書かれる異方的な交換相互作用はスピン軌道相互作用に起因する。スピン軌道相互作用は大まかには原子番号が大きくなるにつれて強くなるため，その効果は軽元素で弱く，重元素で強い。スピン軌道相互作用の大きさは，

*28　この表式は文献 [2] 109 ページの式 (6-14) である。この記述法が一般形であるわけではないが，さらに高次の異方性が本質的に重要な現象も発見されていないので，この形を仮定するのが普通である，と文献 [2] には書かれている。

*29　同じ文字を当てているが，式 (4.9) の $J_{\mu\nu}$ とは異なる。

*30　式 (4.11) 最後の項と式 (4.12) 最後の項が等しいことは，具体的に成分をすべて計算すると確認できる。

$3d$ 系であれば等方的な交換相互作用の数%から10%程度の強さである。DM 相互作用は，二つの磁性イオンが反転対称操作でつながる場合には，対称性の要求から0になる。ほとんどの場合に第一項が非常に大きいため，異方性を考えに入れず $J\boldsymbol{S}_1 \cdot \boldsymbol{S}_2$ だけで議論をすることも多い。

4.5 さまざまな磁気構造

4.5.1 自発磁化を示す磁気構造と磁区構造

自発磁化を示す代表的な磁気構造は強磁性とフェリ磁性である*31。このような自発磁化を示す磁気構造は，逆空間の表現をすると Γ 点（逆格子点と同義）に磁気成分があるといえ，中性子磁気散乱では核散乱によるブラッグ反射に重なって磁気散乱が観測される。その他，基本的には反強磁性であるが，スピンが完全に反平行になった状態から DM 相互作用によって少し傾いて，小さな自発磁化を示す “弱強磁性” も多くみられる。この場合に観測される磁化の大きさは，多くの場合，個々のイオンが持つ磁気モーメントの10%以下の大きさになる。

このような磁気構造を持つ物質であっても，結晶全体として磁化を持たない状況はよく観測される。例えば鉄は常温で強磁性体であるが，普通はほかの鉄を引きつけない，つまり磁石ではない。これはミクロに見ると磁石になっているが，互いに逆向きに磁化したドメインが混在して，全体としてみると磁化が打ち消しあった状態になっているためである。この概念図を図 4.10(a) に示した。個々の強磁性ドメインを磁区，ドメイン境界を磁壁と呼び，異なる方向を向いた磁区が集合した状況を磁区構造と呼ぶ。偏光顕微鏡でこの磁区構造を観測した例を図 4.11 に示した。

交換相互作用は近距離の相互作用である。一般に，磁気秩序相が安定化されるのは，交換相互作用によるエネルギー利得を得るためである。これだけを考えると，全体がシングルドメインになり，磁壁を形成しない方がエネルギーが低くなる。強磁性体の中に形成される磁壁では隣接サイトとスピンが平行ではないため，式 (4.12) 第一項の交換エネルギーを損する。しかし，長距離のクーロン相互作用

*31 フェリ磁性は大きさの異なるスピンがお互い逆向きを向いた構造であり，磁気構造の単位胞全体を合計すると，スピンの大きさの差に対応する磁化が生じる。

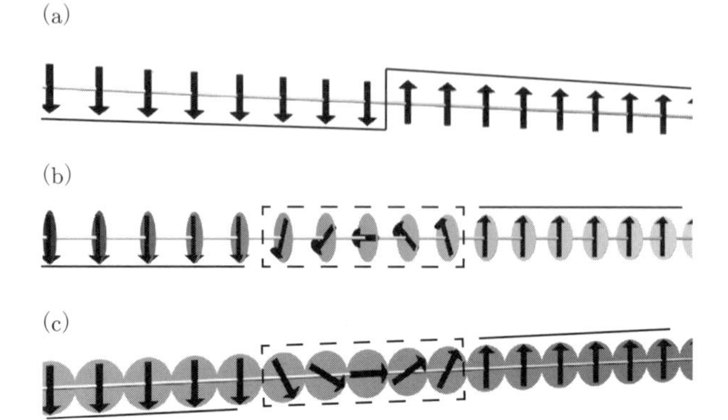

図 4.10　磁壁の概念図。(a) もっとも単純な磁壁，(b) ブロッホ磁壁，(c) ネール磁壁。

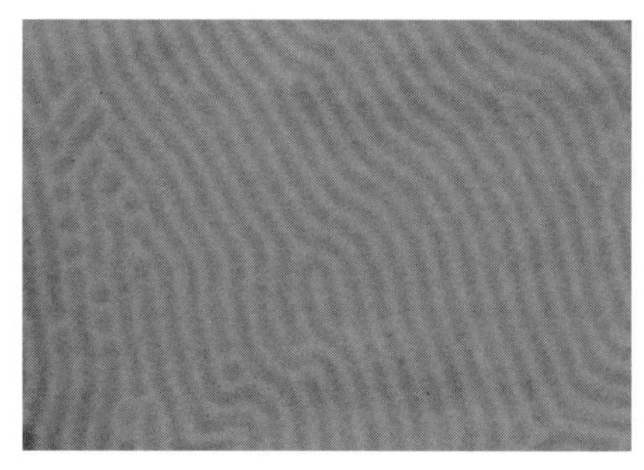

図 4.11　ガーネット薄膜の磁区構造。明るいところと暗いところは逆向きに磁化したドメインである。ここで観察されている磁区の幅は数 μm である。

を計算に入れると状況は変わる。全体が磁石になるようにドメインが巨大に成長すると，周囲に大きな磁場を形成する。するとエネルギー密度 $\mu H^2/2$ で表される静磁場のエネルギーがドメインサイズと共に大きくなっていき，磁壁を形成してでも空間を満たす磁場を小さくした方が得になる。これが磁区構造が形成される機構である。磁壁の形成エネルギーはドメインの表面積に比例し，静磁場のエネルギーはドメイン体積に比例するため，ドメインサイズが小さいうちは体積の効果は無視でき，サイズが大きくなると面積が無視できるようになる。一般的な強磁性体では磁区のサイズは数 μm 程度である。

現実の磁壁は図 4.10(a) に示したような “隣の原子は逆向きのスピンをもつ” 状

態ではなく，徐々に磁気モーメントが空間的に回転していく。回転の仕方に応じてブロッホ磁壁（図 4.10(b)），ネール磁壁（図 4.10(c)）と分類される。式 (4.12) 第一項の単純な交換相互作用だけ考えると，磁壁の厚さは厚いほどよい。つまり，隣のサイトとの磁気モーメントの角をなるべく小さくしたい。一方，式 (4.12) 第二項の磁気異方性を考えると，磁気モーメントはなるべく磁化容易軸を向いていたいため，あまり磁壁の厚さを厚くしない方が得である。この兼ね合いで磁壁の厚さが決まる。鉄の場合，室温での磁壁の厚さは 10 nm 程度である。

4.5.2　第一・第二近接相互作用による螺旋磁性

図 4.12(a) に示した一次元ハイゼンベルクモデル*32を考える。隣接サイトとの交換相互作用 J_1，次近接サイトとの交換相互作用 J_2，n 番目のサイトのスピンを $\boldsymbol{S}_n$ として，n 番目のサイトの持つ磁気エネルギー E_n は以下のように書ける。

$$E_n = J_1(\boldsymbol{S}_n \cdot \boldsymbol{S}_{n-1} + \boldsymbol{S}_n \cdot \boldsymbol{S}_{n+1}) + J_2(\boldsymbol{S}_n \cdot \boldsymbol{S}_{n-2} + \boldsymbol{S}_n \cdot \boldsymbol{S}_{n+2}) \quad (4.13)$$

ここで J_1, J_2 は式 (4.12) と同様に，強磁性相互作用の時に負になるよう定義した。$J_2 = 0$ の場合は最近接相互作用のみが働くため，話は極めて単純である。$J_1 < 0, J_2 = 0$ では強磁性が安定になる。$J_1 > 0, J_2 = 0$ では反強磁性が安定になる。

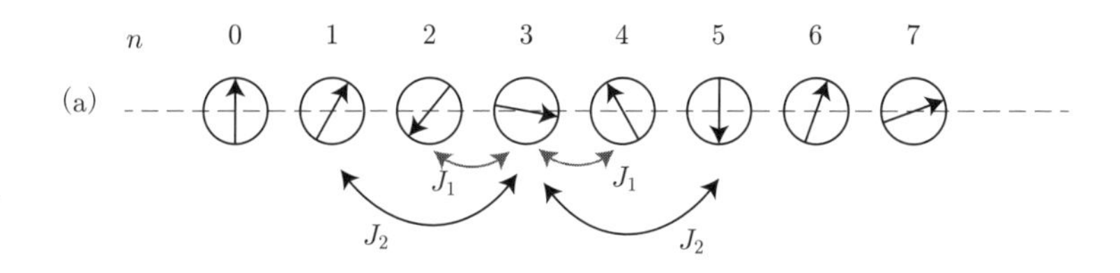

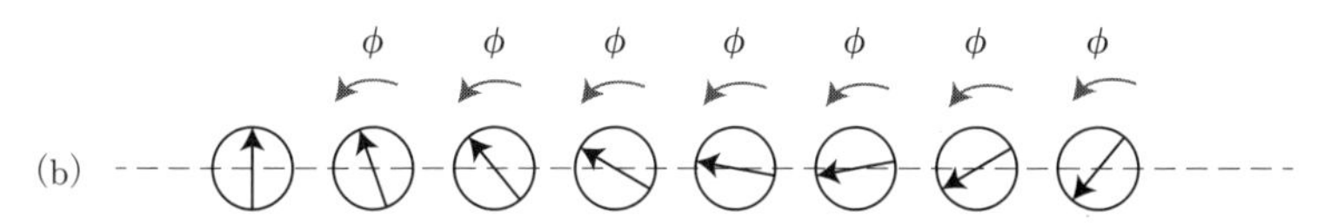

図 4.12　(a) 一次元ハイゼンベルクモデル。(b) 隣のサイトとのスピンの成す角が ϕ になるモデル。

*32　ハイゼンベルクモデルはスピンの長さは不変だが，方向は自由に変えられるモデルである。

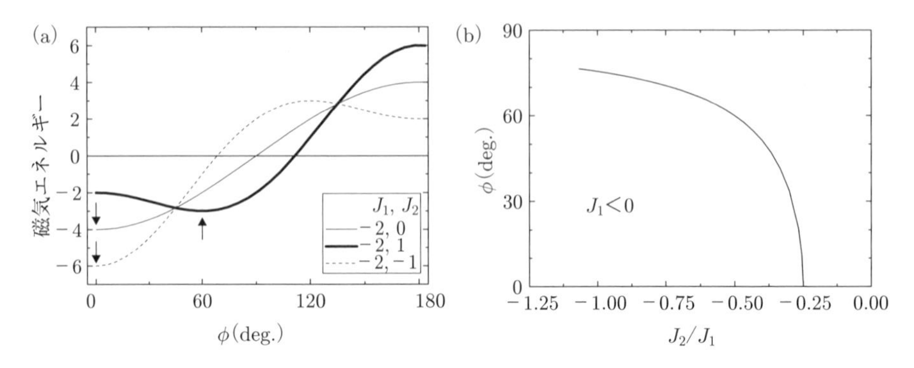

図 4.13　(a) さまざまな J_1, J_2 の組み合わせに対する螺旋磁性の磁気的エネルギーの ϕ 依存性。矢印で示した，エネルギー最小を与える ϕ の螺旋磁性が実現する。(b) 安定な ϕ の J_2/J_1 に対する依存性（$J_1 < 0$，強磁性相互作用の場合）。$J_1 > 0$ では $180° - \phi$ が安定である。

図 4.12(b) に示した，スピンの大きさが一定値 S で，方向のみが n から $n+1$ に行くごとに ϕ だけ回転する（あるいは，n 番目のサイトのスピンの方向が $n\phi$ の方向である）磁気構造モデルで，上の二つの磁気構造は表記できる。強磁性は $\phi = 0$，反強磁性は $\phi = \pi$ である。

では，J_2 を導入したらどのような磁気構造が安定となるであろうか。エネルギーを計算しよう。

$$E_n = J_1 \cdot 2S^2 \cos\phi + J_2 \cdot 2S^2 \cos(2\phi) \tag{4.14}$$

この式の右辺は n に依存しないので，全体のエネルギーは単にこれの粒子数倍 $\times 1/2$ である（同じ結合を 2 回数えているための補正）。つまり，このエネルギーを最小にする ϕ を見つければ，このモデルの範囲内でエネルギーが最小の構造を発見できる。

いくつかの J_1, J_2 の組み合わせについて計算すると，図 4.13(a) のような E_n の ϕ 依存性になる。ϕ が 0 でも π でもない構造は螺旋磁性である。安定な ϕ は $\partial E_n/\partial\phi = 0$ を満足する。式 (4.14) で示したエネルギーを ϕ で微分すると $-J_1 \sin\phi - 2J_2 \sin(2\phi) = 0$ を得て，$J_1 < 0$ の場合には図 4.13(b) のような ϕ の螺旋磁性が安定であるとわかる（$J_1 > 0$ ではこの図の ϕ を 180° から差し引いた螺旋になる。ここで計算した $\partial E_n/\partial\phi = 0$ の条件はエネルギーの極大でも満たしてしまうことに注意)。この機構による螺旋磁性は，$\phi \sim 60^\circ$ 程度，あるいは周期が $6c$，波数が $c^*/6$ 前後を取りやすいことがわかるだろう。

4.5.3　DM 相互作用による螺旋磁性

引き続き一次元ハイゼンベルクモデルを考える。n 番目のサイトの磁気モーメントを $\boldsymbol{S}_n$ とする。磁気異方性を考慮から外した次のハミルトニアンを考察する。

$$H_{\mathrm{mag}} = J\sum_n \boldsymbol{S}_n \cdot \boldsymbol{S}_{n+1} + \boldsymbol{D}\cdot\sum_n \boldsymbol{S}_n \times \boldsymbol{S}_{n+1} \tag{4.15}$$

J は仮に強磁性になるように，負に選んでおこう。そうすると第一項は隣接サイトの磁気モーメントを平行にそろえようとする。一方，第二項は，磁気モーメントが直交している方が有利になる項である。例えば $\boldsymbol{D} = (0,0,D)$，$\boldsymbol{S}_n = (S_n^x, S_n^y, 0)$ とし，$S_0 = (S,0,0)$ としよう（$D, S > 0$ とする）。$J = 0$ の場合，$\boldsymbol{S}_n = (S\cos(n\pi/2), -S\sin(n\pi/2), 0)$ の場合にエネルギー最小，逆向きに回る $\boldsymbol{S}_n = (S\cos(n\pi/2), S\sin(n\pi/2), 0)$ の場合にエネルギーが最大になる。図 4.14 に示したように，これらは隣接サイト間で 90° ずつ回転する螺旋磁性の右巻き，左巻きに対応する。

J を導入すると，隣接サイト間の磁気モーメントの角度 ϕ が 90° から小さくなるが，右巻きの螺旋磁性が最安定であるという特徴は保たれる。この角度は J と

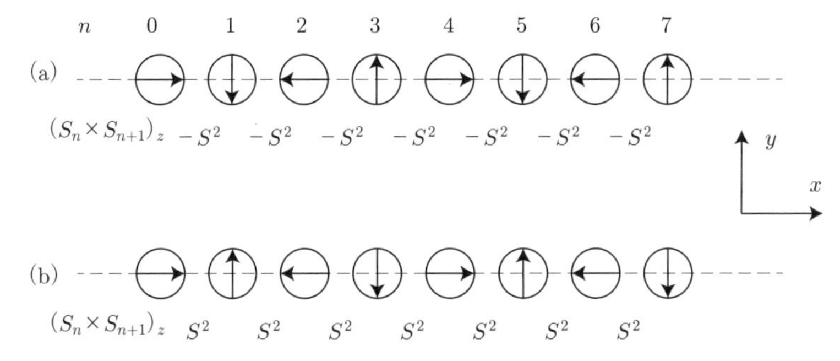

図 4.14　式 (4.15) の第二項のエネルギーを (a) 最小にする磁気構造，(b) 最大にする磁気構造

$\boldsymbol{D}$ の大きさの関係で決まる。$|J|$ が大きければ ϕ は 0 に近づく。現実的には $|J|$ が $|\boldsymbol{D}|$ より 10〜100 倍大きいため，ϕ は非常に小さく，螺旋磁性の周期は非常な長周期構造になり，単位胞の 20 倍から 100 倍程度の周期になるのが普通である。何よりも右巻きと左巻きでエネルギーが違うことが，この機構による螺旋磁性の大きな特徴であり，前節で述べた第一・第二近接相互作用による螺旋磁性では右巻きと左巻きのエネルギーが等しかったのと対照的である。

4.5.4　第一・第二近接相互作用を持つイジング系の長周期構造

Axial Next Nearest Neighbor Ising (ANNNI) モデルは単純なモデルであるにもかかわらず，極めて複雑な磁気相図を作ることで知られている[59]。ここでは，この ANNNI モデルについて紹介する。

イジングスピン*33を図 4.15(a) のように配置する。お互いの交換相互作用は図に示した J_1 と J_2 で，$J_1 < 0$（強磁性），$J_2 > 0$（反強磁性）に選ぶ。これだけで図 4.15(b) に示すように，有限温度で，簡単な整数比で書けないようなインコメンシュレート（不整合）構造を含む，さまざまな波数の構造が安定化される。類似の相図は平均場の計算でも得られる。不整合構造の実験的な観測については 10 章を参照してほしい。

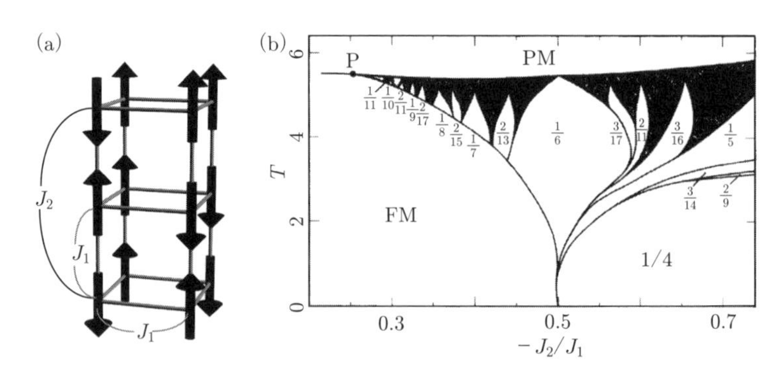

図 4.15　ANNNI モデルの (a) 模式図と (b) 相図[59]。PM, FM は常磁性，強磁性を表し，分数は長周期構造を特徴づける波数である。

---

*33　大きさは一定で，向きは上と下の二方向しか取り得ないスピン系のモデルはイジングモデルと呼ばれる。

J_2/J_1 は圧力印加などで制御可能である。なぜならば交換相互作用は構造に依存するためである（例えば金属酸化物で働く超交換相互作用では，99 ページで述べたように金属–酸素–金属角や金属–酸素結合距離によって交換相互作用の大きさが変化する）。そのため，圧力などで構造を変化させることが J_2/J_1 の制御につながる。加圧によって J_2/J_1 が増大するか減少するかは物質によって変わるはずである。

ANNNI モデルはイジングスピンに対する理論であるが，スピンの up, down を，例えばイオンの価数の高低に対応付けることで，電荷秩序でもまったく同じ議論をすることができる。このようにスピン系を別の現象に対応付ける考え方は擬スピン (pseudo spin) と呼ばれ，頻繁に使われている。

4.6　磁気秩序由来の格子歪み

磁気秩序を持つ結晶を，本書の冒頭に示した“原子に働く力は系のエネルギーを原子位置で微分することで得られる”という視点で見ると，交換相互作用の距離依存性によって格子が歪むことに気付く。このような歪みは交換歪みと呼ばれる。ここでは，交換相互作用の距離依存性の観点で定式化を行い，波数 $\boldsymbol{q}_m$ で特徴づけられる磁気的な変調構造によって，格子はおもに $2\boldsymbol{q}_m$ の波数で歪むことを示す。強磁性は $q_m = 0$ の場合にあたる。

直観的には，磁気秩序由来の格子歪みは磁気モーメントと磁気モーメントの間の相互作用で生じる現象なので，強磁性であれば磁化，反強磁性であれば ordered moment の大きさの 2 乗に比例した歪み量が期待される。この関係は実験的にもよく確認できる。格子が反転対称性を持つ場合，図 4.16 から読み取れるように，磁気的な波長 $\lambda_m = 2\pi/q_m$ の半波長進む間に，歪みが一周期生じることが対称性から要求される。そのために反強磁性由来の歪みは $2\boldsymbol{q}_m$ の波数を持つ[*34]。

[*34] ここでは格子系に反転対称性があることを仮定した。λ_m が格子定数に対して長ければ連続体近似が正当になると期待でき，反転対称性がなくてもおそらく $2q_m$ の歪みがおもになるだろうと期待される。

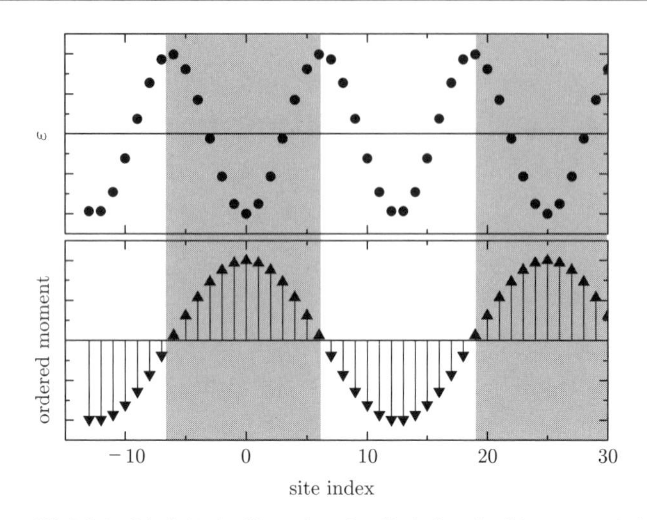

図 4.16　正弦波的な磁気変調（下段）に起因する格子歪み（上段）。グレーと白の一組で磁気構造の一周期を示す。グレーの範囲と白の範囲は，磁気モーメントの向きが逆向きであるほかに違いはないので，格子歪みはそれぞれの範囲内で一周期になることが対称性から予期される。

4.6.1　単純な一次元モデル

交換相互作用の距離依存性を取り入れた一次元モデルを考えよう。最近接間に働く等方的な交換相互作用と弾性エネルギーのみを考えて，系のエネルギー E を次のように書く。

$$E = \sum_n \left\{ J(r_{n+1} - r_n)\boldsymbol{S}_n \cdot \boldsymbol{S}_{n+1} + \frac{1}{2}K(u_{n+1} - u_n)^2 \right\} \tag{4.16}$$

$\boldsymbol{S}_n$ は n 番目のサイトのスピン，r_n は n 番目の原子の位置，$J(r)$ は原子間距離が r の場合の交換相互作用，u_n は n 番目の原子の磁気秩序に起因する変位量，K は弾性定数（式 (2.1) 参照）を表す。磁性の影響を受ける前の $r_{n+1} - r_n$ を $\bar{r}$ とすると，上の式は歪み $\varepsilon_n = u_{n+1} - u_n$ を使って次のように書ける。

$$E = \sum_n \left\{ \left(J(\bar{r}) + \left.\frac{\partial J(r)}{\partial r}\right|_{\bar{r}} \cdot \varepsilon_n \right) \boldsymbol{S}_n \cdot \boldsymbol{S}_{n+1} + \frac{1}{2}K\varepsilon_n^2 \right\} \tag{4.17}$$

エネルギー極小の必要条件はすべての n について $\partial E/\partial \varepsilon_n = 0$ である。これは

$$\left.\frac{\partial J(r)}{\partial r}\right|_{\bar{r}} \boldsymbol{S}_n \cdot \boldsymbol{S}_{n+1} + K\varepsilon_n = 0 \tag{4.18}$$

と書き換えられる。これ以上具体的な話をするためには，具体的な磁気構造を仮定する必要がある。ここでは二つのモデルについて具体的に計算してみよう。

仮定する磁気構造は (a) 磁気波数 $q_m\boldsymbol{c}^*$ の螺旋磁気構造 $\boldsymbol{S}_n = (S\cos(q_m\boldsymbol{c}^*\cdot n\boldsymbol{c}),\ S\sin(q_m\boldsymbol{c}^*\cdot n\boldsymbol{c}),\ 0)$, (b) 磁気波数 $q_m\boldsymbol{c}^*$ の正弦波的磁気変調 $\boldsymbol{S}_n = (S\cos(q_m\boldsymbol{c}^*\cdot n\boldsymbol{c}),\ 0,\ 0)$ の二つである。

螺旋磁気構造に起因する格子歪み

(a) の螺旋磁気構造，$\boldsymbol{S}_n = (S\cos(q_m\boldsymbol{c}^*\cdot n\boldsymbol{c}),\ S\sin(q_m\boldsymbol{c}^*\cdot n\boldsymbol{c}),\ 0)$ を考える。この磁気構造では，どの n をとっても隣の $n+1$ と比べ $2\pi q_m$ ラジアンだけ磁気モーメントが回転している[*35]。そのため $\boldsymbol{S}_n\cdot\boldsymbol{S}_{n+1} = S^2\cos(2\pi q_m)$ である。式 (4.18) にこれを代入し，

$$\varepsilon_n = -\left.\frac{\partial J(r)}{\partial r}\right|_{\bar{r}} \frac{S^2}{K}\cos(2\pi q_m)$$

を得る。右辺は n を含まないので，この式の意味するところは，螺旋磁性は $S^2\cos(2\pi q_m)$ に比例した格子定数の変化を生む，ということである。直観的には，自由エネルギーを最小にするために磁気秩序を生じているのであるから，その磁気秩序を発生させる交換相互作用が強くなれば，よりエネルギーが下がると期待される。交換相互作用を強めるためには，素朴に考えて原子間距離を縮めるとよいだろう。そのため，局在磁性の場合について考えると，基本的には秩序磁性が発生すると格子定数は短くなるものと想像される。

以上の議論を，式で見なおしてみよう。J の絶対値は r の増大とともに減少すると期待されるので[*36]，$\partial J(r)/\partial r|_{\bar{r}}$ は通常は $J(\bar{r})$ と逆の符号を持つ。最近接相互作用が強磁性の場合，$J(r) < 0$，よって $\partial J(r)/\partial r > 0$ である。また，この場合，図 4.13 からわかるように $\cos(2\pi q_m)$ も正であるため，ε_n は負になる。なお，

*35 $q_m\boldsymbol{c}^*\cdot\boldsymbol{c} = 2\pi q_m$ である。

*36 前述したとおり，RKKY 相互作用の場合などでは $J(r)$ が r に対して振動する場合があり，$\partial|J(r)|/\partial r$ が負とは限らない場合もある。それでも全般的には遠方に行けば J は小さくなるので，たいていは負であると期待するのは自然である。

J が反強磁性的であった場合，$\partial J(r)/\partial r|_{\bar{r}}$ の符号も変わるが，$\cos(2\pi q_m)$ も同時に符号を入れ替えるため，やはり ε_n は負になると期待される[*37]。

正弦波的磁気変調に起因する格子歪み

(b) の正弦波的磁気変調，$\boldsymbol{S}_n = (S\cos(q_m \boldsymbol{c}^* \cdot n\boldsymbol{c}), 0, 0)$ を考える。この磁気構造では $\boldsymbol{S}_n \cdot \boldsymbol{S}_{n+1} = S^2 \cos(2\pi q_m n)\cos[2\pi q_m(n+1)] = (S^2/2)\{\cos[2\pi q_m(2n+1)] + \cos(2\pi q_m)\}$ である。これを用いて

$$\varepsilon_n = -\left.\frac{\partial J(r)}{\partial r}\right|_{\bar{r}} \frac{S^2}{2K}\{\cos[2\pi q_m(2n+1)] + \cos(2\pi q_m)\} \tag{4.19}$$

が得られる。第一項が波数 $2q_m$ の周期的格子変調を[*38]，第二項が (a) の螺旋磁性モデルの半分の大きさの格子定数の変化を表す[*39]。

ε_n は式 (4.16) あたりの議論で定義したように $u_{n+1} - u_n$ である。u で表現した場合，どの程度の振幅の格子歪みが磁性によって発生しているだろうか。u_n は ε_n を足し合わせることで得られる。u_0 を 0 とすると，

$$\begin{aligned}
\varepsilon_0 = u_1 - u_0 \quad &\rightarrow \quad u_1 = \varepsilon_0 + u_0 = \varepsilon_0 \\
\varepsilon_1 = u_2 - u_1 \quad &\rightarrow \quad u_2 = \varepsilon_1 + u_1 = \varepsilon_1 + \varepsilon_0 \\
\varepsilon_2 = u_3 - u_2 \quad &\rightarrow \quad u_3 = \varepsilon_2 + u_2 = \varepsilon_2 + \varepsilon_1 + \varepsilon_0 \\
&\vdots
\end{aligned}$$

$$u_n = \sum_{j=0}^{n-1} \varepsilon_j$$

となる。

式 (4.19) の第一項にあたる周期的格子歪みの部分について，この要領で u_n の振幅を求めよう。ε の振幅を 1 とした場合の u_n の振幅を，さまざまな q_m に対して求めると図 4.17 のようになる。q_m が 0，および 0.5 に近い場合，非常に u の

*37　この結果は遍歴磁性に対しては適用できない。途中の議論もまったく異なる。4.3 節参照。

*38　歪み ε が，定数の位相ずれを除いて $\cos(4\pi q_m n) = \cos(2q_m \boldsymbol{c}^* \cdot n\boldsymbol{c})$ の空間変調を持つことを意味する項である。

*39　(b) のモデルで格子定数の変化が (a) の半分に留まるのは，磁気モーメントの b 軸成分がなくなっているためである。

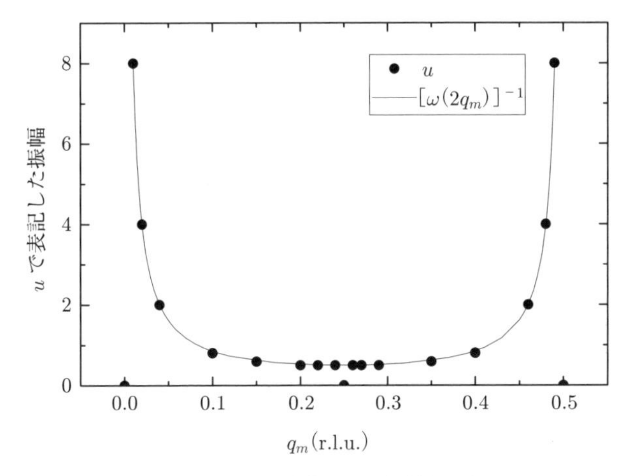

図 4.17 反強磁性に由来する格子歪みの振幅。ε の振幅を 1 とした。$\omega(2q_m)$ は式 (2.4) を用いた。

振幅が大きくなる。これは ε が小さくても，波長が長いために u の振幅としては大きくなるためである。この u の振幅は，音響モードフォノンの振動数 ω を用いて，$\omega(2q_m)^{-1}$ で表される*40。$q_m = 0$ の強磁性の場合，あるいは $q_m = 0.5$ の単純な反強磁性の場合には，式 (4.19) 第二項にあたる格子定数の変化は生じるが，周期的な格子変調は生じない*41。さらに，周期的な格子変調の振幅はほとんどの q_m に対して格子定数の変化量と同程度であることがわかる。格子定数の変化量は図 4.17 の縦軸スケールで $|\cos(2\pi q_m)|$ であるため，q_m が 1/4 程度である場合には格子定数の変化が非常に小さくても，周期的な格子変調の振幅は大きく観測されることがあり得る。特徴的な大きさとしては f 電子系の，大きな磁気モーメントが強く局在した場合で格子定数の変化量が 0.5%程度である[60]。$3d$ 電子系な

*40 突然音響モードのフォノンが出てきたように感じるかもしれないが，弾性定数 K が導入された段階から式 (2.1) の拡張版の話になっていると見ることができる。式 (4.16) と式 (2.1) を見比べると，式 (2.1) に磁気的なエネルギーを付け足したものが式 (4.16) であることに気付くだろう。

*41 図 4.17 では $q_m = 1/4$ の点でも歪みの振幅が 0 になっている。その理由は，現在の磁気構造モデル $\boldsymbol{S}_n = (S\cos(q_m\boldsymbol{c}^* \cdot n\boldsymbol{c}),\ 0,\ 0)$ は，$q_m = 0.25$ では $(S,0,0)$, $(0,0,0)$, $(-S,0,0)$, $(0,0,0)$ を繰り返す構造となり，式 (4.16) の磁気エネルギー $\boldsymbol{S}_n \cdot \boldsymbol{S}_{n+1}$ が必ず 0 になるためである。これはこの磁気構造モデルに対して q_m が正確に 1/4 である場合の特殊事情であるため，少しでも 1/4 からずれれば有限の歪みが出ることが図からも読み取れる。

どではこれと比べてずっと小さな格子変形が期待される。

この二つの比較から，一見似たような磁気構造でも，どの波数の格子変形が出るかが変化することがわかるだろう。個々の場合について，具体的な磁気構造モデルを用いて，最初から計算しなおすことが必要である。

4.6.2　磁気秩序を安定化させる格子変形の発生

交換相互作用は二体間の距離だけに依存する等方的なものではなく，99 ページに記したように，飛び移り積分を通して結合角にも依存する。そのため，前の節で交換相互作用の距離依存性を通して磁気秩序に伴い原子間距離が変化することを見たように，交換相互作用の結合角依存性を通して，磁気秩序発生に伴い結合角が変わるような変形が生じる。

超交換相互作用が働く図 4.18 の構造を考えよう。金属 (M)–酸素 (O)–金属角 θ が 180° の時に反強磁性相互作用 $J_{180} > 0$ が働き，θ が 90° の時に強磁性相互作用 $J_{90} < 0$ が働くとしよう。任意の θ での交換相互作用の大きさ $J(\theta)$ は $J_{180}\cos^2\theta + J_{90}\sin^2\theta$ で与えられる。基底状態は反強磁性で，その振幅を S としよう。i 番目と $i+1$ 番目の磁気モーメントの内積 $\boldsymbol{S}_i \cdot \boldsymbol{S}_{i+1}$ は $-S^2$ である。エネルギー E は，磁気秩序が生じる前の M–O–M 角 θ_0 からの θ の変化量を $\Delta\theta$ として，次のように書ける。

$$
\begin{aligned}
E(\theta) &= -J(\theta)S^2 + K(\Delta\theta)^2 \\
&\simeq -\left[J(\theta_0) + \left.\frac{\partial J}{\partial\theta}\right|_{\theta_0}\Delta\theta\right]S^2 + \frac{1}{2}K\cdot(\Delta\theta)^2
\end{aligned}
$$

ここで K は $\Delta\theta$ の歪みに起因するエネルギー上昇を表現する弾性定数である。安定な構造は $\partial E/\partial(\Delta\theta) = 0$ の条件を満たす。

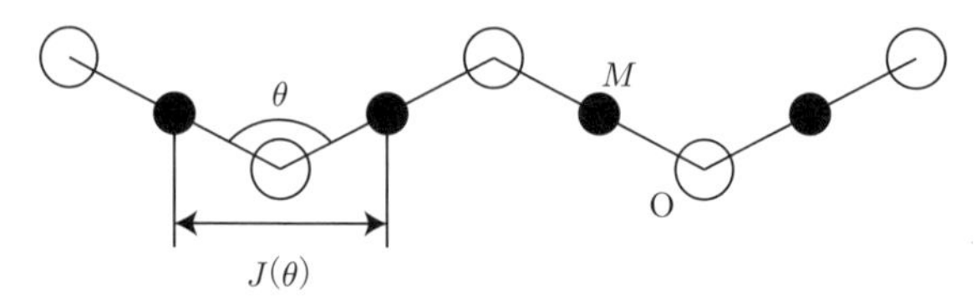

図 4.18　磁気相互作用 J を持つ M–O–M 一次元鎖。J は M–O–M 角 θ に依存する。

$$\frac{\partial E}{\partial(\Delta\theta)} = -\left.\frac{\partial J}{\partial\theta}\right|_{\theta_0} S^2 + K\cdot\Delta\theta = 0$$

よって，磁気秩序による θ の変化は

$$\Delta\theta = \frac{1}{K}\left.\frac{\partial J}{\partial\theta}\right|_{\theta_0} S^2 \tag{4.20}$$

となる。K, $\partial J/\partial\theta$, S^2 はすべて正であるので，反強磁性が形成されると，θ は 180° に近づくことがわかる。これは直観的にも磁気エネルギーを得する方向である。しかし際限なく 180° に近づくわけではなく，弾性エネルギーで最終的には歯止めがかかる。

直観的にどのような歪みが生じるかをまとめよう。磁気的な秩序が生じる時，それは磁気秩序が生じることによって自由エネルギーが下がっている状況である。そのため，多少の格子歪みによってその磁気秩序をより安定化することができるのであれば，歪んででも磁気的エネルギーの利得を得ようと自然は働く。

この節の前半で計算した，単位胞内部の構造を考える必要がない単純な磁性体の例では，単に交換相互作用 J の距離依存性，$(\partial J/\partial r)$ で決まるように，弾性エネルギー $K\varepsilon^2/2$ が許す範囲で $J\boldsymbol{S}\cdot\boldsymbol{S}$ による利得を大きくするように歪みを発生させた。後半の話は，交換相互作用の経路まで考えに入れている。ここでは磁性由来の格子歪みを求める議論を行ったが，逆に格子歪みが磁気的相互作用にどのような影響を及ぼすか，という形の議論もほぼ同様に行うことができるため，一軸応力やエピタキシャル歪みによる磁性制御なども類似の方法で議論できる。

4.6.3 二量体の形成による歪み

局在スピン 1/2 を持つイオンが隣接している場合を考えよう。状況によっては隣り合うスピンがペアを組んで，シングレット状態 $(|\uparrow\downarrow\rangle - |\downarrow\uparrow\rangle)/\sqrt{2}$ を作ることが想像される。そのような場合，このペアを組んだイオン同士が，共有結合的に結合したと見ることができるため，お互い近づくことが期待される。このような二つの原子（あるいは分子）の対を二量体 (dimer) という。この二量体化は低次元量子スピン系では非常によく見られる。場合によって三つのイオンが組になる三量体 (trimer) が期待される例もある。

第5章
相　転　移

相転移はこれまでの電気的性質，磁気的性質といった区分とは別の区分で取り扱われるべき概念である。ある温度・圧力を定めると，その条件下で自由エネルギーを最も低くする状態が実現されようとする。自由エネルギー最小化のために，気体・液体・固体，あるいは常磁性状態・強磁性・反強磁性などのさまざまな状態が実現される。ここで“状態”と呼んだものを熱力学の用語では“相”と呼ぶ。ある特定の性質を持つ領域がどこまで大きく広がった時に“相”と呼べるかは議論の文脈に左右される。数理的な話をする場合には無限に広がる必要があるし，逆に“ミクロ相分離”などという用語も分野によって存在する[*1]。

ここでは定性的な振る舞いを見るために，ランダウの現象論的な手法で二次転移と一次転移を説明する。このやり方は定量的には現実の系に合わないが，定性的には多くの場合，よい説明を与える。

5.1　ランダウの自由エネルギー

自由エネルギー G[*2]を，位置 $\boldsymbol{r}$ に依存した秩序変数 $\Phi_{\boldsymbol{r}}$，およびそれに共役な場 $h_{\boldsymbol{r}}$ で，次のように級数展開の形の汎関数[*3]で書けると仮定しよう。

$$G[\Phi_{\boldsymbol{r}}] = \int \{A(\nabla\Phi_{\boldsymbol{r}})^2 + A_2(T-T_0)\Phi_{\boldsymbol{r}}^2 + A_4\Phi_{\boldsymbol{r}}^4 + A_6\Phi_{\boldsymbol{r}}^6 - h_{\boldsymbol{r}}\Phi_{\boldsymbol{r}}\} d\boldsymbol{r} \tag{5.1}$$

このような書き方をした自由エネルギーをランダウの自由エネルギーと呼ぶ[*4]。秩序変数，およびそれに共役な場という量は抽象的でイメージしづらいが，強磁性転移を考える場合でいえば，$\Phi_{\boldsymbol{r}}$ と $h_{\boldsymbol{r}}$ はそれぞれ磁化 M と磁場 H に対応す

---

*1　筆者の語感では，いくら基準を緩くしても 100 Å 以上の広がりは必要であろうと感じる。これは普通の実験室の X 線回折計や中性子散乱実験で装置分解能と同程度に細いピークが出る，という基準である。

る[*5]。$\Phi_{\boldsymbol{r}}^2$ の項の係数 $A_2(T-T_0)$ が人工的な感じがするが，ここが相転移を起こす特性を表している部分である。逆にいうと，このように表記されるものが相転移を起こす，ということである。$A_2, A_4 > 0$, $A_6 \geq 0$ の場合は二次転移，$A_4 < 0$, $A_2, A_6 > 0$ の場合は一次転移が生じる。$\Phi_{\boldsymbol{r}}$ の最高次に対する係数が負である場合，$|\Phi_{\boldsymbol{r}}| \to \infty$ で無限に自由エネルギーが小さくなることになってしまい，物理的に意味のある式ではなくなる。そのため，$\Phi_{\boldsymbol{r}}$ の最高次に対する係数は正である必要がある。これら A–A_6 の係数は磁場や圧力の関数であってもよい。$\Phi_{\boldsymbol{r}}$ や $h_{\boldsymbol{r}}$ は一般には位置の関数であるが，右辺全体を $\boldsymbol{r}$ で積分しているため，左辺では位置依存性がなくなっている。

$A(\nabla\Phi_{\boldsymbol{r}})^2$ の項のため，$\Phi_{\boldsymbol{r}}$ は全空間で一定値を取りたがる。一定値でなければ $\nabla\Phi_{\boldsymbol{r}}$ が 0 でない値を持つようになり，その 2 乗が自由エネルギーを上昇させるためである。なお，負の A は $\Phi_{\boldsymbol{r}}$ を空間に対し激しく変動させるように働き，現実を表さなくなるため，$A > 0$ が要求される[*6]。そこで，均一な場の中の熱平衡

*2 教科書によってギブス自由エネルギー G が使われたり，ヘルムホルツ自由エネルギー F が使われたりする。G は温度と圧力を制御する場合，F は温度と体積を制御する場合を考える。通常の固体物理の実験条件では体積を制御することは難しく，圧力一定の条件になるために G を用いた。圧力を意図的に印加する場合を除き，固体では体積変化が通常小さいため，F と G はほとんど同じである。$G = F + PV$ である。

*3 G は $\Phi_{\boldsymbol{r}}$ 全体の分布に応じて変わる関数なので，汎関数と呼ばれる。例えば式 (5.1) を $G = \int\{A(\nabla\Phi_{\boldsymbol{r}})^2 + W(\Phi_{\boldsymbol{r}})\}d\boldsymbol{r}$ と書いた場合の $W(\Phi_{\boldsymbol{r}})$ は $\Phi_{\boldsymbol{r}}$ の関数であるが，あくまで局所的な関係に留まる（言い換えれば $W(\boldsymbol{r})$ と書き換えることが可能である）ため，W は汎関数ではなく，単に関数である。物理系の学生にとって最も身近な汎関数は，解析力学で現れる作用であろう。

もし汎関数の概念が解らなかったとしても，とりあえずは関数みたいなものだ，と思って進んでしまってほしい。この章のかなりの部分は，汎関数の知識を必要としない。

*4 熱力学的には自由エネルギーは $\Phi_{\boldsymbol{r}}$ に対して下に凸であることが要求される。このランダウの自由エネルギーはその要件を満たさないことなどを理由に，擬似自由エネルギーと呼ばれることもある。どちらにせよ，この議論は定量的に何かをいうためのものではなく，物理を理解するための見通しのよい模型という位置づけである。

*5 ただし具体的な物質を考えた時に，何を秩序変数と呼ぶべきかは自明でないことが多い。また，反強磁性の秩序変数はしばしば磁気モーメントの振幅とされるが，これに対応する共役な場は，反強磁性構造の周期に応じて空間的に変調した磁場 (staggered field) であり，実験的にそのような場を作ることはできない。

*6 $A < 0$ の場合，高次の項 $A'(\nabla^2\Phi_{\boldsymbol{r}})^2$ を導入して $A' > 0$ を要求することで，無制限に秩序変数が空間変化するのを抑えることができる。このような場合に関する考察は 10.5.2 項を参照。

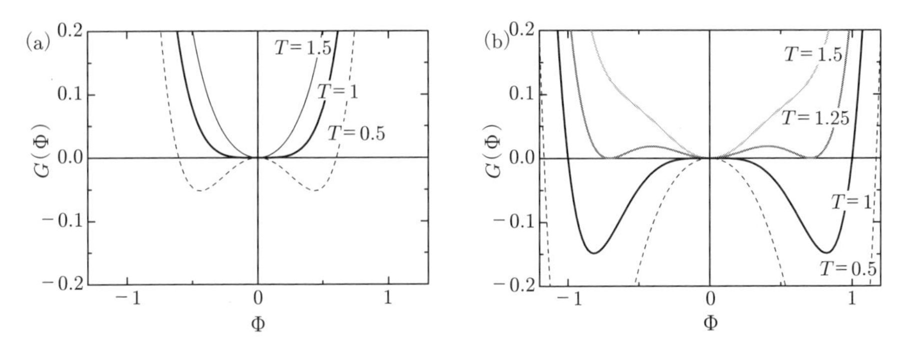

図 5.1　いくつかの温度での式 (5.2) による自由エネルギー G の秩序変数 Φ 依存性。(a) 二次転移が起こる場合 ($A_2 = A_4 = A_6 = 1$), (b) 一次転移が起こる場合 ($A_4 = -1,\ A_2 = A_6 = 1$)。温度の単位は T_0 に選んだ。

状態を考えることにして，いったん $\Phi_{\boldsymbol{r}}$ と $h_{\boldsymbol{r}}$ の位置依存性をないものとしよう。そうすると，式 (5.1) の積分は単なる定数（体積）倍になり，次のような位置依存性をなくした形の式を用いることができる。

$$G(\Phi) = A_2(T - T_0)\Phi^2 + A_4\Phi^4 + A_6\Phi^6 - h\Phi \tag{5.2}$$

こうなると G はもはや汎関数と扱う必要はなく，ただの Φ の関数である。秩序変数が位置に依存しない場合，つまり二相共存状態や，強磁性体でいえば磁区構造のような意味でのドメイン境界について考察するのでなければ，この式を用いることができる。典型的な $G(\Phi)$ のグラフを $h = 0$ の場合について図 5.1 に示した[*7]。

相転移に伴い，平衡状態の性質を反映したさまざまな物性が変化する。この変化は Φ の関数で書くことができるはずである。例えば強磁性体の体積磁歪（磁化に伴う体積変化）が磁化の 2 乗に比例することは 4.6 節ですでに述べた。強磁性の場合の秩序変数の平均 $\langle\Phi\rangle$ は磁化なので，確かに体積磁歪は $\langle\Phi\rangle$ の関数になって

*7　式 (5.1) と式 (5.2) では空間積分の有無の分，形式的には体積の次元分だけ次元が合わなくなる。式 (5.2) の A_n や h は式 (5.1) の対応するパラメータに体積を乗じたものと読み替える。自由エネルギーは示量性の変数であるため，体積（あるいは物質量）に比例するのは当然である。以下，全体の体積は 1 であるように扱い，議論から外す。

いる。一方，比熱のように揺らぎを反映した量は単純な $\langle \Phi \rangle$ の関数にならない[*8]。

この後，まず式 (5.2) を基に二次相転移，一次相転移の現象論を示した後，Φ の空間分布を考えに入れた式 (5.1) に基づくドメイン境界の動きに関する考察を行う。

5.2　二次相転移

二次相転移の定義は，自由エネルギーの温度（あるいは，圧力や磁場誘起の相転移であれば圧力，磁場といった示強変数）に対する一次導関数は連続であるが，二次導関数が跳びまたは発散を示すことである。式 (5.2) で $A_2, A_4 > 0$，$A_6 \geq 0$ とすると，外場がない場合の自由エネルギー G は図 5.1(a) のようになる。安定な Φ は図 5.1(a) の極小を与える。そのような Φ は，$\partial G/\partial \Phi = 0$ となる Φ として得られる[*9]。この条件は式 (5.2) を Φ で微分することで次式のように書ける。

$$\frac{\partial G}{\partial \Phi} = 2A_2(T - T_0)\Phi + 4A_4\Phi^3 + 6A_6\Phi^5 - h = 0 \tag{5.3}$$

これが平衡状態の必要条件である。図 5.1(a) からわかるように，$T > T_0$ では G の極小は $\Phi = 0$ にあるが，$T < T_0$ では $\Phi \neq 0$ に二つの極小が現れる。つまり，T_0 は相転移点であり，極小が熱平衡で実現される状態である。どちらに落ちるかは偶然に左右され，現実の物質では通常，場所によって別々の方向に落ち着いてドメイン構造を形成する。

5.2.1　$\boldsymbol{A_6 = 0}$ の場合

二次転移の場合，$A_2(T-T_0)\Phi^2$ の項が，$T > T_0$ で下に凸の状態から，$T < T_0$ で上に凸に変化し，これと $A_4\Phi^4$ の項が常に下に凸であることの兼ね合いで図 5.1(a) の特徴を形成している。Φ^6 の項はまったく本質的な働きをしていないので，まずは $A_6 = 0$ の場合を考える。

---

*8　比熱に関しては式 (2.23) に式 (5.2) を代入して求めることになる。Φ は温度依存性を持つ点に注意する。

*9　これは必要条件であって十分条件ではない。自由エネルギーの極大でもこの条件は満たすためである。

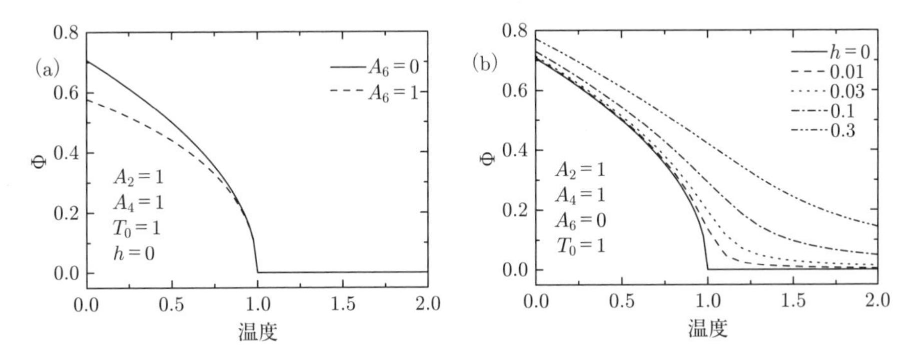

図 5.2　(a) 外場がない場合の二次転移の様子。実線は $A_6 = 0$ の場合，破線は $A_6 \neq 0$ の場合。転移点近傍での振る舞いに A_6 は影響しない。(b) $A_6 = 0$ の場合に対する外場 h 依存性。$A_6 \neq 0$ でも外場の効果はこの図と似ている。

外場のない場合

$A_6 = 0$ かつ $h = 0$ であれば，式 (5.3) の条件は

$$\frac{\partial G}{\partial \Phi} = 2\Phi\left[A_2(T - T_0) + 2A_4\Phi^2\right] = 0$$

となる。これは $\Phi = 0$ を常に解として持つ。加えて，$T < T_0$ では $[\cdots] = 0$ を実現する Φ も解となる。解は

$$\Phi = \begin{cases} 0 \\ \pm\sqrt{\dfrac{A_2}{2A_4}(T_0 - T)} \end{cases} \tag{5.4}$$

となる。$T < T_0$ では $\Phi = 0$ が G の極大を与えるため，低温で実現される Φ は非ゼロの解の方である。こうして求めた秩序変数 Φ の温度依存性を図 5.2(a) に実線で示した。

外場の影響

外場に対する応答は感受率 $\chi = \partial\Phi/\partial h$ によって表されるので，χ を知ることを目的とする。式 (5.3) の条件は

$$\frac{\partial G}{\partial \Phi} = 2A_2(T - T_0)\Phi + 4A_4\Phi^3 - h = 0 \tag{5.5}$$

あるいは

$$h = 2A_2(T - T_0)\Phi + 4A_4\Phi^3$$

と書きなおすことができる。この式の両辺を Φ で微分することで

$$\frac{1}{\chi} = \frac{\partial h}{\partial \Phi} = 2A_2(T - T_0) + 12A_4\Phi^2 \tag{5.6}$$

を得る。式 (5.6) の Φ に式 (5.4) を入れれば実用的な答えとなる。$T > T_0$ では $\Phi = 0$, $T < T_0$ では $\Phi = \pm\sqrt{A_2(T_0 - T)/2A_4}$ を代入して,

$$\frac{1}{\chi} = \begin{cases} 2A_2(T - T_0) & (T > T_0) \\ 4A_2(T_0 - T) & (T < T_0) \end{cases}$$

を得る[*10]。

感受率ではなく Φ そのものの温度依存性に対する外場の影響を確認しよう。式 (5.5) の条件は三次方程式であるので解析的に解くことも不可能ではないが，まったく見通しがよくならない形の解になるので，数値解を図 5.2(b) に示した。転移点近傍での秩序変数 Φ の変化がなだらかになり，また転移点以上で 0 でない秩序変数の値を与えるようになるのが外場の効果である。

外場の効果を定性的に考えよう。図 5.1(a) の自由エネルギーのプロファイルを見ると，転移点の温度 ($T = 1$) で最低エネルギー付近のプロファイルが平坦になっている（曲率が小さい，あるいは $\partial^2 G/\partial\Phi^2$ が小さい）ことがわかる。これは Φ に対する“復元力”が緩く，小さな外場 h によって大きな Φ が誘起されることを意味する。これは，式 (5.6) に示される，感受率の逆数が $h = 0$ での $\partial^2 G/\partial\Phi^2$ になることに対する直観的な意味づけである[*11]。図 5.1(a) を再び見よう。転移

*10　この高温側の感受率は，磁性の分野でキュリー–ワイスの法則として知られている式と一致する。T_0 がキュリー温度あるいはワイス温度，$(2A_2)^{-1}$ がキュリー定数に対応する。磁性の教科書では，キュリー–ワイスの法則はハミルトニアンを仮定して磁化の統計平均を求める形で導出することが多いが，ここでは具体的なハミルトニアンに関する考察なしで同じ結論が得られている点が面白い。

*11　直観は人によって異なるので，この説明がわかりづらければ直接式を見てイメージを作り上げれば良い。理論家がどう世界を見ているか筆者は知らないが，実験家は式を直観的にイメージしておいたほうが良いだろう。

点より高温側 ($T = 1.5$)，低温側 ($T = 0.5$) どちらを見ても，最低エネルギー付近での $G(\Phi)$ の曲率が大きく，同じ外場 h を加えた時の Φ の変化は，転移点での変化に比べ小さくなることが読み取れる。そのため，感受率は転移点で発散を示し，転移点から高温側，低温側どちらに離れても小さくなる。念のために強磁性転移の場合について具体的に書くと次のようになる。高温の常磁性相から温度を下げていくと，強磁性転移点で磁化率が無限大に発散し，さらに低温では磁化率は 0 に近づく（磁化曲線を思い浮かべるとわかるように，強磁性の物質に少々磁場をかけても，自発磁化ですでにほぼすべてモーメントが平行になっているため，それ以上磁化が増大するものでもない点に注意しよう）。

相 関 長

相転移に伴い，新たに形成される相の相関長がどのように発達するかは注目に値する。これを議論するには，全体の秩序変数が空間変化しないと取り扱う式 (5.2) では不足であり，秩序変数の空間依存性を残した式 (5.1) が必要となる。これに関する議論は 5.3 節で行う。ここでは結論だけ先取りしておこう。式 (5.1) の多数の係数のうち，明確な次元を持った組み合わせが一つある。∇ は長さの逆数の次元 (L^{-1}) を持つため，$(\nabla\Phi_{\boldsymbol{r}})^2$ は $\Phi_{\boldsymbol{r}}^2$ に比べて L^{-2} だけ次元が異なる。これを埋め合わせるために A と $A_2(T - T_0)$ の次元は L^2 だけ異なる。つまり，$\xi \equiv \sqrt{A/[A_2(T - T_0)]}$ は長さの次元を持つ。この ξ は系を特徴づける長さスケールであるはずである。実はこれが転移点近傍での揺らぎの長さスケールを表し，相関長と呼ばれる。相関長は $T - T_0$ が 0 になる温度，つまり転移点で発散する。

相転移前後の対称性の関係

二次相転移は転移前後が連続につながるのが特徴である。低温相では，高温相が持っていた対称性のうちどれかが破れている。高温側で存在した対称要素が取り除かれているといってもよい。その対称性の破れ方が無限小の状態が，転移点での状況である。これを群論の言葉で表現すると，低温相の属する空間群は高温相の空間群の部分群 (subgroup) に属する，といえる。本書では群論に関する説明を行わないので詳細は他の教科書に譲り，単に群論の結果を用いる立場でのみ記しておく。International Tables for Crystallography[*12] [24]の各空間群のページに，それぞれの maximal subgroup の一覧がある。二次転移の低温相の空間群は高温相の空間群の subgroup であり，maximal subgroup である必要はないため，低温相の空間群を探すのであれば，高温相の空間群の maximal subgroup だけでなく，その下，さらに下... までが可能性を持つことになる。

5.2.2　$\boldsymbol{A_6 \neq 0}$ の場合

ここまで，$A_6 = 0$ として様子を見てきた。A_6 を残した場合の計算を以下に示しておく。A_6 を入れることで影響を受ける部分は二次相転移現象の本質ではない部分である。別の観点では，物質の個性を反映する部分であるともいえよう。一次相転移を扱う時には A_6 の項を取り入れる必要がある。

まずは外場がない場合から始めよう。式 (5.3) の条件は次のようになる。

$$\frac{\partial G}{\partial \Phi} = 2\Phi \left[A_2(T - T_0) + 2A_4\Phi^2 + 3A_6\Phi^4\right] = 0 \tag{5.7}$$

これは $\Phi = 0$ を常に解として持つ。加えて，$[\cdots] = 0$ を Φ^2 の二次方程式と見なして解いた解が $T < T_0$ では存在する（$T > T_0$ ではこの二次方程式は実数解を持たない）。解は

$$\Phi = \begin{cases} 0 \\ \pm\sqrt{\dfrac{-A_4 + \sqrt{A_4^2 - 3A_2A_6(T - T_0)}}{3A_6}} \end{cases} \tag{5.8}$$

となる[*13]。こうして求めた秩序変数 Φ の温度依存性を図 5.2(a) に破線で示した。$A_6 = 0$ の場合と比較すると，転移点近傍では A_6 の有無はほとんど意味を持たない様が見てとれる。A_6 の影響が出るのは転移点よりずっと低温になってからである。

続いて外場 h を導入する。

$$\frac{\partial G}{\partial \Phi} = 2A_2(T - T_0)\Phi + 4A_4\Phi^3 + 6A_6\Phi^5 - h$$

---

*12　IUCr で作った，結晶学に関するさまざまな表や定義がまとめられた本である。三次元の並進対称性と両立する 230 の空間群一覧は，結晶学にあまりなじみのない物性物理学者にもよく参照される。

上式が0であることが平衡状態の必要条件である。この条件を書き換えると

$$h = 2A_2(T - T_0)\Phi + 4A_4\Phi^3 + 6A_6\Phi^5$$

であり，両辺を Φ で微分すると

$$\frac{1}{\chi} = \frac{\partial h}{\partial \Phi} = 2A_2(T - T_0) + 12A_4\Phi^2 + 30A_6\Phi^4 \tag{5.9}$$

となる。式 (5.9) と式 (5.6) の違いは Φ^4 の項の有無だけであるので，$\Phi \ll 1$ ではこの二つは一致する。

5.3 秩序変数の空間依存性と相関長*14

式 (5.1) を用いて揺らぎを記述し，秩序変数の揺らぎの空間相関がどのように書けるか考察しよう。二次相転移を考える。なるべく問題を簡単にするため，A_6 と h を 0 に選ぶ。安定した状態からの揺らぎを考えるので，次のような量を定義しよう: G の極小を与える秩序変数を $\langle\Phi\rangle$ とする。位置 $\boldsymbol{r}$ における秩序変数 $\Phi_{\boldsymbol{r}}$ の $\langle\Phi\rangle$ からのズレ（秩序変数の揺らぎ）$\Phi_{\boldsymbol{r}} - \langle\Phi\rangle$ を $\phi_{\boldsymbol{r}}$ とする。

*13 当然ながらこれは $\lim_{A_6 \to +0}$ の場合は式 (5.4) と一致する。この極限では，

$$\begin{aligned}
&\pm\sqrt{\frac{-A_4 + \sqrt{A_4^2 - 3A_2A_6(T - T_0)}}{3A_6}} \\
&= \pm\sqrt{\frac{A_4}{3A_6}\left(-1 + \left[1 - \frac{3A_2A_6}{A_4^2}(T - T_0)\right]^{1/2}\right)} \\
&\simeq \pm\sqrt{\frac{A_4}{3A_6}\left(-1 + \left[1 - \frac{1}{2}\frac{3A_2A_6}{A_4^2}(T - T_0)\right]\right)} \\
&= \pm\sqrt{\frac{A_2}{2A_4}(T_0 - T)}
\end{aligned}$$

となる。なお，単に式を解くと

$$\pm\sqrt{\frac{-A_4 - \sqrt{A_4^2 - 3A_2A_6(T - T_0)}}{3A_6}}$$

も解になりそうであるが，これは $A_4 > 0$ なので常に虚数解となる。

*14 この節は計算が極度に煩雑なため，最初は読み飛ばしても構わない。

空間揺らぎを具体的に考えるために，二体相関関数 $\langle \phi_{\mathbf{0}}\phi_{\boldsymbol{r}} \rangle$ を考えよう。$\langle \phi_{\mathbf{0}}\phi_{\boldsymbol{r}} \rangle$ は，試料体積を V として

$$\langle \phi_{\mathbf{0}}\phi_{\boldsymbol{r}} \rangle = \frac{1}{V}\int \phi_{\boldsymbol{R}}\phi_{\boldsymbol{R}+\boldsymbol{r}} d\boldsymbol{R} \tag{5.10}$$

で定義される。この量の意味は，ある位置 $\boldsymbol{R}$ と，そこから $\boldsymbol{r}$ だけ離れた二点での ϕ の類似度合いの指標である。距離 $\boldsymbol{r}$ 離れた二点が常に同じ ϕ を持つならば $\langle \phi_{\mathbf{0}}\phi_{\boldsymbol{r}} \rangle = \phi^2 > 0$ となる（正の相関と呼ぶ）。距離 $\boldsymbol{r}$ の間に ϕ の符号が反転するならば $\langle \phi_{\mathbf{0}}\phi_{\boldsymbol{r}} \rangle < 0$（負の相関）となり，ランダムであれば $\langle \phi_{\mathbf{0}}\phi_{\boldsymbol{r}} \rangle = 0$（無相関）となる。$\phi_{\boldsymbol{r}} = \sum_{\boldsymbol{q}} \phi_{\boldsymbol{q}} e^{-i\boldsymbol{q}\cdot\boldsymbol{r}}$ とフーリエ変換して波数に分解しよう*15。

$$\begin{aligned}
\langle \phi_{\mathbf{0}}\phi_{\boldsymbol{r}} \rangle &= \frac{1}{V}\int \phi_{\boldsymbol{R}}\phi_{\boldsymbol{R}+\boldsymbol{r}} d\boldsymbol{R} \\
&= \frac{1}{V}\int \left[\sum_{\boldsymbol{q}} \phi_{\boldsymbol{q}} e^{-i\boldsymbol{q}\cdot\boldsymbol{R}}\right]\left[\sum_{\boldsymbol{q}'} \phi_{\boldsymbol{q}'} e^{-i\boldsymbol{q}'\cdot\boldsymbol{R}} e^{-i\boldsymbol{q}'\cdot\boldsymbol{r}}\right] d\boldsymbol{R} \\
&= \frac{1}{V}\int \sum_{\boldsymbol{q},\boldsymbol{q}'} \phi_{\boldsymbol{q}}\phi_{\boldsymbol{q}'} e^{-i(\boldsymbol{q}+\boldsymbol{q}')\cdot\boldsymbol{R}} e^{-i\boldsymbol{q}'\cdot\boldsymbol{r}} d\boldsymbol{R}
\end{aligned}$$

$\boldsymbol{R}$ に関する積分を行うと，$\boldsymbol{q}+\boldsymbol{q}'$ が $\mathbf{0}$ の組み合わせだけが値を持つ*16。$\phi_{\boldsymbol{r}}$ は実数であるが $\phi_{\boldsymbol{q}}$ は複素数であるため，$\phi_{\boldsymbol{q}} = \phi^*_{-\boldsymbol{q}}$ が要求される*17。この関係を用い，どうせ消える $\boldsymbol{q}' \neq -\boldsymbol{q}$ を最初から式から除外して，

---

*15　秩序変数は単位胞に比べて大きな体積をまとめて見る形で定義されるため，フーリエ変換で考える波数 $\boldsymbol{q}$ はブリルアンゾーンに比べて小さい範囲に限定される。

*16　$\boldsymbol{q}+\boldsymbol{q}' \neq \mathbf{0}$ では，振動する量の積分になるため，0 になる。

*17　念のために明示的に示しておく。

$$\begin{aligned}
\phi_{\boldsymbol{r}} &= \sum_{\boldsymbol{q}} \phi_{\boldsymbol{q}} e^{-i\boldsymbol{q}\cdot\boldsymbol{r}} \\
&= \frac{1}{4}\sum_{\boldsymbol{q}} \left[(\phi_{\boldsymbol{q}}+\phi_{-\boldsymbol{q}})(e^{-i\boldsymbol{q}\cdot\boldsymbol{r}}+e^{i\boldsymbol{q}\cdot\boldsymbol{r}}) + (\phi_{\boldsymbol{q}}-\phi_{-\boldsymbol{q}})(e^{-i\boldsymbol{q}\cdot\boldsymbol{r}}-e^{i\boldsymbol{q}\cdot\boldsymbol{r}})\right] \\
&= \frac{1}{2}\sum_{\boldsymbol{q}} \left[(\phi_{\boldsymbol{q}}+\phi_{-\boldsymbol{q}})\cos(\boldsymbol{q}\cdot\boldsymbol{r}) - i(\phi_{\boldsymbol{q}}-\phi_{-\boldsymbol{q}})\sin(\boldsymbol{q}\cdot\boldsymbol{r})\right]
\end{aligned}$$

（1 行目から 2 行目が正しいことは，2 行目の [　] 内を展開すれば確認できる）これが実数であるので，$Im(\phi_{\boldsymbol{q}}) + Im(\phi_{-\boldsymbol{q}}) = 0,\ Re(\phi_{\boldsymbol{q}}) - Re(\phi_{-\boldsymbol{q}}) = 0$ が要求される。これは $\phi_{\boldsymbol{q}}$ と $\phi_{-\boldsymbol{q}}$ は実部が等しく，虚部の符号が逆という要求なので，$\phi_{\boldsymbol{q}} = \phi^*_{-\boldsymbol{q}}$ と結論できる。

$$\begin{aligned}\langle\phi_{\boldsymbol{0}}\phi_{\boldsymbol{r}}\rangle &= \frac{1}{V}\int\sum_{\boldsymbol{q}}\phi_{\boldsymbol{q}}\phi_{-\boldsymbol{q}}e^{i\boldsymbol{q}\cdot\boldsymbol{r}}d\boldsymbol{R} \\ &= \frac{1}{V}\int\sum_{\boldsymbol{q}}\phi^*_{-\boldsymbol{q}}\phi_{-\boldsymbol{q}}e^{i\boldsymbol{q}\cdot\boldsymbol{r}}d\boldsymbol{R} \\ &= \frac{1}{V}\int\sum_{\boldsymbol{q}}\phi_{\boldsymbol{q}}\phi^*_{\boldsymbol{q}}e^{-i\boldsymbol{q}\cdot\boldsymbol{r}}d\boldsymbol{R} \\ &= \sum_{\boldsymbol{q}}\langle|\phi_{\boldsymbol{q}}|^2\rangle e^{-i\boldsymbol{q}\cdot\boldsymbol{r}} \end{aligned} \tag{5.11}$$

を得る。ここで $\int\phi_{\boldsymbol{q}}\phi^*_{\boldsymbol{q}}d\boldsymbol{R} = V\langle|\phi_{\boldsymbol{q}}|^2\rangle$ とした。

$\langle|\phi_{\boldsymbol{q}}|^2\rangle$ を求めれば二体相関関数がわかる。$\phi_{\boldsymbol{q}}$ は平均からのズレのフーリエ成分であるから，$\langle\phi_{\boldsymbol{q}}\rangle = 0$ である。そのため，$\langle|\phi_{\boldsymbol{q}}|^2\rangle = \langle|\phi_{\boldsymbol{q}}|^2\rangle - \langle\phi_{\boldsymbol{q}}\rangle^2$ といってよい。これは $\phi_{\boldsymbol{q}}$ の分散である。$\phi_{\boldsymbol{q}}$ の分布を調べ，その分散を求めれば，それが $\langle|\phi_{\boldsymbol{q}}|^2\rangle$ であり，そのフーリエ変換が二体相関関数 $\langle\phi_{\boldsymbol{0}}\phi_{\boldsymbol{r}}\rangle$ である。

では $\phi_{\boldsymbol{q}}$ の分布を知るため，$\phi_{\boldsymbol{q}}$ が実現する確率密度を調べよう。秩序変数 $\Phi_{\boldsymbol{r}}$ の状態と $\langle\Phi\rangle$ の状態の実現確率の比を $P(\Phi_{\boldsymbol{r}})/P(\langle\Phi\rangle)$ と書こう。これは，自由エネルギー密度 $G(\Phi_{\boldsymbol{r}})$（式 (5.1) 右辺の被積分関数）を用いて

$$\frac{P(\Phi_{\boldsymbol{r}})}{P(\langle\Phi\rangle)} = \exp[-\beta\{G(\Phi_{\boldsymbol{r}}) - G(\langle\Phi\rangle)\}] \equiv \exp[-\beta\{g(\phi_{\boldsymbol{r}})\}]$$

で与えられる。ここで $g(\phi_{\boldsymbol{r}})$ は次のように定義した。

$$g(\phi_{\boldsymbol{r}}) \equiv G(\Phi_{\boldsymbol{r}}) - G(\langle\Phi\rangle) = G(\langle\Phi\rangle + \phi_{\boldsymbol{r}}) - G(\langle\Phi\rangle)$$

転移点より高温側に注目すると，$\langle\Phi\rangle = 0,\ \phi = \Phi$ となる。自由エネルギー密度の最低次の項だけ残して進める。

$$g(\phi_{\boldsymbol{r}}) = A(\nabla\phi_{\boldsymbol{r}})^2 + A_2(T - T_0)\phi_{\boldsymbol{r}}^2$$

あるゆらぎの状態 $(\phi_{\boldsymbol{r}_0}, \phi_{\boldsymbol{r}_1}, \cdots, \phi_{\boldsymbol{r}_n})$ が実現する確率密度を書き下そう。

$$\begin{aligned} P(\phi_{\boldsymbol{r}_0}, \phi_{\boldsymbol{r}_1}, \cdots, \phi_{\boldsymbol{r}_n}) &= \prod_{\boldsymbol{r}}\exp\left[-\beta g(\phi_{\boldsymbol{r}})\right] \\ &= \prod_{\boldsymbol{r}}\exp\left[-\beta\{A(\nabla\phi_{\boldsymbol{r}})^2 + A_2(T - T_0)\phi_{\boldsymbol{r}}^2\}\right] \end{aligned} \tag{5.12}$$

$$= \exp\left[-\beta\sum_{\boldsymbol{r}}\left\{A(\nabla\phi_{\boldsymbol{r}})^2 + A_2(T-T_0)\phi_{\boldsymbol{r}}^2\right\}\right] \quad (5.13)$$

式 (5.12) の指数関数を見ると，$\exp[-(\nabla\phi_{\boldsymbol{r}})^2]$ と $\exp[-\phi_{\boldsymbol{r}}^2]$ の積の形をしており，$\nabla\phi$ や ϕ に対するガウス関数の形に見える。微分演算子が入っていると計算が困難であるが，このような場合はフーリエ変換することで計算を進められる。

$$\phi_{\boldsymbol{r}} = \sum_{\boldsymbol{q}} \phi_{\boldsymbol{q}} \exp[-i\boldsymbol{q}\cdot\boldsymbol{r}] \quad (5.14)$$

$$\nabla\phi_{\boldsymbol{r}} = \sum_{\boldsymbol{q}} -i\boldsymbol{q}\phi_{\boldsymbol{q}} \exp[-i\boldsymbol{q}\cdot\boldsymbol{r}] \quad (5.15)$$

式 (5.13) の指数関数の内部の $\boldsymbol{r}$ に関する和を積分で置き換えて計算しよう。ただの係数を除けば，$\phi_{\boldsymbol{r}}^2$ の積分と，$(\nabla\phi_{\boldsymbol{r}})^2$ の積分に分けられる。前者は式 (5.14) を代入して次のように計算できる。

$$\begin{aligned}\int \phi_{\boldsymbol{r}}^2 d\boldsymbol{r} &= \int \left(\sum_{\boldsymbol{q}} e^{-i\boldsymbol{q}\cdot\boldsymbol{r}}\phi_{\boldsymbol{q}} \sum_{\boldsymbol{q}'} e^{-i\boldsymbol{q}'\cdot\boldsymbol{r}}\phi_{\boldsymbol{q}'}\right) d\boldsymbol{r} \\ &= \int \left(\sum_{\boldsymbol{q},\boldsymbol{q}'} e^{-i(\boldsymbol{q}+\boldsymbol{q}')\cdot\boldsymbol{r}}\phi_{\boldsymbol{q}}\phi_{\boldsymbol{q}'}\right) d\boldsymbol{r} \\ &= V\sum_{\boldsymbol{q}} |\phi_{\boldsymbol{q}}|^2\end{aligned}$$

ここで $\int \exp[-i(\boldsymbol{q}+\boldsymbol{q}')\cdot\boldsymbol{r}]d\boldsymbol{r} = V\delta_{\boldsymbol{q},-\boldsymbol{q}'}$（$\boldsymbol{q} \neq -\boldsymbol{q}'$ では振動関数を積分することになってゼロになる）および $\phi_{-\boldsymbol{q}} = \phi_{\boldsymbol{q}}^*$ の関係[*18]を用いた。同様に $(\nabla\phi_{\boldsymbol{r}})^2$ の積分は，式 (5.15) を代入することで

$$\int (\nabla\phi_{\boldsymbol{r}})^2 d\boldsymbol{r} = V\sum_{\boldsymbol{q}} q^2|\phi_{\boldsymbol{q}}|^2$$

を得る。

以上の計算結果を用いて揺らぎの確率密度である式 (5.13) を書きなおすと次のようになる。

---

*18　念のため：124 ページ脚注に説明した $\phi_{\boldsymbol{q}} = \phi_{-\boldsymbol{q}}^*$ は $\phi_{-\boldsymbol{q}} = \phi_{\boldsymbol{q}}^*$ と同義である。

$$
\begin{aligned}
P(\phi_{\boldsymbol{r}_0}, \phi_{\boldsymbol{r}_1}, \cdots, \phi_{\boldsymbol{r}_n}) &= \exp\left[-\beta \sum_{\boldsymbol{r}} \{A(\nabla \phi_{\boldsymbol{r}})^2 + A_2(T-T_0)\phi_{\boldsymbol{r}}^2\}\right] \\
&= \exp\left[-\beta V \sum_{\boldsymbol{q}} \{Aq^2 + A_2(T-T_0)\}|\phi_{\boldsymbol{q}}|^2\right] \\
&= \prod_{\boldsymbol{q}} \exp\left[-\beta V \left\{Aq^2 + A_2(T-T_0)\right\} |\phi_{\boldsymbol{q}}|^2\right] \qquad (5.16) \\
&= P(\phi_{\boldsymbol{q}_0}, \phi_{\boldsymbol{q}_1}, \cdots, \phi_{\boldsymbol{q}_n})
\end{aligned}
$$

もともと，ある揺らぎの状態が生じる確率密度を表す式であったので，その揺らぎの状態を $\boldsymbol{r}$ で表現しても $\boldsymbol{q}$ で表現しても，式の持つ情報は変わらない。式 (5.16) は $\phi_{\boldsymbol{q}}$ に対するガウス関数になっており，その幅 (標準偏差) は $[\beta V\{Aq^2 + A_2(T-T_0)\}]^{-1/2}$ である。式 (5.11) 近辺の議論から，$\langle \phi_{\boldsymbol{0}} \phi_{\boldsymbol{r}} \rangle$ は $\phi_{\boldsymbol{q}}$ の分散のフーリエ変換であった。分散は標準偏差の 2 乗であるから，今や揺らぎの二体相関関数 $\langle \phi_{\boldsymbol{0}} \phi_{\boldsymbol{r}} \rangle$ は計算できる。

$$
\langle \phi_{\boldsymbol{0}} \phi_{\boldsymbol{r}} \rangle = \sum_{\boldsymbol{q}} [\beta V\{Aq^2 + A_2(T-T_0)\}]^{-1} e^{-i\boldsymbol{q}\cdot\boldsymbol{r}}
$$

$[\beta V\{Aq^2 + A_2(T-T_0)\}]^{-1}$ は q に関するローレンツ関数である。$\langle \phi_{\boldsymbol{0}} \phi_{\boldsymbol{r}} \rangle$ はそのフーリエ変換である。ローレンツ関数のフーリエ変換は指数関数で書ける。フーリエ変換の公式

$$
\int \frac{1}{\chi^2 + q^2} \frac{\exp[-i\boldsymbol{q}\cdot\boldsymbol{r}]}{(2\pi)^3} d\boldsymbol{q} = \frac{\exp[-\chi r]}{4\pi r}
$$

を用いよう。上の式の χ にあたるのは $\sqrt{A_2(T-T_0)/A}$ である。右辺を見ると，$\exp[-\chi r]$ の特徴的な長さ（つまり相関長）は $1/\chi$ であるから，この相関長は $\sqrt{A/[A_2(T-T_0)]}$ である。この量は，121 ページで示した相関長 ξ そのものである。

ξ は温度 T が T_0 に近づくにつれて増大し，転移点で発散する。転移点より低温側でも同様の計算ができ，転移点より低温側から転移点に近づいた時も $(T_0-T)^{-1/2}$ に比例した相関長の発散が期待される。この意味は，転移点で成立した秩序構造がより低温で再び崩れるわけでは，当然ながらない。あくまで揺らぎの相関長をここでは議論しており，転移点より十分低温では平均的な秩序は長距離に発達し

ているうえで，その揺らぎが無相関にしか起こらないことを意味している。

5.4 一次相転移

一次相転移の定義は，自由エネルギーの，温度（あるいは，圧力や磁場誘起の相転移であれば圧力，磁場といった示強変数）に対する一次導関数が跳びまたは発散を示すことである。

すでに述べたとおり，式 (5.1) で $A_4 < 0,\ A_2, A_6 > 0$ の場合に一次相転移が生じる。これは図 5.1(b) に示したような自由エネルギーの Φ 依存性を与える。重要な特徴は，Φ の極小が 0 と非 0 の 2 か所に現れる温度が存在するという点である。この特徴によって，二次転移のように連続的につながる二つの相の間の転移ではなく，まったく異なる相の間の転移が生じる。また，転移に伴って過冷却や過熱[*19]が生じる。

二次相転移との違い：ポテンシャル障壁

図 5.1(b) に沿って一次相転移の様子を見てみよう。高温では自由エネルギーの極小は一つであり，$\Phi = 0$ のみが実現される（図中の $T = 1.5$ の線）。ある程度温度を下げてくると $\Phi = 0$ の極小に加えて $\Phi \neq 0$ の極小が現れる ($T = 1.25$)。さらに温度を下げると $\Phi \neq 0$ の極小が最小になる。最終的には $\Phi = 0$ は極小ではなく極大になる ($T = 1$)。正しい意味での相転移点は，$\Phi = 0$ の極小での自由エネルギーと $\Phi \neq 0$ の極小でのそれが一致する温度で定義される。実際に転移が生じる時には，二つの極小の間のポテンシャル障壁を熱揺らぎで飛び越える必要がある。過冷却や過熱の幅，あるいはヒステリシスの幅は，このポテンシャル障壁の高さと転移温度での熱エネルギーとの比率で決まる。ある相のエネルギーが十分に低くなったとしても，間のポテンシャル障壁が非常に高ければ，実質的にその安定相に到達することができない。液体から固体への相転移では，結晶の周期配列を実現するために超えるポテンシャル障壁が高い場合，アモルファス化する。例として共有結合結晶である SiO_2 を考える。酸素が 2 本しか結合手を持た

*19 過冷却の逆は過加熱といいたくなるが，過熱という用語が決まっている。過熱状態にある液体に刺激を与えると突沸が生じる。

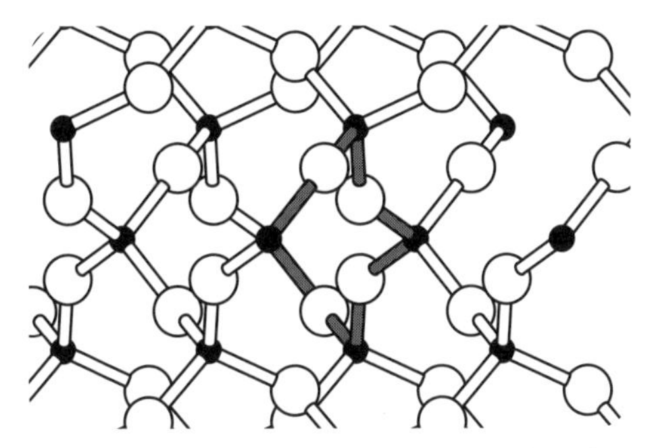

図 5.3 結晶相の SiO_2 (α-quartz) の構造。黒丸が Si，白丸が酸素を表す。灰色のボンドで Si–O の四員環構造を示した。

ないため，$\cdots$–O–Si–O–Si–O–$\cdots$ とたどることができ，図 5.3 の灰色で示したように四つの Si が最小単位となって環を形成している。共有結合は非常に高いエネルギーで形成されるため，液相でも共有結合のつながり方はなかなか変わらない。逆に非常に高い温度から冷却してきた場合のように，液体の短距離秩序として異なる大きさの環を多く含んでいるならば，結晶化するために Si–O 共有結合を一度切る必要が出る。これが非常に大きなポテンシャル障壁となるため，SiO_2 はアモルファス化しやすい。

外場のない場合

外場がない場合の転移を考えよう。式のうえでは 5.2.2 項と同じであるが，A_4 が負である点だけが違う。安定な状態は式 (5.7) の条件を満たすことが要求される。その結果，

$$\Phi = \begin{cases} 0 & = \Phi_0 \\ \pm\sqrt{\dfrac{-A_4 - \sqrt{A_4^2 - 3A_2A_6(T-T_0)}}{3A_6}} & = \pm\Phi_1 \\ \pm\sqrt{\dfrac{-A_4 + \sqrt{A_4^2 - 3A_2A_6(T-T_0)}}{3A_6}} & = \pm\Phi_2 \end{cases} \tag{5.17}$$

の 3 種の解が得られる。上から Φ の絶対値が小さい順に並べた。一つ目の解 Φ_0 は常に存在するが，T が T_0 より低温になるとこの解は極大になる。二つ目の解 Φ_1 は図 5.1(b) の $T = 1.25$ のグラフに見られる極大に対応する。この極大は狭

い温度域でしか見られない。式のうえでは，狭い温度域でしか Φ_1 は実数にならないことに対応する。ヒステリシスを持ち得る温度域は Φ_1 が実数になる温度域である。三つ目の解 Φ_2 は T が T_0 に比べて高くなると消失する，$\Phi \neq 0$ の極小を表す解である。この解を式 (5.2) の Φ に代入して $G = 0$ となる温度が転移点である。解析的に解いても煩雑なだけで見通しがよくならないので，ここではこれ以上計算を進めることはしない。

外場の影響

外場依存性を見てみよう。感受率は式 (5.9) の通りであり，高温相では $\Phi = 0$ を代入した $\chi = 1/[2A_2(T - T_0)]$ が得られる。図 5.1(b) からわかるように，通常，$T > T_0$ で転移が起こるため，χ の発散は見られない。低温相では，Φ に Φ_2 を代入して得られる χ を持つことになる。

二次転移の場合と異なり，一次転移は不連続であり，転移前後の相はまったく別のものであり得る。そのために一般には高温相と低温相の空間群が部分群の関係を持つ必要はない。もちろん低温相の空間群が高温相の空間群の部分群であってもよい。

転移の初期過程

一次相転移が生じる初期過程を考えよう。図 5.1(b) の $T \sim 1.25$ のように G の極小が複数の Φ で生じる，準安定状態から安定状態への相転移を想定する。便宜上，高温の無秩序相（高いエントロピー S を持つ相）からゆっくり温度を下げて，低温の秩序相（低いエントロピーを持つ相）に転移する状態について説明を行うが，逆の場合もまったく同じ議論ができる。

高温相の S が低温相の S より大きいことを考えると，ヘルムホルツ自由エネルギー $F = U - TS$（U, T, S はそれぞれ内部エネルギー，温度，エントロピー）の温度依存性は図 5.4 のようになる[*20]。低温相の自由エネルギー F_{LT} と高温相の自由エネルギー F_{HT} の交点が転移温度である。自由エネルギーの温度に対する一次導関数が不連続になっており，ここで考えている転移が確かに一次転移であ

*20　ギブス自由エネルギー G で話をしてもよいが，相転移に伴い体積変化が生じる場合，議論の本筋に関係のない項が現れて煩雑になるため，この節では F で話を進める。

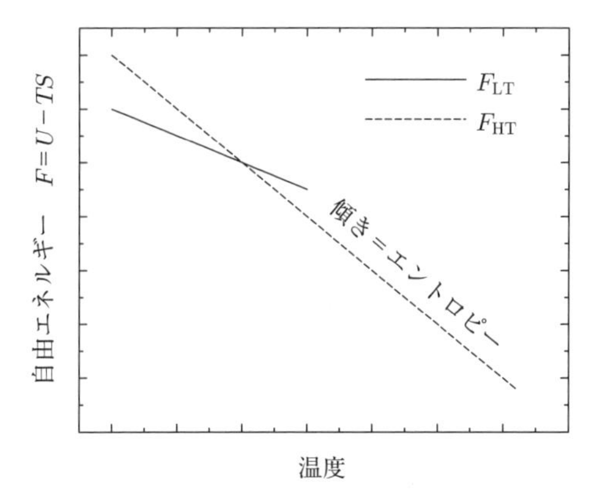

図 5.4　一次転移点近傍での自由エネルギーの温度依存性。高温相は低温相より乱れているためエントロピーが大きく，したがってこの図での傾きも大きい。

ることがわかる。

転移温度より高い温度から冷却した場合を考える。転移温度近辺まで冷却が進むと，無秩序相の中に秩序相の小さな塊（ドメイン）が，熱ゆらぎによってできたり消えたりする。個々の塊の特徴的な長さスケール（半径と思ってもよい）を r とする。秩序相の塊の表面積 σ_{LT} は r^2 に比例，体積 V_{LT} は r^3 に比例する。すると，ある特定の塊ができたことによる自由エネルギーの変化 $\Delta F_{\mathrm{domain}}$ は

$$\begin{aligned}\Delta F_{\mathrm{domain}} &= E_S \cdot \sigma_{\mathrm{LT}} + E_V \cdot V_{\mathrm{LT}} \\ &\equiv Ar^2 + Br^3 \end{aligned} \tag{5.18}$$

と書ける。ここで $E_S > 0$ はドメイン境界でのエネルギー損失[*21]，E_V は秩序化に伴う自由エネルギーの変化量 $(F_{\mathrm{LT}} - F_{\mathrm{HT}})$ である。この表記では $A > 0$，$B \propto (F_{\mathrm{LT}} - F_{\mathrm{HT}})$ であり，転移点以下の温度では $B < 0$，転移点以上の温度では $B > 0$ である。転移点より低温側について，r が小さい領域での $\Delta F_{\mathrm{domain}}$ の r 依存性を図 5.5 に示した。$\Delta F_{\mathrm{domain}}$ はある特徴的な大きさ r_c で最大を取る。それより大きいドメインが一度形成されると，r が大きくなることで自由エネルギーが下がるため，自発的に秩序相が大きくなっていくことになる。このような一次相

*21　$E_S < 0$ であると，相境界が増加するほどエネルギーが下がることになり，相境界が無限に増える，つまり高温相に低温相が溶けてしまうことになる。

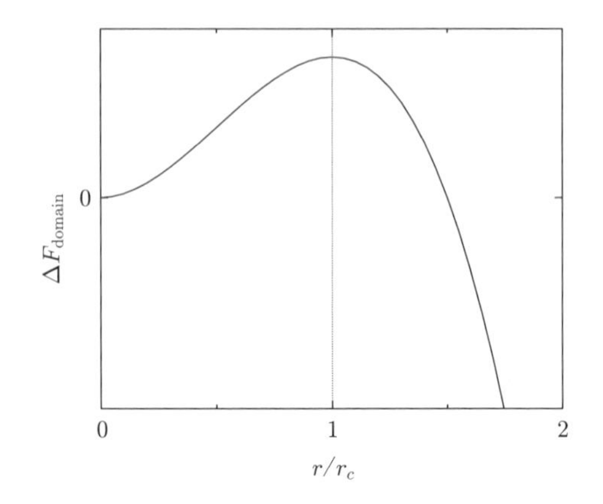

図 5.5　一次転移での核生成と成長。低温相のドメインサイズを r，その生成による自由エネルギーの変化を $\Delta F_{\rm domain}$ とし，転移点以下の温度について計算した。$r > r_c$ になると，自発的に r が増大することで自由エネルギーの利得が得られる。

転移の初期過程は，核生成と成長 (nucleation and growth) として知られている。

核生成は，この節の最初に述べたとおり図 5.1(b) の $T \sim 1.25$ の状況で生じる，準安定状態からの相分離である。同図の $T < 1$ の状況で $\Phi = 0$ から始まる，不安定状態からの相分離はスピノーダル分解 (spinodal decomposition) と呼ばれ，揺らぎが増幅されるような時間発展が見られる。5.5，5.6 節ではこれに対応する場合を考える。

5.5　二相共存状態

ランダウの自由エネルギー $G(\Phi)$ の中に，図 5.6 のように上に凸な部分がある場合を考える。このような場合，$G(\Phi)$ に対して二点で接する共通接線を引くことができる。この図の例では，▲で示した $\Phi = 0.2$ と 0.8 を通る共通接線（破線）を引くことができる。二つの接点の間の Φ では，全体が単一の相になるよりも二相共存状態になったほうが全体として自由エネルギーを下げることができる。図 5.6 の系で $\overline{\Phi} = 0.4$（$\overline{\Phi}$ は Φ の空間平均）を実現しようとした場合，全体が単一の相であれば▼で示した自由エネルギーになる。しかし，二相に分離することを考え

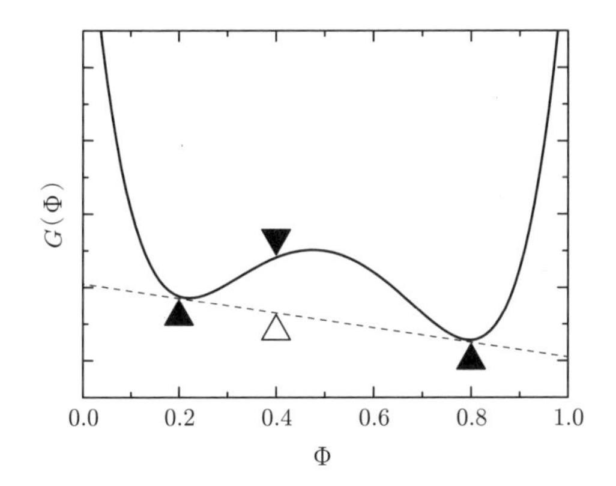

図 5.6　相分離が起こる状況。$G(\Phi)$ に共通接線が引ける場合，二つの接点の間の Φ では単一の相になるより，接点の Φ を持つ二つの相の混合状態になったほうが自由エネルギーが下がる。

ると，$\Phi = 0.2$ と 0.8 を $2:1$ で混ぜた二相分離状態を形成することで，自由エネルギーは▼から△へと下がる。つまり，$G(\Phi)$ のグラフに共通接線が引ける状況であれば，全体が単一の相である状態は不安定になり，相分離が生じるといえる。

5.6　相境界の動き

二相共存状態では秩序変数は $\boldsymbol{r}$ の関数となり，式 (5.1) の $A(\nabla\Phi_{\boldsymbol{r}})^2$ の分だけエネルギーを損する。この損失の度合いを考えよう。このエネルギー損失に関与するのはドメイン境界のみである。平均的ドメイン粒径を L とすると，ドメイン境界でのエネルギー損失は L^2 に比例する。L が大きい場合には，ドメイン境界が存在しても単位体積あたりのエネルギーは大差ないため，ドメイン構造が実現し得る。ナノ粒子では，同様の理由によって，シングルドメインになるのが普通である。以下，式 (5.1) の $A(\nabla\Phi_{\boldsymbol{r}})^2$ 項を取り入れ，相境界がどのような運動をするか考察する。

5.6.1　二相の体積分率に制約がない場合

例として，イジング強磁性体の磁区構造を考えよう。局所磁化を $\Phi_{\boldsymbol{r}}$ で表す。式

(5.1) 被積分関数の $A(\nabla\Phi_{\boldsymbol{r}})^2$ の項以外をまとめて $W(\Phi_{\boldsymbol{r}})$ とすると，自由エネルギー $G[\Phi_{\boldsymbol{r}}]$ は，

$$G[\Phi_{\boldsymbol{r}}] = \int \left\{A(\nabla\Phi_{\boldsymbol{r}})^2 + W(\Phi_{\boldsymbol{r}})\right\}\, d\boldsymbol{r} \tag{5.19}$$

である。第一項は上述の通り，磁化が一様でないと自由エネルギーが上昇することを意味する，言い換えれば磁壁のエネルギーを表す項である。$W(\Phi_{\boldsymbol{r}})$ は今の例の場合，磁化の上向き・下向きの共存を表すために double well 型になる。

自由エネルギーは時間に対して単調減少する。すなわち，

$$\frac{dG}{dt} = \int \left\{\frac{\delta G}{\delta\Phi_{\boldsymbol{r}}}\frac{\partial\Phi_{\boldsymbol{r}}}{\partial t}\right\}\, d\boldsymbol{r} \leq 0 \tag{5.20}$$

である。ここで $\delta G/\delta\Phi_{\boldsymbol{r}}$ は汎関数 $G[\Phi_{\boldsymbol{r}}]$ を関数 $\Phi_{\boldsymbol{r}}$ で微分した，“汎関数微分” である。dG/dt が常に 0 以下であるために，被積分関数が常に 0 以下になることを要求し[*22]，$L(\Phi_{\boldsymbol{r}}) > 0$ を用いて

$$\frac{\partial\Phi_{\boldsymbol{r}}}{\partial t} = -L(\Phi_{\boldsymbol{r}})\frac{\delta G}{\delta\Phi_{\boldsymbol{r}}} \tag{5.21}$$

の条件を得る。これにより被積分関数が $-L(\Phi_{\boldsymbol{r}})\,(\delta G/\delta\Phi_{\boldsymbol{r}})^2$ となり，常に 0 以下になることが保証される。

ここでいったん横道にそれて，汎関数微分の形を確認しよう。汎関数 $I[y(x)]$ を次のように定義する[*23]。

$$I[y(x)] = \int_a^b f(x, y, y')\, dx$$

ここで y' は dy/dx を意味する。これに対する汎関数微分 $\delta I/\delta y(x)$ は，

---

*22　この要求は少し厳しすぎるかもしれない。局所的には自由エネルギー密度が上昇しても，ほかで十分にエネルギーが下がるのであればよいはずであるからだ。ただし，式 (5.21) の要求は，秩序変数の分布 $\Phi_{\boldsymbol{r}}$ の変化に伴う自由エネルギー G の変化量が大きければ，$\Phi_{\boldsymbol{r}}$ の時間変化が速い，というものであり，極めてまともな要求であるように見える。もし $\partial\Phi_{\boldsymbol{r}}/\partial t$ と $\delta G/\delta\Phi_{\boldsymbol{r}}$ に線形の関係があるのであれば，この要求は厳しすぎることはなく，正当である。

*23　この式は式 (5.19) に対応する。対応関係を明記すると，$f(x, y, y') \to f(\boldsymbol{r}, \Phi_{\boldsymbol{r}}, \nabla\Phi_{\boldsymbol{r}}) = A(\nabla\Phi_{\boldsymbol{r}})^2 + W(\Phi_{\boldsymbol{r}})$ となる。

$$\delta I[y(x)] = \int_a^b \frac{\delta I}{\delta y(x)} \delta y \ dx \tag{5.22}$$

となるような $\delta I/\delta y(x)$ であり，最終的には解析力学で習ったラグランジュの運動方程式と似たような形で書ける。ここで $\delta I[y(x)]$ は関数 $y(x)$ の形を少し変えたことによる汎関数 $I[y(x)]$ の変化であり，次のように書ける。

$$\begin{aligned}\delta I &= \delta \int_a^b f(x, y, y') \ dx \\ &= \int_a^b \{f(x, y + \delta y, y' + \delta y') - f(x, y, y')\} dx \\ &= \int_a^b \left(\frac{\partial f}{\partial y} \delta y + \frac{\partial f}{\partial y'} \delta y' \right) \ dx\end{aligned}$$

この δI を汎関数 $I[y(x)]$ の変分という。この被積分関数の第二項を部分積分することで，次式を得る。

$$\int_a^b \frac{\partial f}{\partial y'} \delta y' dx = \left. \frac{\partial f}{\partial y'} \delta y \right|_a^b - \int_a^b \frac{d}{dx} \left(\frac{\partial f}{\partial y'} \right) \delta y \ dx$$

$\delta y(a) = \delta y(b) = 0$ という条件を δy に課すことで第一項を消去できる。これを用いて変分の式を書きなおすと次のようになる。

$$\delta I = \int_a^b \left\{ \frac{\partial f}{\partial y} - \frac{d}{dx} \left(\frac{\partial f}{\partial y'} \right) \right\} \delta y \ dx$$

式 (5.22) と比較することで, 上式の被積分関数の｛　｝の部分が汎関数微分 $\delta I/\delta y(x)$ に該当するとわかる*24：

$$\frac{\delta I}{\delta y(x)} = \frac{\partial f}{\partial y} - \frac{d}{dx} \left(\frac{\partial f}{\partial y'} \right) \tag{5.23}$$

本筋に戻ろう。式 (5.23) の汎関数微分の式の形を汎関数 $G[\Phi_{\boldsymbol{r}}]$ に適用する。ここで $I[y(x)] \to G[\Phi_{\boldsymbol{r}}]$, $x \to \boldsymbol{r}$, $y \to \Phi_{\boldsymbol{r}}$, $y' \to \nabla \Phi_{\boldsymbol{r}}$, $f(x, y, y') \to A(\nabla \Phi_{\boldsymbol{r}})^2 + W(\Phi_{\boldsymbol{r}})$ という対応を意識しよう。

*24　ラグランジュの運動方程式と見比べると，$f \to L$（ラグランジアン），$y \to q$（一般座標），$y' \to \dot{q}$（一般速度），$x \to t$（時間）である。

$$\frac{\delta G}{\delta \Phi_{\boldsymbol{r}}} = \frac{\partial}{\partial \Phi_{\boldsymbol{r}}} \left\{ A(\nabla \Phi_{\boldsymbol{r}})^2 + W(\Phi_{\boldsymbol{r}}) \right\} - \nabla \left(\frac{\partial}{\partial (\nabla \Phi_{\boldsymbol{r}})} \left\{ A(\nabla \Phi_{\boldsymbol{r}})^2 + W(\Phi_{\boldsymbol{r}}) \right\} \right)$$
$$= \frac{\partial W}{\partial \Phi_{\boldsymbol{r}}} - 2A\nabla^2 \Phi_{\boldsymbol{r}} \tag{5.24}$$

となる[*25]。これを式 (5.21) に代入することで以下を得る。

$$\frac{\partial \Phi_{\boldsymbol{r}}}{\partial t} = -L(\Phi_{\boldsymbol{r}}) \frac{\delta G}{\delta \Phi_{\boldsymbol{r}}}$$
$$= -L(\Phi_{\boldsymbol{r}}) \left[\frac{\partial W}{\partial \Phi_{\boldsymbol{r}}} - 2A\nabla^2 \Phi_{\boldsymbol{r}} \right] \tag{5.25}$$

式 (5.25) は時間に依存したギンツブルグ–ランダウ方程式（time-dependent Ginzburg–Landau equation, しばしば TDGL 方程式と省略する）として知られている。

5.6.2　二相の体積分率に制約がある場合

上の例では共存する二つの相の体積分率が変化しても問題ない場合であった。水と油の分離など，P–Q の二成分系のマクロ相分離を考える場合，物質が新たに発生するわけではないので，P 相と Q 相の量の増減がないように条件を入れる必要がある。P の局所密度を $\Phi_{\boldsymbol{r}}$ で表す（今の場合，これが秩序変数である）。ある場所での $\Phi_{\boldsymbol{r}}$ が変化するためには，隣接する場所から P が流入[*26]してくる必要がある。そのような P の流れを表すベクトルを $\boldsymbol{j}_{\boldsymbol{r}}$ とする。ある点に注目すると，左から入ってきた量と右へ出て行く量の差（当然，前後，上下も同様に計算する）が $\Phi_{\boldsymbol{r}}$ の変化に寄与する。

$$\frac{\partial \Phi_{\boldsymbol{r}}}{\partial t} = -\nabla \cdot \boldsymbol{j}_{\boldsymbol{r}} \tag{5.26}$$

式 (5.20) に式 (5.26) の連続の式を代入すると

$$\frac{dG}{dt} = -\int \left\{ \frac{\delta G}{\delta \Phi_{\boldsymbol{r}}} \nabla \cdot \boldsymbol{j}_{\boldsymbol{r}} \right\} d\boldsymbol{r}$$

である。これを部分積分すると次のようになる。

*25　ひどく長い一行目からひどく短い二行目に進んでいるが，難しい計算をしたわけではない。解析力学で一般座標 q と一般速度 $\dot{q}$ は完全に別の変数と扱うのと同様に，$\Phi_{\boldsymbol{r}}$ と $\nabla \Phi_{\boldsymbol{r}}$ は別の変数と扱うと思って式を見れば，暗算できることに気付くだろう。

*26　流出は負の流入と扱う。

$$\begin{aligned}\frac{dG}{dt} &= \int \left\{ -\frac{\delta G}{\delta \Phi_{\boldsymbol{r}}} \nabla \cdot \boldsymbol{j}_{\boldsymbol{r}} \right\} d\boldsymbol{r} \\ &= \left[-\frac{\delta G}{\delta \Phi_{\boldsymbol{r}}} \boldsymbol{j}_{\boldsymbol{r}} \right]_{\text{all}} - \int \left(-\nabla \frac{\delta G}{\delta \Phi_{\boldsymbol{r}}} \right) \cdot \boldsymbol{j}_{\boldsymbol{r}} \, d\boldsymbol{r} \\ &= \int \left(\nabla \frac{\delta G}{\delta \Phi_{\boldsymbol{r}}} \right) \cdot \boldsymbol{j}_{\boldsymbol{r}} \, d\boldsymbol{r}\end{aligned}$$

最後の行の直前で，外部から流入がないという境界条件を仮定して，部分積分で出てきた第一項を消した。

この dG/dt が常に 0 以下であるためには，被積分関数が常に 0 以下であれば十分である。$\boldsymbol{j}_{\boldsymbol{r}}$ が G と線形の関係にあるならば[*27]，

$$\boldsymbol{j}_{\boldsymbol{r}} = -L(\Phi_{\boldsymbol{r}}) \left(\nabla \frac{\delta G}{\delta \Phi_{\boldsymbol{r}}} \right) \tag{5.27}$$

という条件が要求される。この場合，

$$\frac{dG}{dt} = -\int L(\Phi_{\boldsymbol{r}}) \left(\nabla \frac{\delta G}{\delta \Phi_{\boldsymbol{r}}} \right)^2 d\boldsymbol{r}$$

となることから，dG/dt が常に 0 以下になる。

式 (5.26) と式 (5.27) から，

$$\frac{\partial \Phi_{\boldsymbol{r}}}{\partial t} = \nabla \left[L(\Phi_{\boldsymbol{r}}) \left(\nabla \frac{\delta G}{\delta \Phi_{\boldsymbol{r}}} \right) \right] \tag{5.28}$$

が得られる。

式 (5.24) の $\delta G/\delta \Phi_{\boldsymbol{r}}$ の形を式 (5.28) に代入する。単純化するために L を定数にして，次式を得る。

$$\frac{\partial \Phi_{\boldsymbol{r}}}{\partial t} = L \nabla^2 \left[\frac{\partial W}{\partial \Phi_{\boldsymbol{r}}} - 2A \nabla^2 \Phi_{\boldsymbol{r}} \right] \tag{5.29}$$

式 (5.29) も，式 (5.25) と同様，TDGL 方程式と呼ばれる。

式 (5.29) は，式全体に ∇^2 がつくために見通しがよくない。これを回避するために，式 (5.25) に似た形である次の式がよく用いられる。

---

*27 $\boldsymbol{j}_{\boldsymbol{r}}$ は $\Phi_{\boldsymbol{r}}$ と直結しており，G は $\Phi_{\boldsymbol{r}}$ の関数であるので，これはもっともらしい設定といえよう。

$$\tau_1 \frac{\partial \Phi_{\boldsymbol{r}}}{\partial t} = \frac{\partial W}{\partial \Phi_{\boldsymbol{r}}} - 2A\nabla^2 \Phi_{\boldsymbol{r}} - h_{\boldsymbol{r}} \tag{5.30}$$

$$\tau_2 \frac{\partial h(\boldsymbol{r})}{\partial t} = \frac{\partial \Phi_{\boldsymbol{r}}}{\partial t} + D\nabla^2 h_{\boldsymbol{r}} \tag{5.31}$$

ここで τ_1, τ_2, D はパラメータである。$\tau_2 \to 0$ の極限を取って式 (5.30) 両辺に ∇^2 を作用すると h が消去でき，さらに $\tau_1 \to 0$ の極限を取ることで式 (5.29) と一致する。その一方，$h = 0$ では式 (5.30) は式 (5.25) と一致するので，各相の量が保存する場合・しない場合両方を含む表式になっている。

5.6.3　具体的な計算の例

図 5.7(a)〜(h) に，式 (5.25) から求めた $\Phi_{\boldsymbol{r}}$ の時間発展を計算した例を示した。ドメイン境界の凹凸が平らになるように時間発展する様が見てとれる。図 4.11 のような実験的に観測されたドメイン構造を再現するには，自由エネルギーの式にドメイン間の磁気的相互作用を取り込むなどの，現実の試料に応じたより詳細なモデル化が必要となる*28。実際にそのような計算をした結果を図 5.7(i) に示した。図 4.11 を定性的に再現しているのがわかる。

数値計算の観点では，相境界のような離散的な量を扱うよりも，$\Phi_{\boldsymbol{r}}$ のような連続分布した量を取り扱うほうが楽になる。このような計算はフェーズフィールド法と呼ばれる場合がある。

5.7　実験との対応

本章の冒頭に，ランダウの現象論は定量的には現実の系に合わないが，定性的にはよい，と書いた。この章を終える前に，何が問題で，どう現実に合わないかを指摘しておく。

ランダウの現象論は，転移点近傍での自由エネルギーを秩序変数 $\Phi_{\boldsymbol{r}}$ で級数展開して，その最低次の項を残すやり方である。相転移が起こる時には，特に二次転移であれば転移点付近の温度で常に $\Phi_{\boldsymbol{r}}$ は小さいため，常にその級数展開は正当であるように思える。しかし，転移点近傍では相関長が発散する，あるいは $\phi_{\boldsymbol{q}}$

*28　うまく実験を再現できるように調整されたモデルが，実際の試料の状況の候補である。

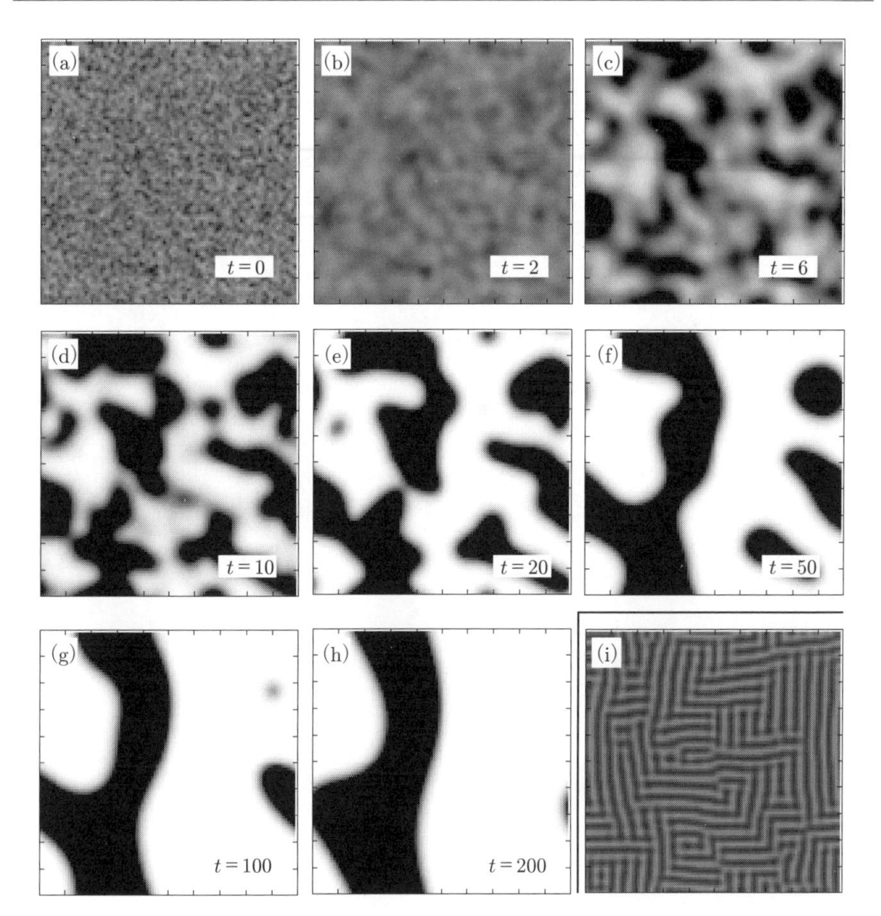

図 5.7 (a)〜(h) 式 (5.25) から計算した二次元系でのドメイン構造の時間発展。時刻 $t = 0$ ではランダムに秩序変数の空間分布を決めた。ドメイン境界の凹凸が平らになるように時間発展する様が見てとれる。(i) 磁気的相互作用の項を加えて計算した結果。図 4.11 を定性的に再現している。

の分散が $[\beta\{Aq^2 + A_2(T - T_0)\}]^{-1}$ となっており，$T \to T_0$ で発散する。このような揺らぎの発散によって，自由エネルギーを級数展開しておいて，その極小が実現するという議論の正当性が失われる。

その結果，ランダウの現象論の帰結として得られたいくつかのはっきりとした関係と，実験あるいは揺らぎを考慮に入れた計算結果が少しずれる。本書で取り

表 5.1　二次相転移点近傍での物理量の温度依存性一覧。指数 α–ν を臨界指数と呼ぶ。古典はランダウの現象論から得られる値，その他は文献 [10] の表 3.1.1 による。

物理量	依存性	古典	3D イジング	3D ハイゼンベルク
比熱	$\lvert T-T_C\rvert^{-\alpha}$	$\alpha=0$	0.11	−0.12
秩序変数	$\lvert T-T_C\rvert^{\beta}$	$\beta=1/2$	0.33	0.36
感受率	$\lvert T-T_C\rvert^{-\gamma}$	$\gamma=1$	1.24	1.39
相関長	$\lvert T-T_C\rvert^{-\nu}$	$\nu=1/2$	0.63	0.71

扱わなかった量まで含めて，二次相転移の転移点近傍での物理量の温度依存性を表 5.1 にまとめた。

もう一つ重要な点は，この章の議論は微視的な機構をまったく反映しない点である。これは現象論的な議論の利点でもあり，欠点でもある。微視的な機構がまったく違っても，現象論的には大きな違いがなく見える場合があることを意識しておく必要があろう。

第 6 章
構造に対する摂動

構造と物性の関係を考えるうえで，構造を変化させた時に物性がどう影響されるかを実験的に検証できれば非常に役立つ。そこで，構造を直接変化させるいくつかの方法と，その特徴についてまとめる。

6.1 加　　圧

静水圧によって原子間距離を短くすることができる。弾性定数が極度に異方的な場合は，加圧によって一方向には伸びるなどということが起こり得る。構造中に硬い部分と柔らかい部分がある場合は，柔らかいところだけが縮む。化学的な変化がないという観点ではわかりやすい制御法であるが，微視的に見て構造がどう変化するかは直感的にはわかりづらい場合もある。力学的な問題であるので，相転移さえ起こらなければ計算でかなり正確に構造がわかる。

実験技術としてはクランプセルやダイヤモンドアンビルセルを用いることで数 GPa，100 GPa 程度の圧力を発生できる。有機物のような柔らかい試料は 1 GPa 以下の範囲で物性に影響が出る例が多い。酸化物のように硬い物質では 10 GPa の桁の加圧が必要な例が多い。

原理的にセルと試料に隙間がないため，多くの測定に制約が出る。例えば磁化率の測定を行うと，セルごと測定して，後からセルの磁化率を差し引くことになる。圧力セルの体積は 10 cm^3 の桁であるのに対し試料の体積は 10^{-5} cm^3 の桁であることを考えれば[*1]，試料の情報を精度よく得ることの困難さがわかるだろう。構造観測法について考えると，X 線回折が最適である。中性子散乱は中性子ビームを集光[*2]することができず，加圧に適した微小な試料からの散乱を測定す

---

*1　高い圧力を発生させるためには狭い面積に力を加える必要があるため，原理的に試料体積は大きくできない。

表6.1　熱膨張と加圧による体積変化率 ($\Delta V/V$) の目安。熱膨張は0Kから300K，加圧は1気圧 (100kPa) から1GPa（常圧での体積弾性率からの見積もり）で，代表的な値を与えた。この表の値は体積の変化率であるので，格子定数の変化率はこの1/3である。

	アルカリ金属	遷移金属	金属酸化物	有機物
熱膨張 (0 K→300 K)	5×10^{-2}	10^{-2}	5×10^{-3}	5×10^{-2}
加圧 (100 kPa→1 GPa)	10^{-1}	10^{-2}	10^{-2}	10^{-1}

るのは困難である。電子回折・電子顕微鏡は，電子線が加圧装置に遮られてしまうために，まったく不可能である。

構造に加圧が与える影響は非常に大きい。熱膨張と比べ，加圧による体積変化がどれほど大きいかを，表6.1にまとめた。注意すべきは，温度は0Kより下げられないが，圧力はあと1桁以上を比較的容易にかけられる点である。なお，加圧条件でのボンドバレンスサム（BVS，3.3節参照）は，適切なパラメータが知られていないために根拠を持たない。加圧して原子間距離が縮んだからといって，すべてのイオンの価数が変化するわけでは，当然ながらない。

加圧は相転移にも影響を及ぼす。65ページに述べたブロッホ–ウィルソン転移は加圧によって引き起こされる金属–絶縁体転移の例である。これに限らず，加圧によって引き起こされる原子間距離や結合角の変化は，伝導性，磁性に大きな影響を及ぼす。また，圧力と体積は熱力学に現れる共役な示強変数と示量変数であるため，加圧は熱力学的な効果を直接発生する。

温度変化によって一次相転移が起こる場合を考えよう。低温相の体積が高温相より減少する場合*3，加圧した条件下では低温相の安定性が増大し，転移温度が上昇する。逆に水–氷転移のように低温相の体積が高温相より増大する場合は，加圧によって低温相の安定性が減少し，転移温度が降下する。これは直観的に納得できる傾向であろうが，一次相転移に対する厳密な熱力学的な議論はクラウジウス–クラペイロンの関係として知られている。図6.1に示したような圧力–温度相図を考えよう。A相とB相の間の一次相転移の相境界 (P,T) について，

*2　中性子は光ではないが，集光という用語を用いる。中性子光学という用語もある。
*3　当然ながら，体積の比較は同一の粒子数で行う。1 molあたりの体積でもよいし，1粒子あたりでもよい。

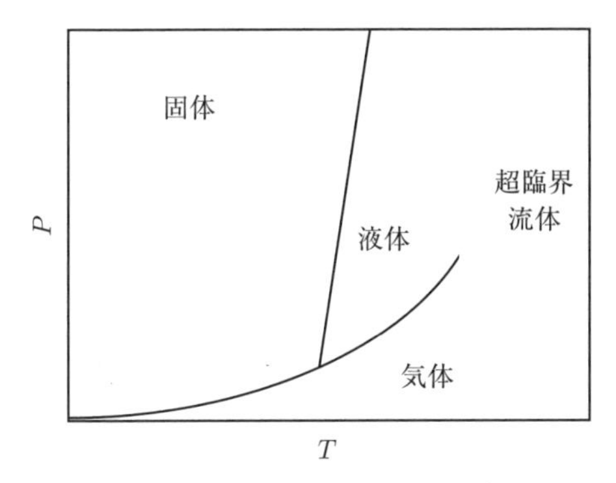

図 6.1 一般的な物質の相図。多くの物質は低温相のエントロピーが小さく，かつ体積が小さいため，相境界が全体に右上がりの線になる。

$$\frac{dP}{dT} = \frac{S_{\mathrm{A}} - S_{\mathrm{B}}}{V_{\mathrm{A}} - V_{\mathrm{B}}}$$

がクラウジウス–クラペイロンの関係である。ここで S_α, V_α はそれぞれ α 相の単位粒子数あたりのエントロピーと体積である。A を高温相，B を低温相とすると，通常の物質では，$S_{\mathrm{A}} - S_{\mathrm{B}}$ が正（つまり，高温相のエントロピーが高い）であるため，上に述べたような転移に伴う体積の減少/増大と転移点の上昇/降下の関係が得られる。なお，二次転移の場合にはエーレンフェストの関係が知られている。

6.2 化学置換

固体中のある元素を，化学的な性質が似ているがイオン半径が違う元素で置換することで，原子間距離を制御することができる。このような制御法を化学圧力と呼ぶことがある。元素置換をすることで格子定数は通常，置換量に対して線形に変化する。この関係はベガード則 (Vegard's law) として知られている。例として，ペロブスカイト型遷移金属酸化物 ABO_3 を取り上げよう。この物質群では B サイトに遷移金属が入り，A サイトには希土類イオンやアルカリ土類イオンが入る。ほとんどの希土類イオンは +3 の電荷数を持ち，原子番号の増大とともにイオン半径が小さくなっていくため，系統的な化学圧力制御によく用いられる。+3 の希土類と，+2 のアルカリ土類の比率で B サイトの価数を制御し，希土類の元素を選択することで化学圧力を制御することで，多くのペロブスカイト型遷移金属酸化物に対して系統的な研究が行われている。例えば56ページの表3.1はそのような研究の結果をまとめたものである。さらに細かな化学圧力の調整は，2種類の希土類イオンを混合して中間的な平均イオン半径の物質を作ることで達成される。

この手法の利点は，通常使われるすべての実験手法が適用できる点にある。試料ができてしまえば，あとは置換前の母物質とまったく同じ測定をすることができる。置換量や置換元素を系統的に変化させることで，化学組成で1%刻み程度の精度での，詳細な置換効果の実験的研究が行われている。

難点はいくつかあるが，その多くは，化学圧力と本当の圧力（ここでは物理圧力と呼んで区別しよう）の違いによるといえよう。当然ながら化学圧力を連続的に変化させることはできないし，加圧する温度を制御することもできない。微視的に見ると，100%置換の場合を除けば構造に必然的に乱れが入る点が大きく異なる。そして，100%置換だけを利用した場合には化学圧力は離散的にしか制御できなくなる。さらに，100%置換をした場合でさえ，あるサイトのイオン半径が変わるだけであるため，置換した元素が“とても柔らかかった”かのような構造変化が生じることになる。例えばペロブスカイト型Mn酸化物では，物理圧力の印加によってMn間の強磁性交換相互作用が強くなるのに対し，化学置換によって格子定数を小さくするとMn間の強磁性交換相互作用は弱くなる。これは，物理圧力では単純に原子間距離が縮まることによる飛び移り積分の増大が生じるのに対し，置換による単位胞の収縮ではMn–O–Mnの結合角が180°から外れて行き，結果として飛び移り積分が小さくなることによる。

構造を系統的に変化させる手段として見ると化学置換は多くの利点を持っているが，圧力と直接対応するものではない。

6.3　薄　膜　化

エピタキシャル薄膜を作製することで，膜の面内方向の格子定数を基板格子定数に揃える形の応力を加えることができる。この状況の模式図を図6.2(a)に示した。歪みの度合いは，ペロブスカイト酸化物薄膜の場合，擬立方晶に取った膜の

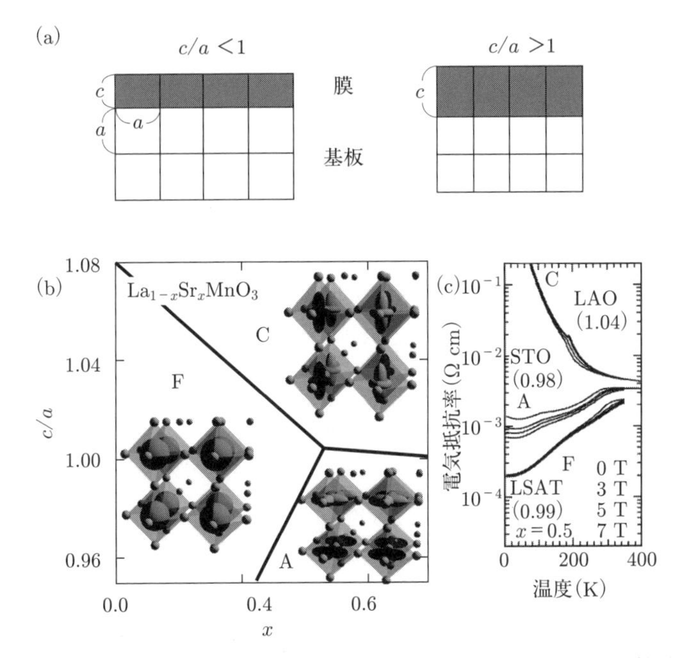

図 6.2 (a) 格子定数 a の立方晶基板に対するエピタキシャル製膜による一軸歪みの導入。歪みの度合いは，ペロブスカイト酸化物薄膜の場合，擬立方晶に取った膜の格子定数 c/a で評価されることが多い。(b) $La_{1-x}Sr_xMnO_3$ 薄膜の，c/a と x に対する相図。Mn の $3d$ 軌道の占有状態を Mn サイトの形で，磁気モーメントの方向を色で区別した[61]。(c) 三種の基板に対する $x = 0.5$ の際の電気抵抗の温度依存性。c/a の値をかっこ書きで示した。基板の違いによって電子状態が C 型，A 型，F 型と変わり，それに応じて電気抵抗も大きく変化している[61]。

格子定数 c/a で評価されることが多い。

薄膜にする前のバルクの格子定数に対して，基板格子定数が大きく違う場合にはエピタキシャル薄膜を成長させることができない。遷移金属酸化物の場合，面内に伸ばす方向には 1.1%，縮める方向には 2.4%までの違いであれば数十 nm 厚の膜を形成できる[62]。それ以上の格子定数の違いがあると数 nm 厚以内でミスフィット転位が生じ，エピタキシャル薄膜を形成することができなくなる。また，面に垂直な方向の格子定数はポアソン比で決まる歪みが生じるため，間接的にしか制御できない。このような欠点はあるものの，薄膜化は，巨大な異方的圧力を与えることができる，おそらく唯一の手法である。遷移金属酸化物単結晶に 1%の変形を引き起こすほどの一軸応力を機械的に加えることは，結晶が割れてしまうために不可能であるからだ。

メリットは，面内の格子定数を大きく変化させることができる点，およびかなり大面積の，面内方向に高い結晶性を持つ試料が得られる点が挙げられる。デメリットは試料体積の小ささで，体積を必要とする測定法が使えない。反強磁性に関連する信号を得るのも困難であり，電気伝導度と強磁性磁化の測定，X 線回折及び光の反射・透過スペクトルがおもに行われる実験である。

図 6.2(b) は $La_{1-x}Sr_xMnO_3$ 薄膜の，c/a と x に対する相図である。x によって Mn の価数を制御し，c/a で一軸歪みを制御する。ペロブスカイト構造を持つ Mn 酸化物はヤーン–テラー活性（JT 活性，4.2.1 項参照）であり，どの $3d$ 軌道が占有されるかに自由度がある。c/a を変えることで，$x^2 - y^2$ 軌道が安定な状態，$3z^2 - r^2$ が安定な状態を作り分けることができる。このような軌道占有状態の違いは磁気構造（図 6.2(b) の Mn d 軌道の模式図の色の違いがモーメントの向きの違いを示す）や電気伝導性（図 6.2(c)）に大きな影響を及ぼすことが知られている[61]。

第II部

構造観測法
——X線回折理論——

記号一覧

$\boldsymbol{a}$, $\boldsymbol{b}$, $\boldsymbol{c}$	結晶の基本並進ベクトル。
x, y, z	$\boldsymbol{a}$, $\boldsymbol{b}$, $\boldsymbol{c}$ を基底として表示した実空間の座標。
$\boldsymbol{r}_i, \boldsymbol{R}_i$	i 番目の原子の位置を指す位置ベクトル。 平衡位置を指す場合もある。
$\boldsymbol{u}_i$	i 番目の原子の平衡位置からのズレを表す変位ベクトル。
ε_i	i 番目の原子周辺の歪みを表す。一次元では $\varepsilon_i = u_{i+1} - u_i$。
$\boldsymbol{a}^*$, $\boldsymbol{b}^*$, $\boldsymbol{c}^*$	結晶の逆格子ベクトル。
h, k, l	$\boldsymbol{a}^*$, $\boldsymbol{b}^*$, $\boldsymbol{c}^*$を基底として表示した逆空間の座標で，整数を表す。 ミラー指数を表す場合もある。
ξ, η, ζ	$\boldsymbol{a}^*$, $\boldsymbol{b}^*$, $\boldsymbol{c}^*$を基底として表示した逆空間の座標で，実数を表す。
$\boldsymbol{G}$	逆格子点を指すベクトル。
$\boldsymbol{Q}$	散乱ベクトル。
$\boldsymbol{q}$	散乱ベクトルと直近の逆格子点をつなぐベクトル，$\boldsymbol{Q} = \boldsymbol{G} + \boldsymbol{q}$。
f_i	i 番目の原子の原子散乱因子。本書では特に断りのない限りトムソン散乱のみを扱う。
$F(\boldsymbol{Q})$	$\boldsymbol{Q}$ での散乱振幅。
$F_{\mathrm{cell}}(\boldsymbol{Q})$	単位胞 1 つ分のみ加えた構造因子，$\sum_m^{\mathrm{cell}} f_m \exp(i\boldsymbol{Q} \cdot \boldsymbol{r}_m)$ で定義する。

第7章
結晶からのX線の回折

原子レベルの構造観測に適した手法は回折法である。回折法が最も多くの情報を引き出せるのは単結晶試料に対する測定である。本章では，結晶からのX線回折についてまとめる。

7.1　電子によるX線の散乱

一つの電子にX線が入射すると，何が起こるだろうか。電子はX線の振動電場によって振動させられ，周囲に入射X線の振動数と等しい振動数の振動電場を作る。これが電子によるX線の弾性散乱である。

位置 $\boldsymbol{r}_1, \boldsymbol{r}_2$ にある二つの電子に波数 $\boldsymbol{k}_i$ のX線が入射した時の，波数 $\boldsymbol{k}_f$ の散乱X線を考える（図7.1）。もちろん $\boldsymbol{k}_f$ はさまざまな方向のものが考えられるが，その大きさは $\boldsymbol{k}_i$ と等しい。

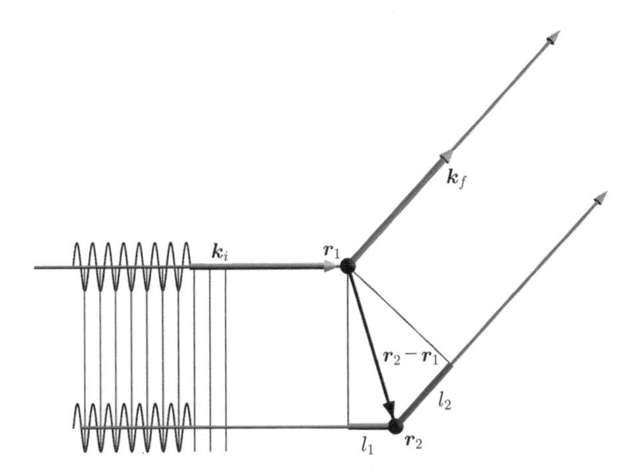

図7.1　複数の電子によるX線の散乱。光路差は $l_1 + l_2 = -\boldsymbol{Q}\cdot(\boldsymbol{r}_2 - \boldsymbol{r}_1)$ となる。

ここで $\boldsymbol{k}_i, \boldsymbol{k}_f$ 方向の単位ベクトル $\hat{\boldsymbol{k}_i}, \hat{\boldsymbol{k}_f}$ を用いると，図7.1の l_1, l_2 の長さは

$$\begin{aligned} l_1 &= \hat{\boldsymbol{k}_i} \cdot (\boldsymbol{r}_2 - \boldsymbol{r}_1) \\ l_2 &= -\hat{\boldsymbol{k}_f} \cdot (\boldsymbol{r}_2 - \boldsymbol{r}_1) \end{aligned} \tag{7.1}$$

と書ける。よって，光路差 δ は

$$\delta = l_1 + l_2 = (\hat{\boldsymbol{k}_i} - \hat{\boldsymbol{k}_f}) \cdot (\boldsymbol{r}_2 - \boldsymbol{r}_1) \tag{7.2}$$

となる。δ が波長 λ と等しい時に 2π 位相が違うことになるので，位相差 ϕ は $2\pi\delta/\lambda$ と書ける。これを波数 $k = 2\pi/\lambda$ を用いて

$$\phi = \frac{2\pi}{\lambda}\delta = k\delta = (\boldsymbol{k}_i - \boldsymbol{k}_f) \cdot (\boldsymbol{r}_2 - \boldsymbol{r}_1) \tag{7.3}$$

と書くことができる。以下，簡単のため $\boldsymbol{k}_f - \boldsymbol{k}_i$ を $\boldsymbol{Q}$ と書くことにする。

干渉を考えるので，複数の波が重なった状態は振幅の和で表される。散乱振幅 F は，電子一つあたりの散乱の振幅を f と書くと[*1]，

$$\begin{aligned} F &= f\{\exp[i\boldsymbol{Q} \cdot \mathbf{0}] + \exp[i\boldsymbol{Q} \cdot (\boldsymbol{r}_2 - \boldsymbol{r}_1)]\} \\ &= f\{1 + \exp[i\boldsymbol{Q} \cdot (\boldsymbol{r}_2 - \boldsymbol{r}_1)]\} \end{aligned}$$

となる。ここで位相差の符号が一見逆に見えるが，$\exp(i\omega t - i\boldsymbol{k} \cdot \boldsymbol{r})$ の波の式をもとに図を描きながら位相のずれ方を考えると，この符号で正しいと確認できる[*2]。今は二つの電子で考えてきたが，多数の電子からの散乱の場合は

$$F = \sum_j f e^{i\boldsymbol{Q} \cdot \boldsymbol{r}_j} \tag{7.4}$$

*1　f の大きさは偏光依存性がある。8.7節参照。

*2　ただし，すぐ後の式 (7.6) で述べるように観測可能な量は散乱振幅とその複素共役との積 FF^* だけであるので，ここの符号は統一されてさえいれば大して重要ではない。事実，教科書によって $F = \sum_j f e^{i\boldsymbol{Q} \cdot \boldsymbol{r}_j}$ のものと $F = \sum_j f e^{-i\boldsymbol{Q} \cdot \boldsymbol{r}_j}$ のものがある。さらに $\boldsymbol{Q}$ の定義もここで使っている $\boldsymbol{k}_f - \boldsymbol{k}_i$ のほか，符号が逆転した $\boldsymbol{k}_i - \boldsymbol{k}_f$ の場合もあり，組み合わせで4通りの定式化が使われている。これらは基本的に同等の式であるので，一度計算を始めたら最後まで同じ式を使う必要がある点，および異常分散の虚部 f'' の符号を気にする必要がある（本書の定義では後に図7.11に示すように f'' は正である。$e^{-i\boldsymbol{Q} \cdot \boldsymbol{r}_j}$ を使う，あるいは $\boldsymbol{Q}$ の方向が逆の場合は負になる。$e^{-i\boldsymbol{Q} \cdot \boldsymbol{r}_j}$ を使い，かつ $\boldsymbol{Q}$ の方向が逆の場合は正になる）点だけ気を付ければ，どれを使ってもよい。

と書くことができる。ここで和はすべての電子について取る。実際には電子は空間的に広がっているので，電子分布 $\rho(\boldsymbol{r})$ を用いて考える。同様の考えで，和が積分に置き換わり，散乱振幅は

$$F(\boldsymbol{Q}) \propto \int_{\text{all}} \rho(\boldsymbol{r}) e^{i\boldsymbol{Q}\cdot\boldsymbol{r}} d\boldsymbol{r} \tag{7.5}$$

となる。積分範囲は全空間[*3]である。$\boldsymbol{Q}$ は散乱ベクトルと呼ばれ，入射 X 線が散乱体から受け取った運動量を表す。運動学的回折理論は式 (7.5) で尽きており，あとはこの応用例に過ぎない。散乱振幅の絶対的な大きさが問題になることはほぼないため，以下では F のスケールを適切に選んだことにして，上の式の $\propto$ を $=$ と扱う。

実際には散乱振幅そのものを観測することはできず，$|F(\boldsymbol{Q})|^2$ で表される散乱強度 $I(\boldsymbol{Q})$ が観測可能な量である。$I(\boldsymbol{Q})$ は X 線が運ぶエネルギーに比例した量であり，フォトン数に比例している。散乱強度 $I(\boldsymbol{Q})$ は次のように書ける。

$$\begin{aligned} I(\boldsymbol{Q}) &= F(\boldsymbol{Q})F^*(\boldsymbol{Q}) \\ &= \int \rho(\boldsymbol{R}) e^{i\boldsymbol{Q}\cdot\boldsymbol{R}} d\boldsymbol{R} \int \rho(\boldsymbol{R}') e^{-i\boldsymbol{Q}\cdot\boldsymbol{R}'} d\boldsymbol{R}' \\ &= \iint \rho(\boldsymbol{R})\rho(\boldsymbol{R}') e^{i\boldsymbol{Q}\cdot(\boldsymbol{R}-\boldsymbol{R}')} d\boldsymbol{R} d\boldsymbol{R}' \end{aligned} \tag{7.6}$$

$\boldsymbol{R}-\boldsymbol{R}'$ を $\boldsymbol{r}$ と置換する。$(d\boldsymbol{R}/d\boldsymbol{r}) = 1$ である。$\iint d\boldsymbol{R}d\boldsymbol{R}'$ は $\boldsymbol{R}$ と $\boldsymbol{R}'$ の六次元の全空間に対する積分であり，$\iint d\boldsymbol{r}d\boldsymbol{R}'$ でも同じ範囲で積分していることになる。そのため，$I(\boldsymbol{Q})$ は次のように書ける。

$$\begin{aligned} I(\boldsymbol{Q}) &= \iint \rho(\boldsymbol{r}+\boldsymbol{R}')\rho(\boldsymbol{R}') e^{i\boldsymbol{Q}\cdot\boldsymbol{r}} \frac{d\boldsymbol{R}}{d\boldsymbol{r}} d\boldsymbol{r} d\boldsymbol{R}' \\ &= \int \left(\int \rho(\boldsymbol{r}+\boldsymbol{R}')\rho(\boldsymbol{R}') d\boldsymbol{R}' \right) e^{i\boldsymbol{Q}\cdot\boldsymbol{r}} d\boldsymbol{r} \\ &\equiv \int V \langle \rho(0)\rho(\boldsymbol{r}) \rangle e^{i\boldsymbol{Q}\cdot\boldsymbol{r}} d\boldsymbol{r} \end{aligned} \tag{7.7}$$

V は試料体積を表す。$\langle \rho(0)\rho(\boldsymbol{r}) \rangle$ は電子密度の二体相関関数あるいは二体分布関

*3 全空間を試料で埋め尽くすのは不自然なので，試料の存在する範囲，あるいは，X 線が干渉できる範囲を積分範囲としてもよい。通常の問題設定であれば，それらは原子スケールに比べて圧倒的に大きい。

数 (pair correlation function, pair distribution function) もしくはパターソン関数*4と呼ばれ，距離 $\boldsymbol{r}$ だけ離れた二地点の電子密度の積の試料全体にわたる平均値である。別の表現をすると，ある位置に電子がいた時に，そこから距離 $\boldsymbol{r}$ だけ離れた位置にも電子がある確率を表す*5。これは極めて一般的に成立する関係であり，また実験結果から直接得られる構造情報でもある。三次元の秩序構造を前提としないので，例えば液体の構造研究にもこの関係は用いられている。

7.2　結晶からの X 線の散乱

原点にある原子の電子雲の電子密度分布を $\rho^a(\boldsymbol{r})$ とする。これを用いて，原点にある単位胞の電子密度分布 $\rho^c(\boldsymbol{r})$ は次のように書くことができる (図 7.2 参照)。

$$\rho^c(\boldsymbol{r}) = \sum_j^{\text{cell}} \rho_j^a(\boldsymbol{r} - \boldsymbol{r}_j) \tag{7.8}$$

ここで $\boldsymbol{r}_j$ は j 番目の原子の位置である。和は単位胞に含まれる全原子について取る。同様に，全空間の電子密度分布 $\rho(\boldsymbol{r})$ は

$$\rho(\boldsymbol{r}) = \sum_{n_1,n_2,n_3} \rho^c[\boldsymbol{r} - (n_1\boldsymbol{a} + n_2\boldsymbol{b} + n_3\boldsymbol{c})] \tag{7.9}$$

と書くことができる。n_1, n_2, n_3 は単位胞が周期的に並んでいることを表現する部分であり，結晶の外形に含まれる範囲の整数である。このように $\rho(\boldsymbol{r})$ を書き換えると，式 (7.5) で書かれた散乱振幅は

$$F(\boldsymbol{Q}) = \int_{\text{all}} \sum_{n_1,n_2,n_3} \rho^c[\boldsymbol{r} - (n_1\boldsymbol{a} + n_2\boldsymbol{b} + n_3\boldsymbol{c})] e^{i\boldsymbol{Q}\cdot\boldsymbol{r}} d\boldsymbol{r}$$

---

*4　5.3 節で用いた二体相関関数と同じである。5.3 節では相転移の秩序変数について二体相関関数を考えたが，ここでは電子密度について考える。

*5　多くの教科書で

$$I(\boldsymbol{Q}) = \int \frac{v_{\boldsymbol{r}}}{V} \langle \rho(0)\rho(\boldsymbol{r}) \rangle e^{i\boldsymbol{Q}\cdot\boldsymbol{r}} d\boldsymbol{r}$$

ここで V は単位胞の体積，$v_{\boldsymbol{r}}$ は $\boldsymbol{r}$ だけ並進させた結晶と並進させない元の位置の結晶との重なった体積，と説明している。この表記は試料の大きさが有限であるが，式のうえで無限に大きな試料の電子密度分布を $\rho(\boldsymbol{r})$ と書くように定義している場合の式である。本文では試料の外形寸法をも表現する電子密度 $\rho(\boldsymbol{r})$ を考えている。

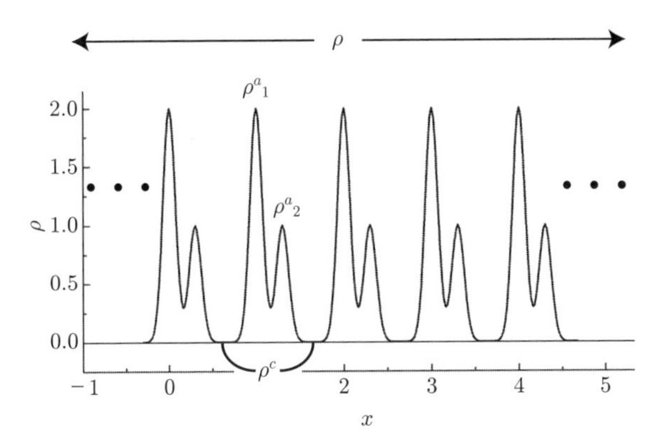

図 7.2　電子密度を分けて考える。単位胞の電子密度 ρ^c は，式 (7.8) に書いたように個々の原子の電子密度 ρ^a_j を並べて形成される。全体の電子密度 ρ は，式 (7.9) に書いたように単位胞の電子密度 ρ^c を周期的に並べて形成される。

$\boldsymbol{r}-(n_1\boldsymbol{a}+n_2\boldsymbol{b}+n_3\boldsymbol{c})$ を $\boldsymbol{r}$ と変数変換して

$$
\begin{aligned}
&= \sum_{n_1,n_2,n_3}\int_{\text{all}}\rho^c(\boldsymbol{r})\exp[i\boldsymbol{Q}\cdot(\boldsymbol{r}+n_1\boldsymbol{a}+n_2\boldsymbol{b}+n_3\boldsymbol{c})]d\boldsymbol{r}\\
&= \sum_{n_1,n_2,n_3}\exp[i\boldsymbol{Q}\cdot(n_1\boldsymbol{a}+n_2\boldsymbol{b}+n_3\boldsymbol{c})]\int_{\text{all}}\rho^c(\boldsymbol{r})e^{i\boldsymbol{Q}\cdot\boldsymbol{r}}d\boldsymbol{r} \qquad (7.10)
\end{aligned}
$$

となる。$\rho^c(\boldsymbol{r})$ が単位胞の内側でのみ 0 でない値を持つので，積分範囲は全空間となっているが，実質的には単位胞一つ分の範囲の積分と思ってもよい。

前半の総和は

$$
\sum_{n_1,n_2,n_3}\exp[i\boldsymbol{Q}\cdot(n_1\boldsymbol{a}+n_2\boldsymbol{b}+n_3\boldsymbol{c})]=\sum_{n_1}e^{in_1\boldsymbol{Q}\cdot\boldsymbol{a}}\sum_{n_2}e^{in_2\boldsymbol{Q}\cdot\boldsymbol{b}}\sum_{n_3}e^{in_3\boldsymbol{Q}\cdot\boldsymbol{c}} \qquad (7.11)
$$

と分割できる。ここで和を一つだけ計算してみよう。$\sum_n\exp[in\boldsymbol{Q}\cdot\boldsymbol{a}]$ で n を 0 から $N-1$ の範囲で和をとる。N は試料全体の $\boldsymbol{a}$ 方向に並んだ単位胞の数である。これは初項 1，公比 $\exp[i\boldsymbol{Q}\cdot\boldsymbol{a}]$ の等比級数である。等比数列の和の公式，$a+ar+ar^2+\cdots+ar^{n-1}=a(r^n-1)/(r-1)$ を用いて，

$$
\sum_{n=0}^{N-1}e^{in\boldsymbol{Q}\cdot\boldsymbol{a}}=\frac{e^{iN\boldsymbol{Q}\cdot\boldsymbol{a}}-1}{e^{i\boldsymbol{Q}\cdot\boldsymbol{a}}-1}
$$

$$
\begin{aligned}
&= \frac{(e^{i(N/2)\boldsymbol{Q}\cdot\boldsymbol{a}} - e^{-i(N/2)\boldsymbol{Q}\cdot\boldsymbol{a}})e^{i(N/2)\boldsymbol{Q}\cdot\boldsymbol{a}}}{(e^{i(1/2)\boldsymbol{Q}\cdot\boldsymbol{a}} - e^{-i(1/2)\boldsymbol{Q}\cdot\boldsymbol{a}})e^{i(1/2)\boldsymbol{Q}\cdot\boldsymbol{a}}} \\
&= \frac{\sin[(N/2)\boldsymbol{Q}\cdot\boldsymbol{a}]}{\sin[(1/2)\boldsymbol{Q}\cdot\boldsymbol{a}]} e^{i\boldsymbol{Q}\cdot\boldsymbol{a}(N-1)/2} \\
&\equiv L_F[\boldsymbol{Q}\cdot\boldsymbol{a}/(2\pi)] \cdot e^{i\boldsymbol{Q}\cdot\boldsymbol{a}(N-1)/2} \qquad (7.12)
\end{aligned}
$$

となる。最後の係数 $e^{i\boldsymbol{Q}\cdot\boldsymbol{a}(N-1)/2}$ は絶対値が1の量であり，最終的な散乱強度には関係ない。今の計算では結晶の端を原点に選んだが，結晶の中心を原点に選ぶことで，この位相因子 $e^{i\boldsymbol{Q}\cdot\boldsymbol{a}(N-1)/2}$ の部分が1になるようにすることができる[*6]。$L_I[\boldsymbol{Q}\cdot\boldsymbol{a}/(2\pi)] = \{L_F[\boldsymbol{Q}\cdot\boldsymbol{a}/(2\pi)]\}^2$ をラウエ関数 (Laue function) と呼ぶ。$\boldsymbol{a}$ は結晶によって決まっているので，これは $\boldsymbol{Q}$ に対する関数である。L_F, L_I を図にすると図7.3のようになる。結晶では N は非常に大きいので，この関数は $\boldsymbol{Q}\cdot\boldsymbol{a}$ が 2π の整数倍の位置に δ 関数が並んだように見える。以下，$\boldsymbol{Q}\cdot\boldsymbol{a}/2\pi$, $\boldsymbol{Q}\cdot\boldsymbol{b}/2\pi$, $\boldsymbol{Q}\cdot\boldsymbol{c}/2\pi$ をしばしば ξ, η, ζ と書く。ξ, η, ζ が整数の場合のみを話題にする場合には，これらに代えて h, k, l を用いる。

結果として，式 (7.10) は

$$
F(\boldsymbol{Q}) = L_F(\xi)L_F(\eta)L_F(\zeta)\int_{\mathrm{all}} \rho^c(\boldsymbol{r})e^{i\boldsymbol{Q}\cdot\boldsymbol{r}}d\boldsymbol{r} \qquad (7.13)
$$

となり，ξ, η, ζ すべてが整数の時のみ鋭いピークを与える。これがよく知られているブラッグ反射である。つまり，ブラッグ反射が出現するのは繰り返し構造があることに起因しており，繰り返しの単位である単位胞内部の構造にはまったく関係ない。

一つのピークに対する積分強度を確認しよう。

---

*6　電子密度 $\rho(\boldsymbol{r})$ からの散乱振幅は $\int_{\mathrm{all}}\rho(\boldsymbol{r})e^{i\boldsymbol{Q}\cdot\boldsymbol{r}}d\boldsymbol{r}$ である。試料を $\boldsymbol{R}$ だけ動かすと，

$$
\begin{aligned}
F(\boldsymbol{Q}) &= \int_{\mathrm{all}} \rho(\boldsymbol{r}-\boldsymbol{R})e^{i\boldsymbol{Q}\cdot\boldsymbol{r}}d\boldsymbol{r} \\
&= \int_{\mathrm{all}} \rho(\boldsymbol{r})e^{i\boldsymbol{Q}\cdot(\boldsymbol{r}+\boldsymbol{R})}d\boldsymbol{r} \\
&= e^{i\boldsymbol{Q}\cdot\boldsymbol{R}}\int_{\mathrm{all}} \rho(\boldsymbol{r})e^{i\boldsymbol{Q}\cdot\boldsymbol{r}}d\boldsymbol{r}
\end{aligned}
$$

となる。試料を並進させる，あるいは原点の選び方を変えることで，$F(\boldsymbol{Q})$ 全体の位相が $e^{i\boldsymbol{Q}\cdot\boldsymbol{R}}$ だけ変わることがわかる。

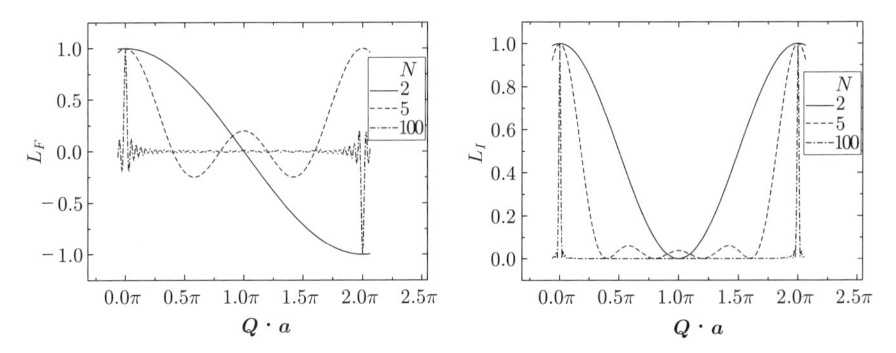

図 7.3　ラウエ関数。N が大きければ，$\boldsymbol{Q}\cdot\boldsymbol{a}$ が 2π の整数倍の位置に強い強度が出る。左は L_F の図，右は L_I の図である。L_F, L_I とも最大値が 1 になるように規格化を行った。

$$\int_{\text{one peak}} L_I(\xi)d\xi \simeq \int_{-\infty}^{\infty}\left[\frac{\sin(N\pi\xi)}{\pi\xi}\right]^2 d\xi = N \tag{7.14}$$

ここで積分公式 $\int_{-\infty}^{\infty}\sin^2(x)/x^2dx=\pi$ を使った。この結果は，ブラッグ反射の積分強度は試料に含まれる原子数に比例することを示している。

7.3 逆 格 子

ラウエ関数の式を見ると，$\boldsymbol{Q}\cdot\boldsymbol{a}$，$\boldsymbol{Q}\cdot\boldsymbol{b}$，$\boldsymbol{Q}\cdot\boldsymbol{c}$ がすべて 2π の整数倍になる $\boldsymbol{Q}$ でのみ，散乱強度が大きな値になることがわかる。そこで，次のような三つの逆格子ベクトル $\boldsymbol{a}^*$, $\boldsymbol{b}^*$, $\boldsymbol{c}^*$を導入する。

$$\begin{aligned}\boldsymbol{a}^* &= \frac{2\pi\boldsymbol{b}\times\boldsymbol{c}}{\boldsymbol{a}\cdot(\boldsymbol{b}\times\boldsymbol{c})}\\ \boldsymbol{b}^* &= \frac{2\pi\boldsymbol{c}\times\boldsymbol{a}}{\boldsymbol{a}\cdot(\boldsymbol{b}\times\boldsymbol{c})}\\ \boldsymbol{c}^* &= \frac{2\pi\boldsymbol{a}\times\boldsymbol{b}}{\boldsymbol{a}\cdot(\boldsymbol{b}\times\boldsymbol{c})}\end{aligned} \tag{7.15}$$

$\boldsymbol{a}^*$の分母は単位胞の体積を表す。分子は，b 軸，c 軸で張る面の法線ベクトルで，その大きさは b–c 面の面積の 2π 倍である。全体としてみると，$\boldsymbol{a}^*$ は b–c 面の面間隔の逆数の 2π 倍の長さを持った，b–c 面の法線ベクトルである（付録 B で詳

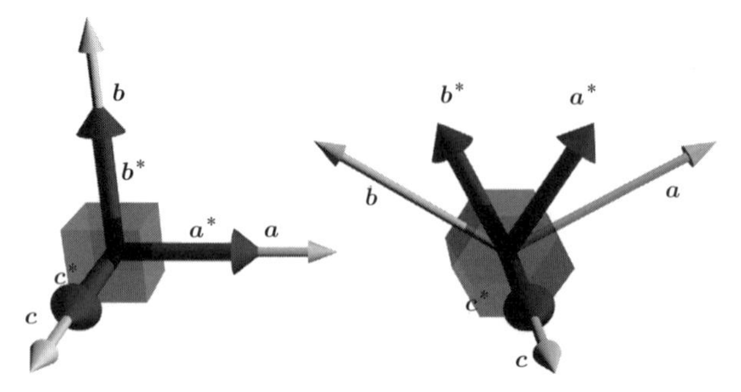

図7.4　立方晶（左）と六方晶（右）の結晶。結晶には $\boldsymbol{a}$, $\boldsymbol{b}$, $\boldsymbol{c}$ 軸だけでなく，$\boldsymbol{a}^*$, $\boldsymbol{b}^*$, $\boldsymbol{c}^*$ も生えているとイメージすると回折の理解に役立つ。

細な説明を行う)。

この定義により，次の関係が成り立つ。

$$\begin{aligned} \boldsymbol{a} \cdot \boldsymbol{a}^* &= 2\pi \\ \boldsymbol{b} \cdot \boldsymbol{a}^* &= 0 \\ \boldsymbol{c} \cdot \boldsymbol{a}^* &= 0 \end{aligned} \tag{7.16}$$

逆格子ベクトルの次元は長さの逆数であり，波数と同じ次元である。そこで，この $\boldsymbol{a}^*$, $\boldsymbol{b}^*$, $\boldsymbol{c}^*$を基底として $\boldsymbol{Q}$ を表現する。

$$\boldsymbol{Q} = \xi \boldsymbol{a}^* + \eta \boldsymbol{b}^* + \zeta \boldsymbol{c}^* \qquad (\xi, \eta, \zeta：実数) \tag{7.17}$$

すると，ξ, η, ζ すべてが整数値 h, k, l の時にのみ，ラウエ関数が大きな値を持つことがわかる。このような格子 (h, k, l) を逆格子 (reciprocal lattice) と呼び，逆格子が存在する空間 (ξ, η, ζ) を逆空間 (reciprocal space) という。

結晶に対して，$\boldsymbol{a}$, $\boldsymbol{b}$, $\boldsymbol{c}$ の軸だけでなく，図7.4に示したように $\boldsymbol{a}^*$, $\boldsymbol{b}^*$, $\boldsymbol{c}^*$ もイメージすると回折の理解に役立つ[*7]。$\boldsymbol{a}$, $\boldsymbol{b}$, $\boldsymbol{c}$ と $\boldsymbol{a}^*$, $\boldsymbol{b}^*$, $\boldsymbol{c}^*$ は次元が違うために長さは比べられないが，方向は完全に一対一対応している。

---

*7　筆者は $\boldsymbol{a}$, $\boldsymbol{b}$, $\boldsymbol{c}$, $\boldsymbol{a}^*$, $\boldsymbol{b}^*$, $\boldsymbol{c}^*$ の矢印が結晶から“生えて”いる，まさに図7.4のような形を頭の中に描いて実験している。

7.4 エヴァルト球

ここでは回折現象を逆空間に作図する手順を示す。ベクトルを矢印で描いた際の矢印側を“先端”あるいは“終点”，反対側を“始点”と呼ぼう。$\boldsymbol{k}_i$ の先端を逆空間原点に合わせて描く。$\boldsymbol{k}_f$ の始点を $\boldsymbol{k}_i$ の始点に合わせて描く。こうすると，図 7.5 に示したように $\boldsymbol{Q}$ は逆空間原点から $\boldsymbol{k}_f$ の終点に向けたベクトルになる。以上で回折計側の事情の作図は終わりである。$\boldsymbol{k}_i$ と $\boldsymbol{k}_f$ の成す角を，歴史的な事情から 2θ と呼ぶ。$\boldsymbol{k}_i$ と $\boldsymbol{k}_f$ で張る面（この図でいうと紙面に平行な面）を散乱面 (scattering plane) と呼ぶ[*8]。散乱面内で試料を回転させる角度を通常は θ と呼ぶが，これは 2θ の半分であるとは限らない。この混乱を嫌って θ の代わりに ω や $(2\theta/2)+\omega$ を用いることもある。本書では以下，θ の代わりに ω を使う。

次に結晶側の情報を図に導入しよう。$\boldsymbol{a}^*$, $\boldsymbol{b}^*$, $\boldsymbol{c}^*$ を基底とする格子を，入射・散乱 X 線と結晶の成す角を合わせて図 7.6 のように描く。こう見ると，h, k, l が整数である逆格子点と $\boldsymbol{Q}$ が一致するのは限られた場合だけであることがわかるだろう。(a) ではブラッグ条件を満たさない。(b) ではブラッグ反射が観測されるが，試料を 1° でも回転させればブラッグ反射は消えることがわかるだろう。

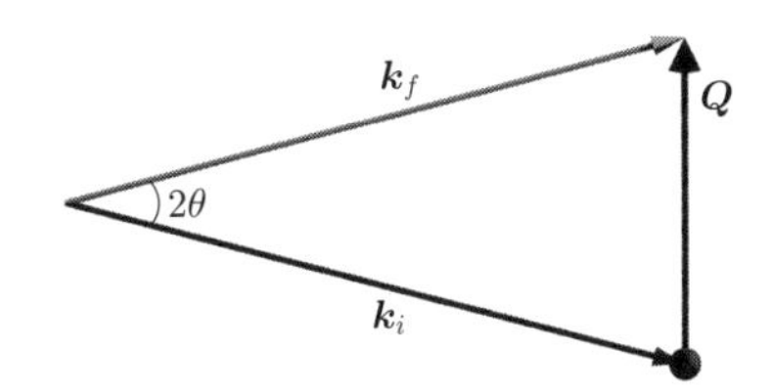

図 7.5　入射・散乱 X 線の波数ベクトル $\boldsymbol{k}_i \cdot \boldsymbol{k}_f$ と，散乱ベクトル $\boldsymbol{Q}$。散乱ベクトルの始点の球は逆空間原点を表す。

---

*8　実空間から回折を理解しようとしている人は，ブラッグ反射を起こす原子面（ミラー (Miller) 指数で表される）を考えようとする。このような考え方をした場合，一般的な日本語の語感では，この原子面を“散乱面”と呼びたくなる。しかし，用語として定義されている“散乱面”はブラッグ反射を起こす原子面と直交しているので，注意を要す。なお，原子面から回折現象を考えていると，後述する散漫散乱や試料の外形による散乱などがまったく理解できなくなると思われる。少なくとも筆者には，多くの散乱現象を実空間から説明することができない。

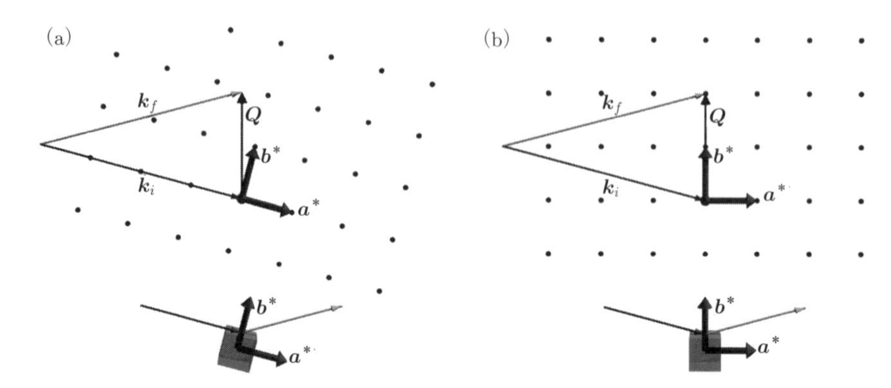

図 7.6　入射・散乱 X 線と結晶の逆格子。(a) 入射 X 線と結晶の $\boldsymbol{a}^*$ 軸が平行な場合，(b) 散乱ベクトルと結晶の $\boldsymbol{b}^*$ 軸が平行な場合。下段には実空間で見た試料と入射・散乱 X 線の様子を示した。

代表的な測定法での観測領域

図 7.7 に代表的な測定法である θ-2θ スキャン，ω スキャンの測定範囲を示した。前者は 2θ と ω を 2:1 の比率で動かしながら測定を行い，逆格子原点から見て放射状の線の上を測定することになる。後者は ω のみを動かしながら測定を行い，逆格子原点を中心とした円弧を描くような線の上を測定することになる。

写真法に代表される，二次元検出器を用いた実験を考えよう。この場合，結晶を止めた状態で（つまり $\boldsymbol{k}_i$ を逆格子に対して固定しておいて）$\boldsymbol{k}_f$ の方向をさまざま

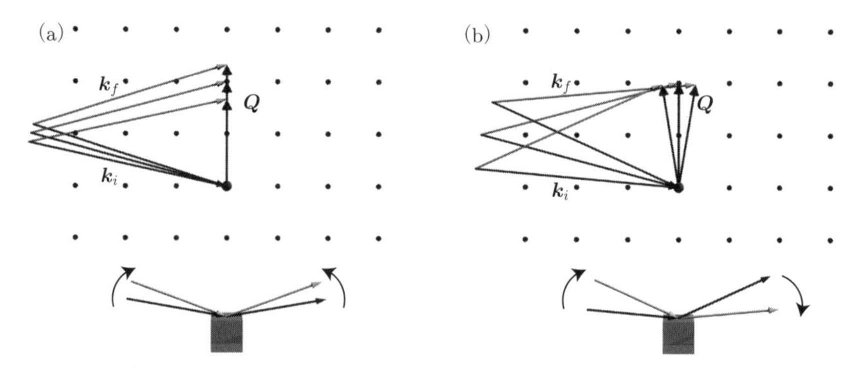

図 7.7　代表的な測定法である (a) θ-2θ スキャンと (b) ω スキャンの測定範囲。

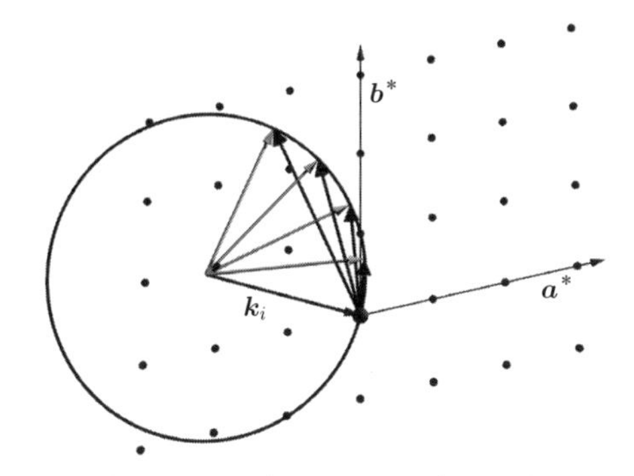

図 7.8 結晶に対して一定の角度で単色の X 線が入射した状況で，異なる散乱角の散乱 X 線を観測する場合に，逆空間のどこを測定しているかを示した。円周上の $\boldsymbol{Q}$ が $\boldsymbol{k}_i$ を変えずに測定できる領域である。紙面垂直方向を考えに入れると，この円周を大円とする球面上の $\boldsymbol{Q}$ が測定できることになる。この球をエヴァルト球，この作図法をエヴァルトの作図法という。

に変えた際の散乱ベクトルが，一度に測定される領域である[*9]。この状況を図 7.8 に示した。紙面垂直方向まで考えに入れると，図 7.8 に描いた円周を赤道[*10]とする球面上の $\boldsymbol{Q}$ が測定できることになる。この球をエヴァルト球 (Ewald sphere)，この作図法をエヴァルトの作図法 (Ewald construction) という。

紙面垂直方向を入れた図はわかりづらいので，今後も必要がなければ二次元の図に留めるが，実際にはこの図の円は球の一部であることを意識しておこう。二次元検出器を固定したまま，入射 X 線の方向を変えながら露光した場合に何が写るかを図 7.9(a) に，入射 X 線，検出器とも固定したまま，入射 X 線の波長を変えた場合に何が写るかを図 7.9(b) に示した。これらはそれぞれ，振動写真，ラウエ写真と呼ばれる。

電子回折のように波長が極めて短い場合，エヴァルト球の曲率は極めて小さくなる。その結果，2θ が 0 に近い領域では逆格子空間の原点を通る $\boldsymbol{k}_i$ に垂直な平面がそのまま写真に写る。通常の X 線回折で用いる波長域 (∼1Å) ではそこまで曲率が小さくなることはなく，写真に写る逆格子は歪む。

*9 シンチレーションカウンタに代表されるポイントディテクタ（ゼロ次元検出器）を使う場合でも，X 線を受光する面の面積が有限の広がりを持つので，一度に測定する逆空間の領域がどの範囲であるかを考える場合には類似の考え方を用いる。こちらの詳細は 8.5 節参照。

*10 正しい数学用語では大円という。

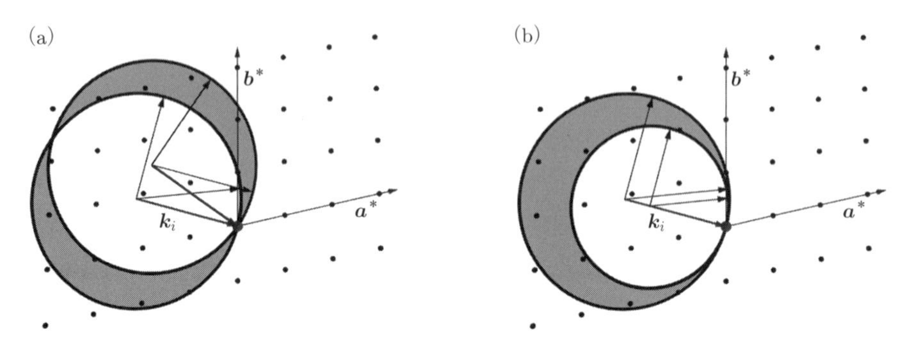

図 7.9　(a) 振動写真，(b) ラウエ写真の撮影領域。二つの円の間の灰色の領域が 1 枚の写真に写る。

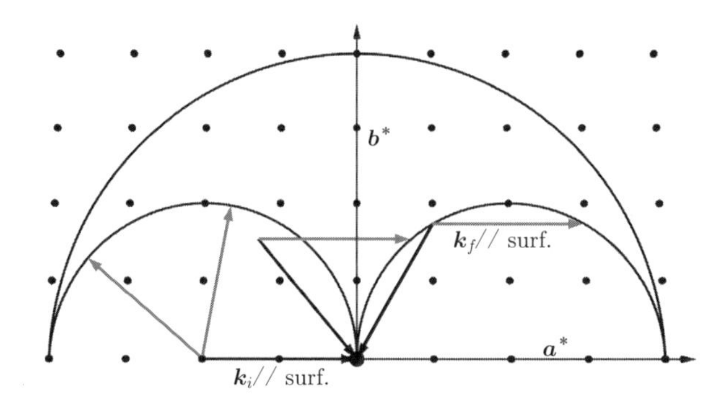

図 7.10　板状結晶に対する測定可能領域。大きな半円は $2\theta = 180°$ に該当する限界球である。左側の半円は入射 X 線が試料表面と平行になる条件，右側の半円は散乱 X 線が試料表面と平行になる条件であり，三つの半円で囲まれる銀杏の葉の形の領域が測定可能領域である。

ある波長の X 線を使った時に逆空間のどこまでを測定できるかは，2θ が $180°$ での散乱ベクトルの長さで決まる。この範囲を示す球を限界球 (limiting sphere) と呼ぶ。

この節の最後に，板状結晶を用いた際の測定可能領域を示す。板状結晶では入射 X 線・散乱 X 線のどちらも試料を透過できない。そのため，$\boldsymbol{k}_i$, $\boldsymbol{k}_f$ の一方もしくは両方が結晶内側を向く場合は，試料を透過する条件となるために測定できない。図 7.10 に，立方晶の b 面が試料表面と平行であるとして測定可能な領域を示した。大きな半円は $2\theta = 180°$ に該当する限界球である。左側の半円は入射 X

線が試料表面と平行になる条件，右側の半円は散乱X線が試料表面と平行になる条件であり，三つの半円で囲まれる銀杏の葉の形の領域が測定可能領域である。110反射[*11]は透過になるため測定できないが，120反射は測定可能であることがわかる。三次元的な条件を書くと，各半円は球で置き換えられる。そのため，110反射を測定したい場合は，b^* 軸周りに結晶を 90° 回転し，そのうえで b^* 軸を紙面から 45° 傾けることで，透過にならない条件を保ったまま散乱面に110を乗せることができる。別の表現をすると，この図の状態から a^* 軸周りに 45° 結晶を傾けることで，011を反射の条件で散乱面に乗せることができる。

7.5　原子散乱因子と構造因子

式(7.13)の $\int \rho^c(\boldsymbol{r})e^{i\boldsymbol{Q}\cdot\boldsymbol{r}}d\boldsymbol{r}$ の部分を放置したままここまで進んできた。本節ではこの部分を考える。式(7.8)を用いると，この積分は次のように書き換えられる。

$$
\begin{aligned}
\int \sum_j^{\text{cell}} \rho_j^a(\boldsymbol{r}-\boldsymbol{r}_j)e^{i\boldsymbol{Q}\cdot\boldsymbol{r}}d\boldsymbol{r} &= \sum_j^{\text{cell}} \int \rho_j^a(\boldsymbol{r}-\boldsymbol{r}_j)e^{i\boldsymbol{Q}\cdot(\boldsymbol{r}-\boldsymbol{r}_j)}e^{i\boldsymbol{Q}\cdot\boldsymbol{r}_j}d\boldsymbol{r} \\
&= \sum_j^{\text{cell}} \left[\int \rho_j^a(\boldsymbol{r})e^{i\boldsymbol{Q}\cdot\boldsymbol{r}}d\boldsymbol{r}\right] e^{i\boldsymbol{Q}\cdot\boldsymbol{r}_j} \\
&\equiv \sum_j^{\text{cell}} f_j(\boldsymbol{Q})e^{i\boldsymbol{Q}\cdot\boldsymbol{r}_j} \equiv F_{\text{cell}}(\boldsymbol{Q}) \qquad (7.18)
\end{aligned}
$$

この $f_j(\boldsymbol{Q})$ を原子散乱因子といい，一つの原子による散乱振幅を $\boldsymbol{Q}$ の関数として表したものである。F_{cell} は構造因子と呼ばれ，単位胞一つからの散乱振幅を $\boldsymbol{Q}$ の関数として表したものである[*12]。式(7.13)と式(7.18)から，

$$
F(\boldsymbol{Q}) = L_F(\xi)L_F(\eta)L_F(\zeta)F_{\text{cell}}(\boldsymbol{Q}) \qquad (7.19)
$$

---

*11　ブラッグ反射の指数はかっこを付けず，カンマも入れないのが結晶学の用語として正しい記法である。ただし，反射の指数が二桁以上になったり，不整合構造などで小数や分数の指数を使う場合などは厳密にこの約束に従うと読みづらくなる。本書では基本的に結晶学的な規約にのっとった表記を心がけつつ，読みづらくなる場合には結晶学的に正しい表記法にはこだわらない書き方をする。

が得られ，各逆格子点で $|F_{\mathrm{cell}}(\boldsymbol{Q})|^2$ に比例した強度のブラッグ反射が得られるという，よく知られた事実を端的に表す式に到達する。

$f_j(\boldsymbol{Q})$ を用いて $F(\boldsymbol{Q})$ 全体を書くと，次のようになる。

$$\begin{aligned}
F(\boldsymbol{Q}) &= \int \rho(\boldsymbol{r}) e^{i\boldsymbol{Q}\cdot\boldsymbol{r}} d\boldsymbol{r} \\
&= \int \sum_j^{\mathrm{all}} \rho_j^a(\boldsymbol{r}-\boldsymbol{r}_j) e^{i\boldsymbol{Q}\cdot\boldsymbol{r}} d\boldsymbol{r} \\
&= \sum_j^{\mathrm{all}} \int \rho_j^a(\boldsymbol{r}-\boldsymbol{r}_j) e^{i\boldsymbol{Q}\cdot(\boldsymbol{r}-\boldsymbol{r}_j)} e^{i\boldsymbol{Q}\cdot\boldsymbol{r}_j} d(\boldsymbol{r}-\boldsymbol{r}_j) \\
&= \sum_j^{\mathrm{all}} f_j(\boldsymbol{Q}) e^{i\boldsymbol{Q}\cdot\boldsymbol{r}_j}
\end{aligned} \tag{7.20}$$

個々の原子からの散乱振幅 f_j に，位相因子 $e^{i\boldsymbol{Q}\cdot\boldsymbol{r}_j}$ を乗じて j について和をとることで，全体の散乱振幅を得ることになる。これは式 (7.5) を原子ごとに分けて離散化したような形をしており，非常に使いやすい形である。

原子散乱因子の $\boldsymbol{Q}$ 依存性

さて，式 (7.18) で定義された原子散乱因子 $f(\boldsymbol{Q}) = \int \rho^a(\boldsymbol{r}) e^{i\boldsymbol{Q}\cdot\boldsymbol{r}} d\boldsymbol{r}$ はどのような関数であろうか？　この式は原子の持つ電子密度をフーリエ変換したものになっている。電子密度 $\rho^a(\boldsymbol{r})$ をガウス関数で近似すると（これは非常に大雑把には原子の形を再現しているだろう），それをフーリエ変換した $f(\boldsymbol{Q})$ もまたガウス関数になることは数学の公式集を見ればわかる。つまり，大雑把にいって $Q = |\boldsymbol{Q}|$ が大きくなるにつれて $f(\boldsymbol{Q})$ は小さくなる。また，電子密度分布は一般には球対称ではないが，球対称からずれているのは価電子のみであり，内殻の電子は球対称に分布している。このため，ほとんどの場合電子密度は球対称であると近似し

*12　構造因子という用語は，おそらく歴史的な問題で，X 線回折における複数の概念に対して使われている。(1) 本書と同じ定義，のほかに，(2) 本書で原子散乱因子と呼んでいるもの，(3) 7.7 節に述べる結晶の外形による散乱への寄与を表す関数，を構造因子と呼ぶ場合がある。混乱を避けるように本書ではここで定義した用法を守ることにする。

てよく，$f(\boldsymbol{Q})$ も $f(Q)$ と書いてよい[*13]。以下，原子散乱因子の Q 依存性は明記せず，単に f と書く。

原子散乱因子の異常分散

現実の原子と X 線の相互作用を考えると，内殻の電子を X 線が励起する過程が存在し，それによって原子と X 線との相互作用が変化する。これは原子散乱因子にも反映され，原子散乱因子は散乱ベクトル $\boldsymbol{Q}$ だけでなく，X 線のエネルギー E にも依存する。通常は

$$f(\boldsymbol{Q}, E) = f_0(\boldsymbol{Q}) + f'(E) + if''(E)$$

と書く。f_0 は上述の電子密度のフーリエ変換で与えられ，トムソン散乱項と呼ばれる。残りの 2 項は電子励起に対応する補正であり，異常分散項の実部，虚部と呼ばれる。f' は元素ごとに決まっている吸収端エネルギーに鋭い谷底を持つ。孤立した鉄原子の f', f'' のエネルギー依存性を図 7.11 に示した。結晶中では周囲の環境を反映して，特に吸収端より高エネルギー側に振動が現れるが，おおむねどの元素でも似たようなエネルギー依存性を示す。f'' は吸収係数に E をかけた量に比例し[*14]，階段関数のようなエネルギー依存性を持つ（150 ページ脚注も参照)。

構造因子の計算例

簡単な構造について，構造因子 F_{cell} を計算してみよう。例えば，体心立方格子の場合は次のようになる。体心立方格子の構造は，単位胞の原点 $(0, 0, 0)$ と，中

---

*13 極度に高精度の測定を行い，この球対称からのズレに注目した研究も行われている。例えばダイヤモンドやシリコンでは原子が球対称であれば 222 ブラッグ反射は強度が 0 になると期待されるが，共有結合を形成するために電子雲は球対称から外れており，弱いながら 222 反射が観測されることは昔から知られている。有機固体の共有結合軌道は，結合に関与しない電子数が相対的に少ないために比較的簡単に観測できる（図 1.6 ではシリコンの共有結合が観測されている)。$3d$ 遷移金属の d 軌道の占有状態でさえも，非常に丁寧に測定することで実験的に測定可能である。本書では特記しない限り，原子は球対称であるという近似を採用する。

*14 $f''(E) = mcE\mu/2e^2h$ である。ここで m, c, e, h はそれぞれ電子の静止質量，光速，素電荷，プランク定数であり，μ が吸収係数である。f' と f'' はクラマース–クローニッヒの関係でつながっている。

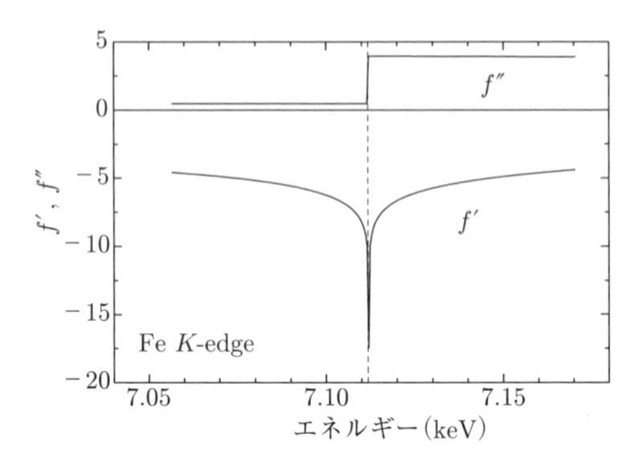

図 7.11　孤立した鉄原子の f', f'' のエネルギー依存性の計算値。吸収端のエネルギーを点線で示した。

心 $(\frac{1}{2}, \frac{1}{2}, \frac{1}{2})$ に原子がある構造になっている。よって，

$$\begin{aligned}\sum_{j}^{\text{cell}} f e^{i\boldsymbol{Q}\cdot\boldsymbol{r}_j} &= f\left\{\exp[2\pi i(h,k,l)\cdot(0,0,0)] + \exp[2\pi i(h,k,l)\cdot(\tfrac{1}{2},\tfrac{1}{2},\tfrac{1}{2})]\right\} \\ &= f\{1+\exp[i\pi(h+k+l)]\} \\ &= \begin{cases} 2f & h+k+l：偶数 \\ 0 & h+k+l：奇数 \end{cases}\end{aligned} \tag{7.21}$$

となる[*15]。ここで式 (7.16) の関係を利用した。この結果から，逆格子点でありながらも，つまりラウエ関数が 0 でない値を持つ点でありながらも，ブラッグ反射が起こらない点が存在することがわかる。このピークの有無の規則を消滅則とい

*15　$\boldsymbol{Q}\cdot\boldsymbol{R}_j = 2\pi(h,k,l)\cdot(x_j,y_j,z_j)$ と書いている。これは直交座標系での内積の表記を借りているが，(h,k,l) と (x_j,y_j,z_j) では基底も違う（前者は $\boldsymbol{a}^*, \boldsymbol{b}^*, \boldsymbol{c}^*$ が基底，後者は $\boldsymbol{a}, \boldsymbol{b}, \boldsymbol{c}$ が基底）し，その基底も一般には直交座標ではない。こんな乱暴な書き方をして正しいのか，と疑問に思うかもしれない。式 (7.16) を用いると，$\boldsymbol{Q}\cdot\boldsymbol{R}_j$ は次のように書ける。

$$\begin{aligned}\boldsymbol{Q}\cdot\boldsymbol{R}_j &= h\boldsymbol{a}^*\cdot x_j\boldsymbol{a} + h\boldsymbol{a}^*\cdot y_j\boldsymbol{b} + h\boldsymbol{a}^*\cdot z_j\boldsymbol{c} \\ &\quad + k\boldsymbol{b}^*\cdot x_j\boldsymbol{a} + k\boldsymbol{b}^*\cdot y_j\boldsymbol{b} + k\boldsymbol{b}^*\cdot z_j\boldsymbol{c} \\ &\quad + l\boldsymbol{c}^*\cdot x_j\boldsymbol{a} + l\boldsymbol{c}^*\cdot y_j\boldsymbol{b} + l\boldsymbol{c}^*\cdot z_j\boldsymbol{c} \\ &= h\boldsymbol{a}^*\cdot x_j\boldsymbol{a} + k\boldsymbol{b}^*\cdot y_j\boldsymbol{b} + l\boldsymbol{c}^*\cdot z_j\boldsymbol{c} \\ &= 2\pi(hx_j + ky_j + lz_j)\end{aligned}$$

これを省略して $\boldsymbol{Q}\cdot\boldsymbol{R}_j = 2\pi(h,k,l)\cdot(x_j,y_j,z_j)$ と書いた。

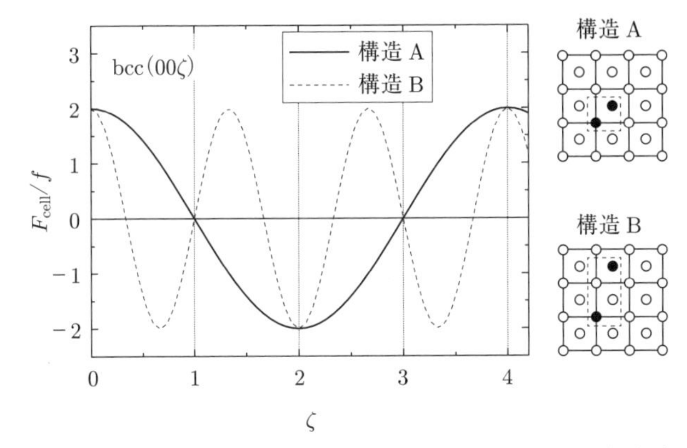

図 7.12 体心立方格子に対する $F_{\rm cell}(00\zeta)$。構造 A の原子位置:$\pm(\frac{1}{4},\frac{1}{4},\frac{1}{4})$，構造 B の原子位置:$\pm(\frac{1}{4},\frac{1}{4},\frac{3}{4})$。二つの単位胞の選び方は異なる $F_{\rm cell}(\boldsymbol{Q})$ を与えるが，逆格子点では同じ値になる。

う。消滅則は結晶の対称性から決まる。対称性の要請によって強度が現れない“反射”を“禁制反射”という。なお，ここでは体心立方格子に対する計算を行なったが，実際には立方格子であることは式 (7.16) の関係に吸収されてしまい，まったく使っていない。つまり体心格子であれば立方格子でなくてもこの消滅則（$h+k+l$ が偶数の時のみブラッグ反射が現れる）が成立する。面心立方格子については各自の演習問題として残しておく。

単位胞の選び方の構造因子への影響

$F_{\rm cell}$ は逆格子点でのみ“よく定義された”量となる。上記の体心立方格子は，上で選んだように $(0,0,0)$ と $(\frac{1}{2},\frac{1}{2},\frac{1}{2})$ に原子がある（これをここで構造 A と呼ぶ）と考えてもよいが，例えば $(0,0,0)$ と $(\frac{1}{2},\frac{1}{2},\frac{3}{2})$ に原子を置いてもよい（これを構造 B と呼ぶ）。この二つは周期的境界条件を取れば完全に同じ構造を与える。結晶表面を考えるとこの二つは異なるが，バルクの構造を反映するブラッグ反射だけを見る分には，この差は感知できない[*16]。その他，無数の“同じ構造を意味する別の単位胞の選び方”がある。構造 A, B について，c^* 軸上の $F_{\rm cell}$ を計算した結果を図 7.12 に示した。ただし，ここでは作図の都合上，$F_{\rm cell}$ が実数になるよ

*16 表面付近での具体的な構造の図は 227 ページの図 11.2 を参照。

うに原点を取りなおし，構造 A の原子位置を $\pm(\frac{1}{4},\frac{1}{4},\frac{1}{4})$，構造 B の原子位置を $\pm(\frac{1}{4},\frac{1}{4},\frac{3}{4})$ とした。二つの単位胞の選び方は異なる $F_{\mathrm{cell}}(\boldsymbol{Q})$ を与えるが，逆格子点では同じ値になる。F_{cell} を逆空間における一般の点に対して適用する場合がある。本書でも 11 章，12 章ではそのように F_{cell} を用いる。逆空間における一般の点での F_{cell} を用いる際には，適切な単位胞の選び方を考える必要がある。

各種の対称性に起因する消滅則

体心や面心のようなセンタリング（centring，ここでは International Tables[24] に従ってイギリス英語のつづりを示した）を含む構造*17に由来する消滅則は，逆空間の体積全体に適用され，$h+k+l$ が偶数の場合にのみ反射が見られたり，あるいは hkl がすべて偶数あるいは奇数の場合のみ出る。このような由来の禁制反射は，プリミティブに単位胞を選んだ場合にはそもそも逆格子点ではない。

螺旋軸がある場合には $00l$ で l が特定の値の場合にのみ反射が出現する（例えば 6_1 螺旋では $l=6n$, 6_2 螺旋では $l=3n$ のみ出る。ここで n は整数）。映進面がある場合には，映進面に応じた逆空間の面上に消滅則が生じる*18。これらは単に F_{cell} が 0 であるだけで，これらの点が逆格子点であることには変わりない。

7.6　畳み込みとフーリエ変換の積

ここまで，結晶からの X 線散乱について，電子による X 線の散乱から議論を始め，並進対称性によってブラッグ反射が現れること，および，ブラッグ反射間の相対強度は単位胞内部の構造によって決まることを示してきた。式 (7.13) と式 (7.18) から，散乱振幅は次のように並進対称による部分と，単位胞の構造に依存する部分の積で表現できる。

*17　センタリングの対称性は，体心格子，面心格子，および底心格子が三次元並進構造と両立し得る。詳細は 9.1 節を参照。なお，日本語としてはセンタリングの対称性を持つ格子を複合格子と呼ぶことがあるが，少なくとも International Tables for Crystallography[24] の Vol.A の中に complex lattice あるいは類似の表現は使われていない。その代わりにセンタリングという語を使った文が使われている。

*18　本書では螺旋軸や映進面については特に説明しない。文献 [13] のような結晶学の教科書などを参照してほしい。

$$F(\boldsymbol{Q}) = L_F(\xi)L_F(\eta)L_F(\zeta)F_{\text{cell}}(\boldsymbol{Q}) \equiv L_F(\boldsymbol{Q})F_{\text{cell}}(\boldsymbol{Q})$$

散乱振幅は式 (7.5) に示した通り，電子密度のフーリエ変換であった。フーリエ変換の性質として，畳み込みがフーリエ変換によって積に変換される，というものがある。この性質を使うと，ここまでの散乱振幅の計算を非常に短くまとめられるので，ここで紹介する。

二つの関数 $f(\boldsymbol{r})$ と $g(\boldsymbol{r})$ の畳み込み $f(\boldsymbol{r}) * g(\boldsymbol{r})$ は，式のうえでは次のように定義される。

$$f(\boldsymbol{r}) * g(\boldsymbol{r}) = \int f(\boldsymbol{x})g(\boldsymbol{r} - \boldsymbol{x})d\boldsymbol{x} \tag{7.22}$$

$f(\boldsymbol{r}) * g(\boldsymbol{r})$ のイメージは，関数 $f(\boldsymbol{r})$ を，関数 $g(\boldsymbol{r})$ の形の窓でのぞき込んだものである。特に $f(\boldsymbol{r})$ が δ 関数の和で書ける場合には非常にわかりやすくなる。図 7.13 上段に，結晶格子の例を示した。$f(\boldsymbol{r})$ が結晶の周期性（周期的に並んだ δ 関数で表現される）を表し，$g(\boldsymbol{r})$ が単位胞の構造を表す。この二つを畳み込むと，実際の結晶構造全体が現れる。

図 7.13 下段には，それをフーリエ変換したものを示した。結晶の周期性からは，δ 関数が周期的に並んだ $L_F(\boldsymbol{Q})$ が得られ，単位胞の構造をフーリエ変換すると単位胞一つ分だけ計算した構造因子 $F_{\text{cell}}(\boldsymbol{Q}) = \sum_j^{\text{cell}} f_j \exp(i\boldsymbol{Q} \cdot \boldsymbol{r}_j)$ が得られる。この二つをかけ合わせた結果が全体の散乱振幅 $F(\boldsymbol{Q})$ である。ここでは散乱振幅の大きさをシンボルの色の濃さで表現した。

7.7　結晶の外形によるブラッグ反射形状の変化

前節の畳み込みを別の対象に適用しよう。これまで結晶格子は無限に広がっているとしてきた。しかし，現実には全空間を埋め尽くした結晶は存在しないので，どこかでその周期性は終わっている。これを最も単純に取り込むために，図 7.14 左に示した無限に広がった結晶構造に，同図中央に示した結晶の外形を表現した関数 $\mathrm{BOX}(\boldsymbol{r})$ をかけ合わせよう。$\mathrm{BOX}(\boldsymbol{r})$ は結晶内部では 1，結晶外部では 0 を持つ関数である。この結晶サイズの導入法は，結晶表面まで内部と同じ結晶構造が続いており，それが表面で突然断ち切られた構造を与える。実際の表面では面間隔が内部と変わったり（表面構造緩和），新たな周期構造が生まれたり（表面再

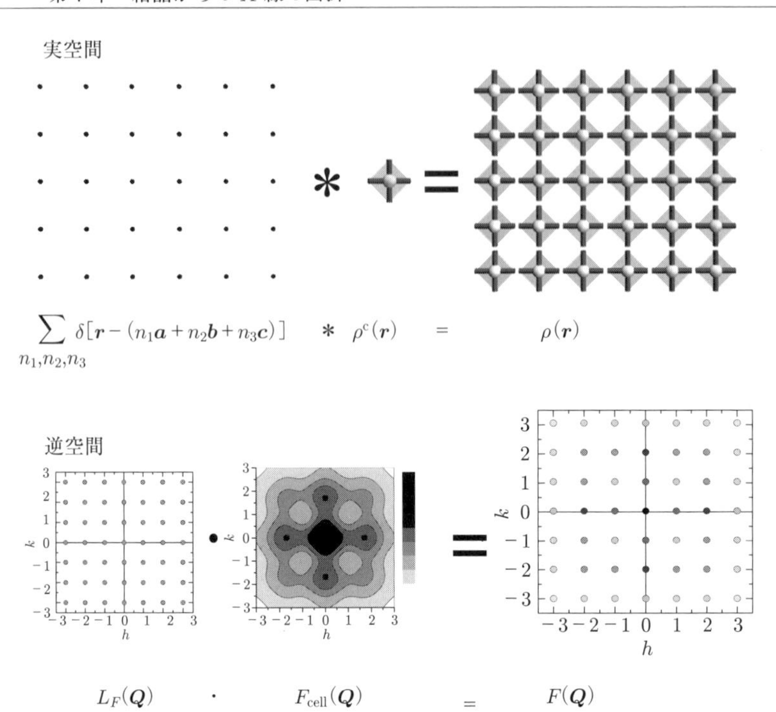

図7.13　畳み込みによる結晶の表現とそのフーリエ変換

構成）するが，そのような詳細は今は考えに入れないことにする。

今度は実空間の構造が積で表されているので，逆空間の構造が畳み込みで表現される。その結果として，有限サイズの結晶から得られるすべてのブラッグ反射は，無限サイズの結晶から期待される δ 関数状の形（つまり，点）ではなく，結晶の形状をフーリエ変換した“形”を持つことになる。この“形”は通常の結晶では逆空間の極めて小さい領域に収まっており，普通の実験をする限り観測することは困難である。

困難ながらも，実際に測定できる状況も存在する。粉末回折実験で非常に細かく試料を砕いた場合などに見られるピーク幅の増大は，ここで述べた試料外形の効果である。類似の例として，直径数十 nm 程度の微粒子から観測される小角X線散乱が挙げられる。また，11章に述べる平滑な表面を持つ試料に見られる，表

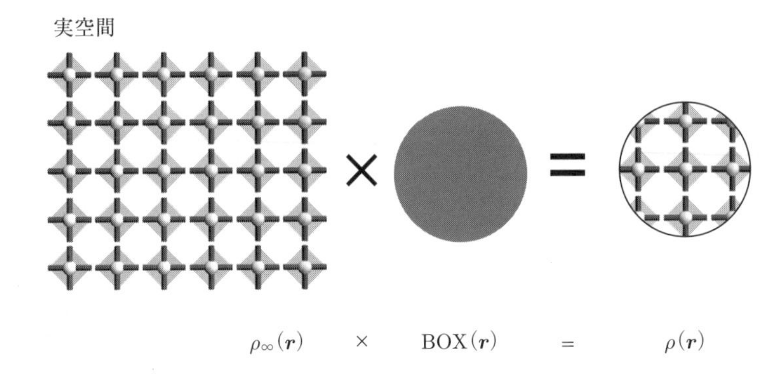

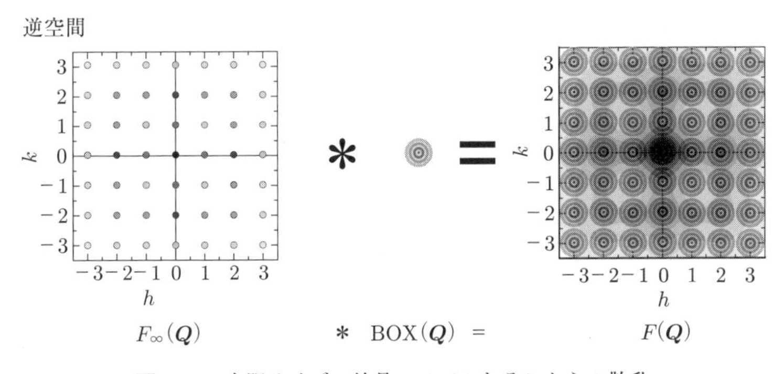

図 7.14　有限サイズの結晶のモデルとそこからの散乱

面垂直方向に伸びた CTR 散乱も，試料外形の効果によって現れる散乱である。

7.8　運動学的回折理論と動力学的回折理論

本書で扱うほとんどの回折現象は，試料によって X 線が一度しか散乱されないと仮定した回折理論である運動学的回折理論 (kinematical theory of diffraction) に基づいて説明を行っている。原子層 1 層からの反射率を r，原子層の数を N として，$rN \ll 1$ で適用されるのが運動学的回折理論である。運動学的回折理論を素直に適用すると，散乱強度が無限大になる，あるいは入射 X 線より強くなるという，物理的におかしな結論になる場合がある。これは，入射 X 線は一度しか散乱されないという仮定の適用範囲外の計算をしている場合に生じる症状であり，（当然ながら）実際に無限大の強度が出るわけではない。

一方，完全結晶の場合には原子層の数が実質的に無限大であるため，$rN \ll 1$ の条件が満足されない。このような場合に使われる回折理論が動力学的回折理論 (dynamical theory of diffraction) である*19。動力学的回折理論は，散乱強度が弱い側の極限として運動学的回折理論と一致するが，考え方が運動学的回折理論とかけ離れているうえに，複雑な構造に適用するには数学的に複雑すぎる場合が多い。物性研究にX線回折を利用しようという場合，動力学的回折理論が必要になる機会はほとんどないため，詳細を文献 [19] などに譲り，ここでは説明を割愛する。

なお，電子線のように物質との相互作用が大きなビームで回折実験を行う場合，原子層1層からの散乱が大きくなるため，ほとんどすべての場合について動力学的回折理論が無視できなくなる。

*19 “動力学的” と “運動学的” が多重散乱に対する考慮の有無を表すことになる理由はよくわからないが，昔からこう呼ばれている。

第 8 章
現実の結晶に対する回折実験

前章では並進対称性を持つ固体，つまり結晶からの回折理論の基礎をまとめた。この章では，現実の，必ずしも完全ではない結晶に対して測定を行った際に何が生じるかを述べる。回折理論だけに興味がある読者はこの章を飛ばしてもらってかまわない。回折実験をする読者はこの章を通読することを推奨する。精読するのは実際に自分の研究で困ってからで十分である。

8.1 現実の結晶に対する単純なモデル

現実の単結晶は通常，端から端まで結晶の並進対称性を保っていない。むしろ数 μm 角の微結晶が 0.01〜0.3° 程度の角度分布を持って集合したような構造を持っていると見たほうが現実に近い。このような結晶をモザイク結晶，個々の微結晶をモザイクブロックと呼ぶ。式 (7.19) のような並進対称性を前提とした式は個々のモザイクブロックの内側でのみ適用可能である*1。モザイクブロック内では原子位置にきちんとした相関があるために散乱 X 線は干渉できるが，異なるモザイクブロックで散乱された X 線の間では，お互いの位置関係，角度関係がはっきりしないため，位相の相関がなくなる。そのため，個々のモザイクブロック内で生じた散乱は振幅 F で足し合わせ，異なるモザイクブロックからの散乱波は強度 I で足し合わせるのが適切な取り扱いとなる。

モザイクの角度分布をモザイク幅と呼ぶ。モザイク幅は平行な X 線ビームを用いて測定したブラッグピークの ω スキャン幅として観測できる*2。

---

*1　X 線のコヒーレンス長の範囲内で，という条件もある。この点については 8.8 節で述べる。

*2　モザイク幅は結晶性の高さを端的に表す指標である。これを与える ω スキャンのプロファイルは歴史的にロッキングカーブ (rocking curve) と呼ばれている。この rocking は "揺り動かす" の意味で，ロッキングチェア（揺り椅子）のロッキングと同じである。

図 8.1　モザイク結晶の模式図。矢印は各モザイクブロックの方位の目安である。

モザイク結晶の考え方は必ずしも正しいわけではなく，単に“若干不完全な現実の結晶”を表現するための一つのモデルである。そのため，モザイクブロックの間の粒界がどうなっているかなどを一般論として考えることには意味がない。

8.2　多重散乱

7.5 節に述べたように，映進や螺旋の対称性を持つ物質ではブラッグ反射に消滅則が見られる。しかし，ある対称性を仮定すると消えるはずの hkl の指数を測定して強度が観測されればその対称性の存在が直ちに否定されるか，というと，そうでもない。散乱強度が大きいブラッグ反射*3が関連する散乱条件では，一度ブラッグ反射を起こした後の散乱光を入射光と見立てて，もう一度ブラッグ反射が生じる場合がある[63]。その結果として，本来消滅則で消えるはずの位置に散乱強度が観測されたり，極度に弱い反射の強度が比較的強く観測されたりする場合

*3　結晶が大きいために散乱強度が大きくなる場合も含む。そのため，大きな結晶では多重散乱の影響が大きくなる。別の表現をすると，小さい結晶では二回目の散乱が起こる前に散乱 X 線が結晶の外に飛び出してしまう確率が高いために多重散乱の影響が弱いともいえる。

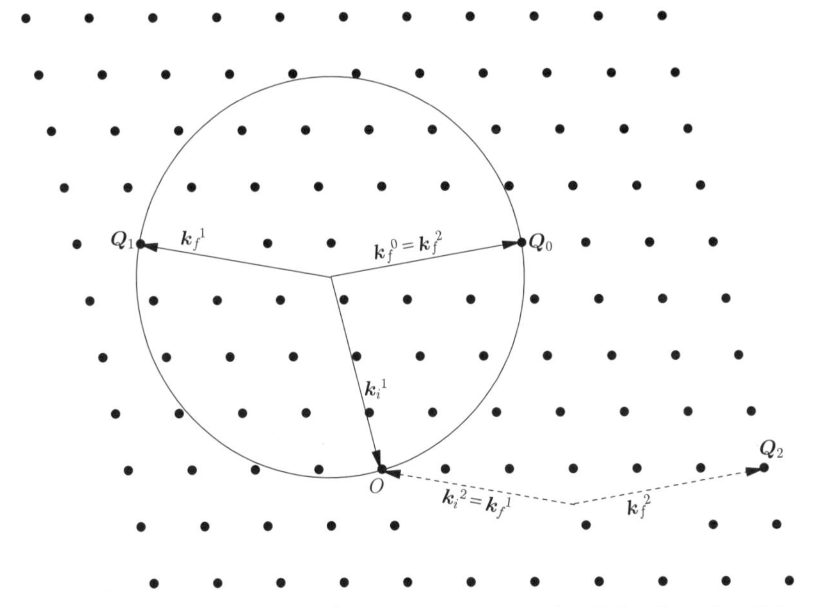

図 8.2 多重散乱の起こる状況。$\boldsymbol{k}_i^1$ の入射 X 線に対し，$\boldsymbol{k}_f^0$ の方位を見るように検出器を置いて $\boldsymbol{Q}_0$ を測定しているつもりの状況で，$\boldsymbol{k}_f^1$ 方向へ散乱する $\boldsymbol{Q}_1$ のブラッグ反射が生じる。結晶内でこの散乱 X 線を入射波 $\boldsymbol{k}_i^2$ と見なして $\boldsymbol{k}_f^2$ 方向への散乱，$\boldsymbol{Q}_2$ のブラッグ反射が生じる。測定者からは $\boldsymbol{k}_i^1$ の入射によって $\boldsymbol{k}_f^0$ の散乱が得られたように見えるために $\boldsymbol{Q}_0$ の散乱強度を測っているつもりであるが，実際には $\boldsymbol{Q}_1$ と $\boldsymbol{Q}_2$ が連続して生じている。なお $\boldsymbol{Q}_0=\boldsymbol{Q}_1+\boldsymbol{Q}_2$ である。

がある。このような散乱過程を多重散乱 (multiple scattering) という。多重散乱は，一回散乱を扱う運動学的回折理論では取り扱うことができず，動力学的回折効果に分類される（7.8 節参照）。

多重散乱はエヴァルト球に複数の逆格子点が乗った時に生じる。単純な場合の例を図 8.2 に示した。この図で示しているのは，$\boldsymbol{k}_i^1$ の入射 X 線に対し，$\boldsymbol{k}_f^0$ の方位を見るように検出器を置いて $\boldsymbol{Q}_0$ を測定しているつもりの状況である。この図の場合，$\boldsymbol{Q}_0$ の散乱のほかに $\boldsymbol{k}_f^1$ 方向へ散乱する $\boldsymbol{Q}_1$ のブラッグ反射が生じる。結晶内ではこの散乱 X 線 $\boldsymbol{k}_f^1$ を入射波 $\boldsymbol{k}_i^2$ として再度回折が生じる。この散乱波は $\boldsymbol{k}_f^2$ であり，$\boldsymbol{Q}_2$ のブラッグ反射に対応する。注意すべき点は，図中実線矢印で描

いた $\boldsymbol{k}_f^1, \boldsymbol{k}_f^0$ を並進すると点線矢印で描いた $\boldsymbol{k}_i^2, \boldsymbol{k}_f^2$ の組み合わせと一致するため，最初のエヴァルト球に $\boldsymbol{Q}_0$ と $\boldsymbol{Q}_1$ が同時に乗ると，点線矢印の回折条件は必ず満たされるという点である。測定者からは $\boldsymbol{k}_i^1$ の入射によって $\boldsymbol{k}_f^0$ の散乱が得られたように見えるために $\boldsymbol{Q}_0$ の散乱強度を測っているつもりであるが，実際には $\boldsymbol{Q}_1$ と $\boldsymbol{Q}_2$ が連続して生じている信号も同時に測定されている。なお $\boldsymbol{Q}_0 = \boldsymbol{Q}_1 + \boldsymbol{Q}_2$ である。

このような形で生じる散乱であるため，多重散乱で強度が出るのは逆格子点に限られる。7.5 節で述べたセンタリングに起因する消滅則は，そもそも逆格子点でないために現れる消滅則であるため，多重散乱の影響を受けることがない。一方，螺旋や映進に起因する消滅則は大きな影響を受ける。

ある散乱強度が多重散乱に起因するかどうかを判定する手法は，次の二つが代表的である。(1) 散乱ベクトルを軸として結晶を回転させることで強度が大きく変化するならば，それは多重散乱である。(2) 散乱ベクトルを一定に保ったまま入射 X 線のエネルギーを変化させた際に強度が大きく変化するならば，それは多重散乱である。これらの判定法の根拠は，図 8.2 を見れば明らかであるように，これらの動きがエヴァルト球に複数の逆格子点が乗った状況を解消するためである。

8.3　消 衰 効 果

モザイク幅が小さいきれいな結晶に，平行度や単色性の高いきれいな光が入射すると，運動学的回折理論で期待されるより弱くブラッグ反射が観測される場合がある。これは消衰効果として知られている。

本書で扱う運動学的回折理論では散乱強度は F の 2 乗に比例するが，完全結晶に対する回折理論である動力学的回折理論では散乱強度が F に比例する*4。そのために動力学的回折理論が必要とされるほど完全性の高い結晶になると，ブラッグ反射強度は減少する。これを一次消衰効果 (primary extinction effect) と呼ぶ。この効果は原子層 1 層からの反射率を r，ひとつながりの結晶を構成する（一つのモザイクブロックを構成する）原子層の数を N として，rN が 1 より大きい領

*4　ピーク高さは反射率 100%になり，ピーク幅が F に比例する。詳細は文献 [19] などを参照してほしい。

域で大きくなってくる。

大きな結晶を考えると，別の機構による散乱強度の減少が期待される。平行なモザイクブロックが試料表面と試料深部に存在した際，強いブラッグ反射が生じる条件の時には深部のモザイクブロックに照射する X 線の量はずっと小さくなる。なぜならば，浅いほうのモザイクブロックで大部分の X 線が反射してしまうためである。弱いブラッグ反射が生じる条件の時にはこの問題はさほど深刻にはならない。そのため，強い反射が出る時だけ，試料体積が減ったような影響が現れる。これを二次消衰効果 (secondary extinction effect) と呼ぶ。

どちらの場合も rN が大きい場合に問題になる効果である。また，放射光のように平行な光が使える場合，二次消衰効果の影響がより目立つようになる。平行な光を使って試料の選別を行うとモザイク幅が狭い結晶を使って実験をするようになり，その場合には平行なモザイクブロックが試料の浅い領域と深い領域に存在するようになる確率も上がるためである。

一次，二次の消衰効果がどちらも問題にならない結晶は理想的な不完全結晶 (ideally imperfect crystal) と呼ばれる。理想的な不完全結晶では運動学的回折理論が常に適用できる。本書では常に理想的な不完全結晶を取り扱う。

8.4 吸　　収

十分大きく，X 線が貫通しない大きさの結晶を考える。結晶表面は平面であるとする。試料による X 線の吸収を無視すると，ブラッグ条件を満たしてさえいれば，どれほど小さな構造因子 F_{cell} の反射であろうとも，入射 X 線はいずれすべて反射されるだろう。そうすると，大きな結晶の場合にはブラッグ反射の強度は F_{cell} に依存しなくなるのであろうか？　実は X 線の場合，ブラッグ反射で “反射” する効果と，物質によって吸収する効果では，後者の方が通常は大きい。そのために吸収を無視する近似は正当ではない。ここでは大きな平板結晶を例にとり，吸収をどのように取り扱うかを示す。以下に示すように，大きな結晶でも吸収をきちんと取り扱うとおおむね $|F_{\mathrm{cell}}|^2$ に比例した強度が期待される。

入射 X 線と表面が成す角を ϕ_1，散乱 X 線と表面が成す角を ϕ_2，結晶表面から結晶の中に向けての深さを z で表す (図 8.3)。吸収係数を μ として，ある深さ z

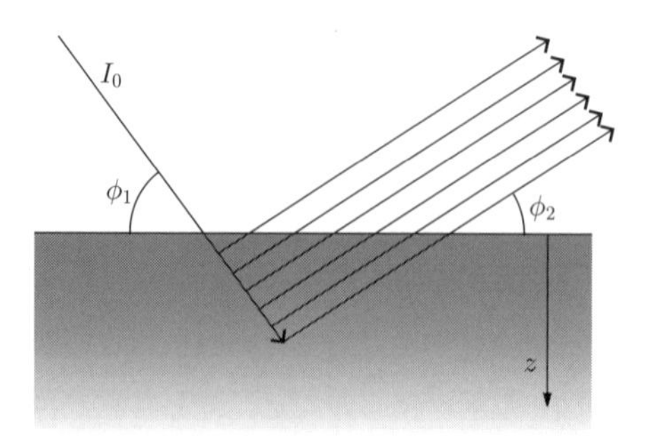

図 8.3　大きな平板試料による X 線の吸収

での入射 X 線強度 $I_{\text{in}}(z)$ は次のような減衰を示す。

$$dI_{\text{in}} = -\mu t I_{\text{in}} dz - \alpha F^2 I_{\text{in}} dz$$

右辺第一項は吸収，第二項は反射による強度変化を表している。ここで t は X 線の光路長と深さ z の間の係数で，$t = 1/\sin(\phi_1)$ である。αF^2 は単位深さあたりの反射率であり，考えている光学系で生じる散乱振幅 F の 2 乗に比例した反射率になることを明示するために F^2 を明記した。これを解くと，入射 X 線強度 I_{in} は z の関数として次のように書ける。

$$I_{\text{in}}(z) = I_0 e^{-\mu z/\sin\phi_1} e^{-\alpha F^2 z}$$

ここで I_0 は入射 X 線強度である。

深さ z から $z + dz$ の間で生じる散乱強度は $I_{\text{in}}(z)\alpha F^2 dz$ であり，これにさらに試料外まで出射する間に被る吸収 $\exp(-\mu z/\sin\phi_2)$ をかけて，散乱強度 I は次のように書ける[*5]。

$$\begin{aligned} I &= \int_0^\infty I_{\text{in}}(z)\alpha F^2 e^{-\mu z/\sin\phi_2} dz \\ &= \int_0^\infty I_0 e^{-\mu z/\sin\phi_1} e^{-\alpha F^2 z} \alpha F^2 e^{-\mu z/\sin\phi_2} dz \\ &= I_0 \alpha F^2 \int_0^\infty \exp\left[\left(\frac{-\mu}{\sin\phi_1} + \frac{-\mu}{\sin\phi_2} - \alpha F^2\right) z\right] dz \end{aligned}$$

---

*5　ここで 2 回ブラッグ反射が生じる過程は無視した。本当は入射側と同様，$e^{-\alpha F^2 z}$ も入るが，α は X 線では多くの場合，十分小さく，無視しても大きな問題にならない。

$$= I_0 \alpha F^2 \left[\left(\frac{1}{\sin \phi_1} + \frac{1}{\sin \phi_2} \right) \mu + \alpha F^2 \right]^{-1} \tag{8.1}$$

仮に $\mu = 0$ の場合を考えると，$I = I_0$ となり，吸収されなければ入射 X 線はいずれすべて反射されるだろうという直観と合致する。αF^2 が大きい時に強度が減少することになるが，これは二次消衰効果に対応する（ここでの議論は完全に運動学的なので，一次消衰効果は出てこない）。μ が αF^2 に比べて大きい時，式 (8.1) は

$$I = I_0 \alpha F^2 \left[\left(\frac{1}{\sin \phi_1} + \frac{1}{\sin \phi_2} \right) \mu \right]^{-1} \tag{8.2}$$

と書け，散乱強度は F^2 に比例することがわかる。通常の X 線回折では $\mu \gg \alpha F^2$ である。

8.5 装置分解能

実験では装置の分解能と信号の畳み込みが観測される。ここまで見てきた回折理論では，あちこちに δ 関数が出てきた。そのような鋭い特徴を持つ関数を実験的に測定する場合，現実的に観測される（よい結晶からの）ブラッグ反射の形状は，回折計の側の分解能の形状，すなわち分解能関数を見ていることになる。装置分解能に関する知識は適切な実験をするうえで欠かせないので，ここでまとめておく。

入射 X 線が完全に単色平行である場合を考えよう。検出器に入る X 線は，ある有限の 2θ の範囲に散乱されてきた X 線である。この範囲はポイントディテクタの回折計でいえば検出器の前のスリット幅，二次元検出器でいえばピクセルサイズで決まる。この事情を図 8.4 に示した。図では $\boldsymbol{k}_i$ が a, b の 2 本，$\boldsymbol{k}_f$ が 1〜4 の 4 本引いてあるが，この段階では a, 1, 3 の灰色の 3 本に注目する。1, 3 の 2 本の $\boldsymbol{k}_f$ で挟まれる範囲が，一度に検出できる 2θ の幅である。

次に，$\boldsymbol{k}_i$ が持つ角度発散を考慮に入れる。b, 2, 4 の黒い 3 本のベクトルを見てほしい。今度の散乱 X 線 2, 4 の “方向” は，それぞれ 1, 3 と同じである。この方角に出た散乱 X 線を検出器は検出する。a と 1 の間の 2θ と b と 2 の間の 2θ は異なる点に注意しよう。結果として，2θ の受け入れ幅のために右下がりの線（1,

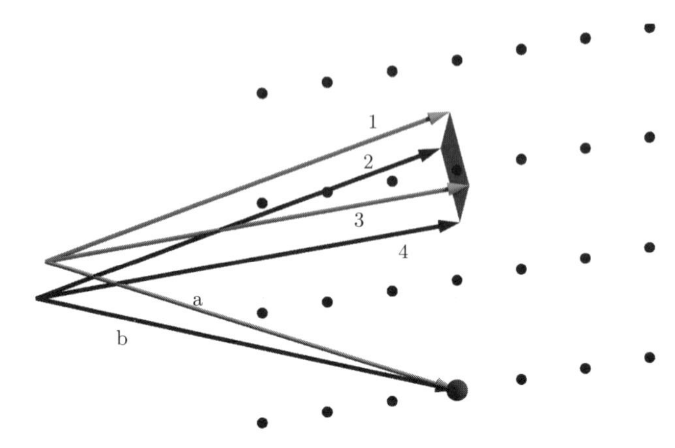

図 8.4　装置分解能を示した図。1 と 2, 3 と 4 は平行である。

3 の終点，あるいは 2, 4 の終点をつなぐ線）が決まり，入射 X 線の角度発散によって右上がりの線（1, 2 の終点，あるいは 3, 4 の終点をつなぐ線）が決まり，これらで囲まれた範囲が一度に測定される逆空間の領域である。なお，紙面垂直方向（こちらを便宜上，z 方向と呼ぶ）の分解能も当然考慮すべきで，そちら向きの分解能も，ポイントディテクタの回折計では散乱面に直交する方向のスリット幅，二次元検出器であればその方向のピクセルサイズで決まる。図 8.5 に状況を示した。通常の四軸回折計の光学系であれば，z 方向の分解能は 2θ によらず，逆空間で一定の厚さになる。これは z 方向のスリット幅が一定のまま 2θ を変える測定では，検出器が取り込むことができる散乱 X 線の波数ベクトル $\boldsymbol{k}_f$ の中の z 成分が 2θ によらず一定であることに対応する。入射 X 線の波数ベクトル $\boldsymbol{k}_i$ は z 成分を持たないため，散乱ベクトルの z 成分は $\boldsymbol{k}_f$ の中の z 成分と一致することに注意すれば，この議論は納得できるだろう。

スリットを開くことで装置の分解能が調整できるが，その調整幅は 1, 3 の終点をつなぐ線を長くする方向（および紙面垂直方向）だけである。a, b の間の角度で決まる方向は，入射 X 線の角度発散によって決まる分解能の幅を持っているが，これは容易に変えることができない。

分解能は高ければよいものではない。どこに出るか不明な細いピークを探す場合，高い分解能の装置では逆空間を非常に密に測定をしないと，細いピークを飛び

(a)

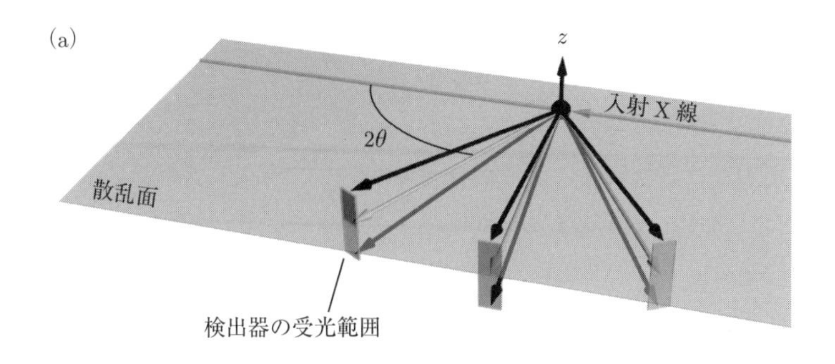

(b)

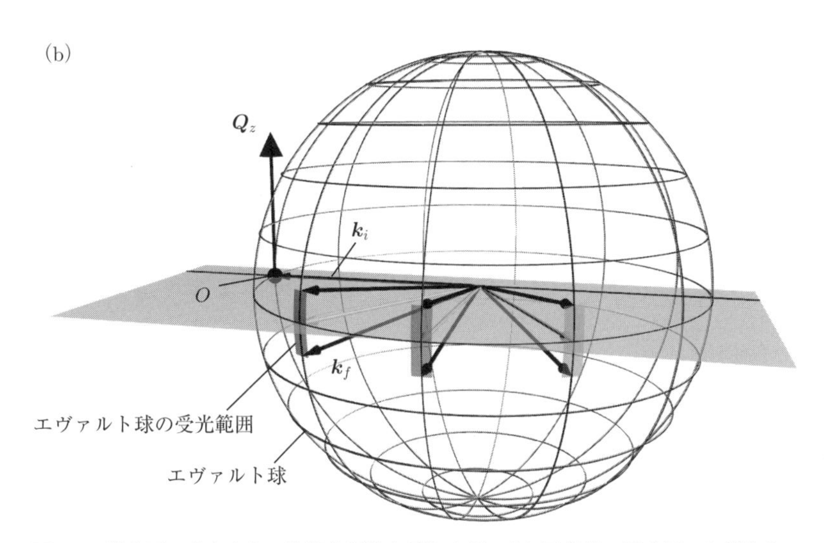

図 8.5　散乱面に垂直方向の装置分解能を示した図。(a) 回折計の模式図。右側から X 線が入射し，黒丸で示した試料で散乱される。$2\theta=60°, 90°, 120°$ の状態を図示した。縦長の長方形は検出器が受光する範囲を示している。(b) 同じ状況を逆空間で，やや散乱面に近い角度から見た図。逆空間原点を O で示し，$\boldsymbol{k}_i$, $\boldsymbol{k}_f$ は入射，散乱 X 線の波数ベクトルである。大きな球はエヴァルト球で，検出器が観測するエヴァルト球の範囲を灰色で示した。散乱面に垂直な z 方向の分解能はスリットの z 方向の開き幅で決まり，その逆空間での大きさは 2θ に依存しない。

越えて測定してしまい，見落としてしまう。また，逆空間で広く分布する散漫散乱を高い分解能の装置で測っても強度を損するだけである。このような散乱を見るためには低い分解能の装置が適している。逆に，逆空間で狭い領域に出る弱い信号を見るためには高分解能の装置が有利である。バックグラウンドは逆空間で広い分布を持つため，分解能を上げるとバックグラウンドが下がる。一方，鋭い信号は分解能を上げても強度が減らないため，信号/ノイズ比を稼ぐようにスリットの開け方を決めることができる。

8.6　ローレンツ因子

現実の結晶からの散乱強度を実際の装置で観測する場合，逆空間で広がった強度分布を持つ散漫散乱であれば，装置分解能の範囲の強度は一定であると見なしても多くの場合は問題ない。一方，ブラッグ反射のような，回折理論としては δ 関数が期待されるほど細い強度分布を正しく測定するのは困難であるのみならず，微妙な結晶の割れやモザイク幅などを見るばかりで，物理的な価値がない測定になる場合が多い。ほとんどの場合，このような細いピークで必要なのはピークの位置，幅，積分強度だけである。位置や幅の測定は簡単であるが，逆空間の広い範囲にわたって公平に積分強度を求めようとすると，測定法や実験条件に依存した補正が必要になる。回折理論で現れる積分強度は逆空間の中での直交座標系 (Q_x, Q_y, Q_z) を取り，その体積分 $\iiint I(\boldsymbol{Q})dQ_x dQ_y dQ_z$ で定義される。一方で実験上測定される積分強度は傾いた軸（例えば ω スキャンをするならば $d\omega$ で積分することになる）を取っている場合がほとんどであり，その変換のためのヤコビアンにあたるものがローレンツ因子 (Lorentz factor) である[*6]。数学が得意な人はその方向で攻めてもよいが，ここでは幾何学的な考察に基づく説明を試みる。

四軸回折計で，散乱角 $2\theta_0$ に現れるブラッグ反射を測定する場合を考えよう。測定は平行単色な入射 X 線を用い，検出器と試料の間のスリットをブラッグ反射の強度分布に比べて十分に広く開け，試料を ω 方向に一定の角速度 $d\omega/dt$ で回転

*6　多くの教科書で，後述の偏光因子と組み合わせて，詳細の考察なく LP 補正とまとめているが，この二つは完全に別の起源による効果である。共通点は光学系の詳細に起因する点であり，特殊な光学系での測定を行った場合，その光学系に合った式を作る必要がある。

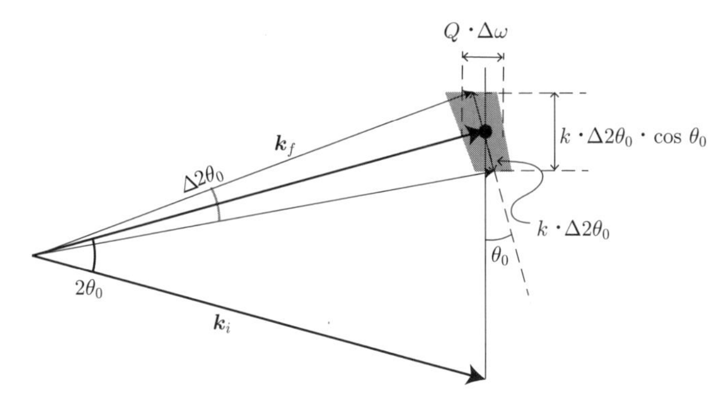

図 8.6　ω スキャンの測定範囲。紙面垂直方向には一定の厚さを持った逆空間の範囲が測定される。Δt の時間の間に入射した X 線は，この逆空間の体積の測定に利用される。k は $\boldsymbol{k}_i$，$\boldsymbol{k}_f$ の長さである。

させることで行うこととする。この回転は注目するブラッグ反射がエヴァルト球を貫通する範囲 $\Delta\omega$ で行い，それに要する時間は $\Delta t = \Delta\omega/(d\omega/dt)$ である。運動学的回折理論で普通に計算するとこの強度は $|F_{\text{cell}}|^2 L_I$ となるが，ここでは逆空間で小さな体積 ΔV_Q の範囲内でのみ一定の強度を持つ矩形のピークを考えよう*7。

ω を動かした際の測定領域を逆空間に示すと，図 8.6 の $\boldsymbol{k}_f$ が指す灰色の領域になる。この図は散乱面内の状況を示しており，紙面垂直方向は散乱面に垂直な方向である。紙面垂直方向には一定の厚さの範囲 ΔQ_z が測定される範囲であることは前節で述べた通りである。測定時間 Δt の間に入射した X 線は，逆空間の体積 $V_Q^{\text{meas}} = Q \cdot \Delta\omega \cdot k \cdot \Delta 2\theta_0 \cdot \cos\theta_0 \cdot \Delta Q_z$ を均一に測定するのに利用される。そのため，逆空間で ΔV_Q の体積を持つブラッグ反射は，入射 X 線の量のうち $\Delta V_Q/V_Q^{\text{meas}}$ のみを利用することになる。ローレンツ因子は，$\Delta V_Q/V_Q^{\text{meas}}$ に比例した量で定義される。ブラッグ反射について考える時には，ΔV_Q はラウエ関

*7 ここではピーク形状の詳細と関係ない情報を取り出すことが目的であるので，ピーク形状は“細く” さえあれば詳細は無関係であるような議論を行う。また，モザイク幅起因のピーク幅は逆格子原点からの距離に比例して広がっていくが，ここでは個々のモザイクブロックからの散乱のみを考慮し，後でそれらの強度を足し合わせることを考える。そのため，モザイク幅については考えない。入射 X 線の角度広がりや波長分布も同様に，個別に考えて後で足し合わせることとし，ここでは議論しない。

数 L_I が大きな値を持つ体積を表し，試料体積の逆数にあたる定数である。

わかりやすい例から考えよう。同じ測定時間で，ω の角速度を 2 倍にする。そうすると入射 X 線の光子数は同じであるが，$\Delta\omega$ が 2 倍になる。この場合，V_Q^{meas} が $\Delta\omega$ に比例するために，$\Delta V_Q/V_Q^{\mathrm{meas}}$ はもとの半分になる。つまり，異なる角速度で測定したブラッグ反射強度を比較する際には，$\Delta\omega$ あるいは角速度で規格化して比較する必要がある。この例はほとんど自明であろうが，V_Q^{meas} はほかにもさまざまな依存性を持っている。それらを正しく取り扱わないと，正しいブラッグ反射の相対強度測定は達成されない。

通常，問題になるのは Q あるいは $2\theta_0$ に対する V_Q^{meas} の依存性である。これに注目した書き方をすると，$Q = 4\pi \sin\theta_0/\lambda$ を用いて，次のようになる。

$$V_Q^{\mathrm{meas}} \propto \sin\theta_0 \cdot \cos\theta_0 \propto \sin 2\theta_0$$

つまり，ω スキャンで得られた積分強度に $\sin 2\theta_0$ を乗じると，逆空間での積分 $\iiint I(\boldsymbol{Q}) dQ_x dQ_y dQ_z$ に比例した量になる。これがブラッグ反射に対する単色 X 線を用いた ω スキャン測定に対するローレンツ因子による補正である。ローレンツ因子の定義に従い，この場合は $1/\sin 2\theta_0$ がローレンツ因子である。

繰り返しになるが，このローレンツ因子は実験条件に依存する。写真法であれば赤道面からずれた場所と赤道面で異なる補正が必要であるし，後述する CTR 散乱のような棒状の散乱を測る場合にはまた異なる補正を要する。逆空間で三次元的に広がった散漫散乱ではローレンツ因子は 1 になる[*8]。ステップスキャンの測定を行った場合でも，ω スキャンであれば振動写真と同様の議論になるが，積分を ξ, η, ζ で行うか，ω で行うかでも当然変わる。

個々の場合について，この節で行ったような幾何学的な考察をすればよいが，違った視点からの詳細な計算手順が文献 [1]（上）の付録 5 に与えられている。

*8　散漫散乱では装置分解能全体にわたって均一な強度が出ているので，今の場合，ΔV_Q を V_Q^{meas} と等しく選んだのと同等の測定が成されることになる。そのため，散漫散乱に対するローレンツ因子は 1 となる。なお，後述する偏光因子による補正は当然ながら必要である。

8.7 偏光因子

電子による X 線の散乱を古典的な形で表現すると，7.1 節冒頭に述べたとおり，双極子輻射になる[*9]。直交座標系の x 軸方向に進行する X 線が，原点にある電子と相互作用を起こして散乱角 2θ に散乱する場合を考えよう（図 8.7）。入射 X 線の電場が z 軸方向に偏光していた場合，その電場から力を受けた電子は原点で z 軸方向に単振動を起こす。この振動する電子によって，周辺には双極子輻射が生じる。

z 方向に振動する電子からの双極子輻射の電場は必ず z 成分を持つ。しかし，z 軸方向への散乱波は電場の z 成分を持つことができない。このため，x–z 面内で

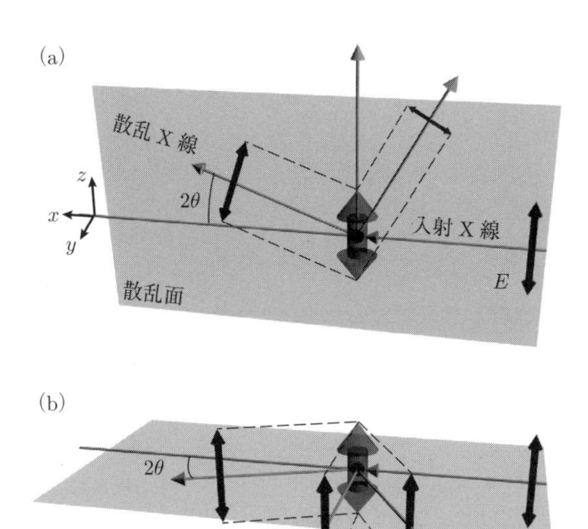

図 8.7　偏光因子の起源。右側から縦向きに電場が振動する直線偏光の X 線が入射し，原点にある電子を太い灰色の矢印の方向に振動させる状況を考える。(a) は入射 X 線の電場ベクトルが散乱面と平行，(b) では垂直になるような方向への散乱を考える。(a) では 2θ に応じて散乱 X 線の振幅が大きく変化し，特に $2\theta = 90°$ には散乱 X 線が進行できない。(b) ではどの 2θ でも X 線は散乱可能である。

*9　この議論はイメージをつかむための方便である。本当の意味で古典粒子同士の散乱であれば，エネルギーの授受が生じて弾性散乱が生じなくなる。

$2\theta = 90^\circ$ の散乱は強度が 0 になるほかない。この事情を図 8.7(a) に示した。一般の 2θ の場合，偏光による強度の変化は $\cos^2 2\theta$ の形の依存性を持つ。これは偏光因子として知られている。

一方，x–y 面内の散乱は図 8.7(b) に示した通り，2θ によらず光線の向きが z 方向と直交しているため，偏光の向きに起因する強度の減少がない。

入射 X 線の偏光が一般の方向を向いている場合，z 偏光と y 偏光に分離して強度を加えればよい。直交する直線偏光同士は干渉によって強度を変えないため，振幅ではなく強度の和をとる操作が正しい。偏光因子は，入射 X 線の偏光度によって使うべき式が変わる，入射 X 線の偏光方向と散乱面の成す角によっても補正の大きさが変わるなど，光学系の詳細に関連した補正因子である。

8.8 コヒーレンス

162 ページに示した散乱振幅を表す式 (7.20) を少し書き換えよう。

$$F(\boldsymbol{Q}) = \sum_j^{\text{all}} f_j e^{i\boldsymbol{Q}\cdot\boldsymbol{r}_j} \equiv \sum_j^{\text{all}} F_j(\boldsymbol{Q}) \tag{7.20$'$}$$

これは，j 番目の原子によって散乱された X 線の振幅 $F_j(\boldsymbol{Q})$ を，j について総和をとることで全体の振幅が得られるという式である。この振幅に対応する強度 $I(\boldsymbol{Q})$ は，$F_j(\boldsymbol{Q})$ の $(\boldsymbol{Q})$ を省略して，次のように書ける。

$$\begin{aligned}
I(\boldsymbol{Q}) &= \sum_m^{\text{all}} F_m \sum_n^{\text{all}} F_n^* \\
&= (F_1 + F_2 + F_3 + \cdots)(F_1^* + F_2^* + F_3^* + \cdots) \\
&= \quad F_1F_1^* + F_1F_2^* + F_1F_3^* + \cdots \\
&\quad +F_2F_1^* + F_2F_2^* + F_2F_3^* + \cdots \\
&\quad +F_3F_1^* + F_3F_2^* + F_3F_3^* + \cdots \\
&\quad +\cdots
\end{aligned} \tag{8.3}$$

全体として，二つの原子からの散乱振幅の積をすべての組について足し合わせたものが散乱強度となる[*10]。このような干渉は，理想的な平面波が入射した場合に想定されるものである。現実の実験系での入射 X 線は理想的な平面波ではなく，"平面と見なせる波面" の大きさは有限に留まる。その結果として，上式のような干渉は無制限に大きなスケールまで生じるものではなくなる。干渉が起こる大きさの目安をコヒーレンス長（coherence length，可干渉距離ともいう）と呼ぶ[*11]。波動場を空間 $\boldsymbol{r}$，時刻 t における電場 $\boldsymbol{E}(\boldsymbol{r},t)$ で表現しよう。$\boldsymbol{E}(\boldsymbol{r},t)$ と $\boldsymbol{E}(\boldsymbol{r}+\boldsymbol{R},t+\Delta t)$ の間に相関があれば，時空間距離 $(\boldsymbol{R},\Delta t)$ 離れた二点でこの光はコヒーレントであるという。厳密にいえば，想定する波の形を "平面波" に限定する必要はないが，式 (7.5) のような通常の散乱振幅の式は，平面波が入射したことを前提に作られている。以下でも引き続き，平面波に限定して話を進める。

コヒーレンスは 0 か 1 かのようなはっきりしたものではなく，$R=|\boldsymbol{R}|$ や Δt の増大とともに徐々に失われていく。コヒーレンス長 ξ は $\boldsymbol{E}(\boldsymbol{r},t)$ の相関長であり，ある種の目安を与える長さである。

ガウス関数型のコヒーレンス $C(m,n)=\exp[-(\boldsymbol{r}_m-\boldsymbol{r}_n)^2/\xi^2]$ を考えに入れた[*12]散乱強度は，次のように書くことができる。

$$
\begin{aligned}
I(\boldsymbol{Q}) = \quad & F_1F_1^*C(1,1)+F_1F_2^*C(1,2)+F_1F_3^*C(1,3)+\cdots \\
& +F_2F_1^*C(2,1)+F_2F_2^*C(2,2)+F_2F_3^*C(2,3)+\cdots \\
& +F_3F_1^*C(3,1)+F_3F_2^*C(3,2)+F_3F_3^*C(3,3)+\cdots \\
& +\cdots \\
= & \sum_m^{\text{all}}\sum_n^{\text{all}}\left\{f_m e^{i\boldsymbol{Q}\cdot\boldsymbol{r}_m}\times f_n e^{-i\boldsymbol{Q}\cdot\boldsymbol{r}_n}\times\exp\left[-\frac{(\boldsymbol{r}_m-\boldsymbol{r}_n)^2}{\xi^2}\right]\right\} \qquad (8.4)
\end{aligned}
$$

この式を式 (7.7) のような書き方になおすと，$C(\boldsymbol{r},\boldsymbol{r}')=\exp[-(\boldsymbol{r}-\boldsymbol{r}')^2/\xi^2]$ と

*10 $F_mF_n^*+F_nF_m^*$ は実数ではあるが，負の値もとる。この量は m 番目と n 番目の二つの原子からの散乱強度ではない。この二つの原子からの散乱強度は $F_mF_m^*+F_nF_n^*+F_mF_n^*+F_nF_m^*$ であり，こちらは常に 0 以上の量である。

*11 コヒーレンスを和訳すると干渉性，あるいは可干渉性となる。コヒーレンスがあることを，コヒーレントであるという。干渉性がない状態をインコヒーレントというが，あまりインコヒーレンスという用語は使わない。

*12 コヒーレンスについての光学的な説明は文献 [16] の 10 章に詳しい。本文で用いた C は相互コヒーレンス (mutual coherence) である。ここでは直観的な見やすさを重視して，時間コヒーレンスと空間コヒーレンスを分けずに，やや簡略化した形での議論を示す。

定義しなおして

$$\begin{aligned} I(\boldsymbol{Q}) &= \iint \rho(\boldsymbol{r}+\boldsymbol{R}')\rho(\boldsymbol{R}')C(\boldsymbol{r}+\boldsymbol{R}',\boldsymbol{R}')e^{i\boldsymbol{Q}\cdot\boldsymbol{r}}\frac{d\boldsymbol{R}}{d\boldsymbol{r}}d\boldsymbol{r}d\boldsymbol{R}' \\ &= \int\left(\int \rho(\boldsymbol{r}+\boldsymbol{R}')\rho(\boldsymbol{R}')d\boldsymbol{R}'\right)\exp\left[-\frac{\boldsymbol{r}^2}{\xi^2}\right]e^{i\boldsymbol{Q}\cdot\boldsymbol{r}}d\boldsymbol{r} \\ &= \int V\langle\rho(0)\rho(\boldsymbol{r})\rangle\exp\left[-\frac{r^2}{\xi^2}\right]e^{i\boldsymbol{Q}\cdot\boldsymbol{r}}d\boldsymbol{r} \end{aligned} \tag{8.5}$$

と，電子密度の二体相関関数 $\langle\rho(0)\rho(\boldsymbol{r})\rangle$ と，光源のコヒーレンスを表す $C(r) = \exp[-r^2/\xi^2]$ の積のフーリエ変換になる。7.6 節で見たように，積のフーリエ変換はコンボリューションになるため，完全にコヒーレントな入射 X 線からの散乱強度分布 $I_{\mathrm{coh}}(\boldsymbol{Q})$ を，相互コヒーレンス $C(r)$ のフーリエ変換 $C(\boldsymbol{Q})$ で畳み込んだ $I_{\mathrm{coh}}(\boldsymbol{Q}) * C(\boldsymbol{Q})$ が部分的にコヒーレントな X 線による散乱強度分布である。大きくきれいな結晶からのブラッグ反射の形状は，$I_{\mathrm{coh}}(\boldsymbol{Q})$ が δ 関数状になるため，$C(\boldsymbol{Q})$ を反映することになる。7.7 節の試料外形効果は，光源のコヒーレンス長より小さな範囲で見てはっきりした形がある試料で観測される。ブラッグ反射の形状には，試料外形とコヒーレンス長の小さい方がおもに反映される。

一般論として，発光点が小さいほど，あるいは単色性が高いほど，干渉性は高くなる。図 8.8 に，波長と進行方向に分布を持つ多数の平面波が干渉した様子を示した。(a) と (b) は波長分布が等しく，進行方向の分布が異なる。この場合，波数ベクトルに直交する方向のコヒーレンス長（横コヒーレンス長，ξ_t）が影響を受ける。(a) と (c) は進行方向の分布は等しいが，波長分布が異なる。この場合，波数ベクトルと平行な方向のコヒーレンス長（縦コヒーレンス長，ξ_l）が影響を受ける。(d) には，パネル (c) の二本の横線の部分の振幅を図示した。角度発散，波長分布のある入射 X 線の波面を考えると，場所によって位相がずれていることがわかる。一般的な第三世代放射光施設のビームラインでのコヒーレンス長は通常，1 μm の桁であり，コヒーレント回折を行うビームラインで 100 μm の桁になる。ビームラインの光学系の各種パラメータとコヒーレンス長の関係は文献 [19] などに与えられている。

コヒーレントな X 線は，単に平面波の式で表すことができ，数学的にはっきり定義できるし，イメージするのも簡単だろう。しかし，実際に入射 X 線全体がコヒーレントな X 線を用いると，図 8.9 に示したようにビーム外形や試料外形に起

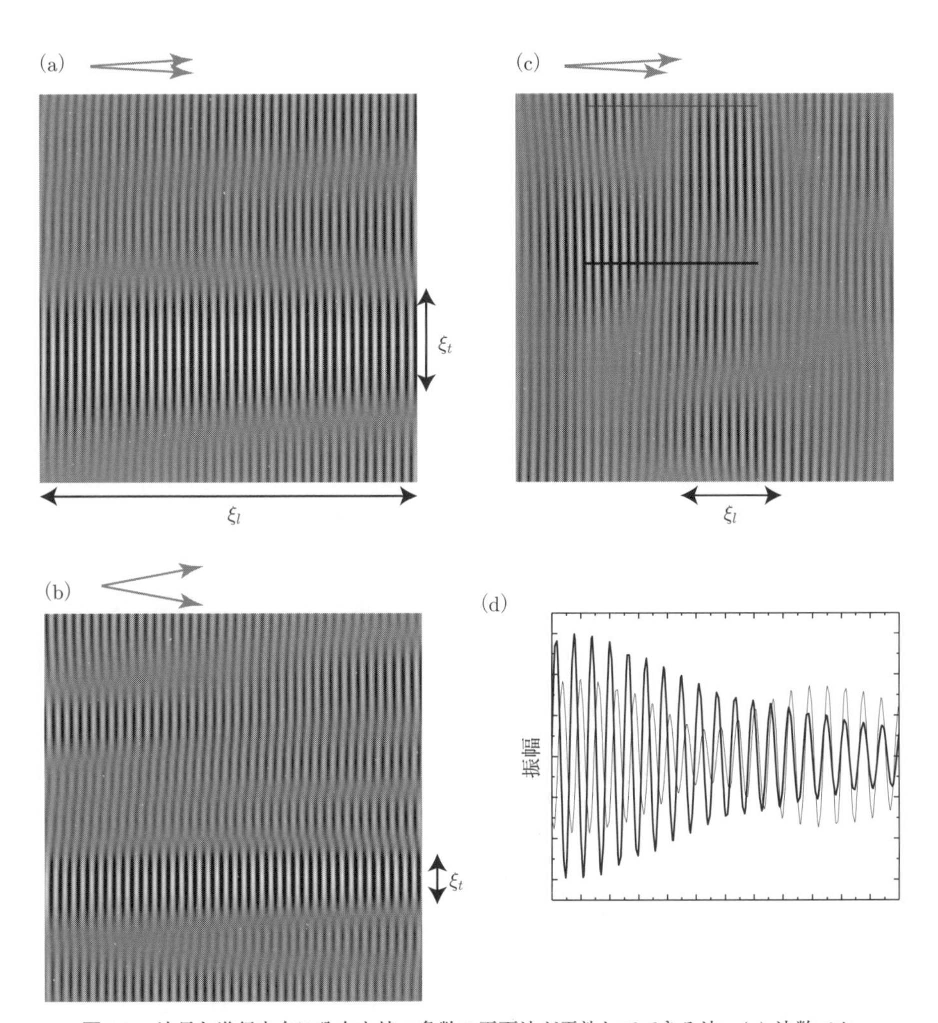

図 8.8 波長と進行方向に分布を持つ多数の平面波が干渉してできる波。(a) 波数ベクトルの長さが ±1%，方向が ±3° の分布を持つ場合。(b) 分布が長さ ±1%，方向 ±6° の場合。(c) 分布が長さ ±5%，方向 ±3° の場合。各パネル上側の灰色の矢印は，波数ベクトルの分布を模式的に示している。縦コヒーレンス長 ξ_l，横コヒーレンス長 ξ_t を矢印で示した。(d) パネル (c) の二本の横線の部分の振幅のプロファイル。場所によって波の位相がずれている。

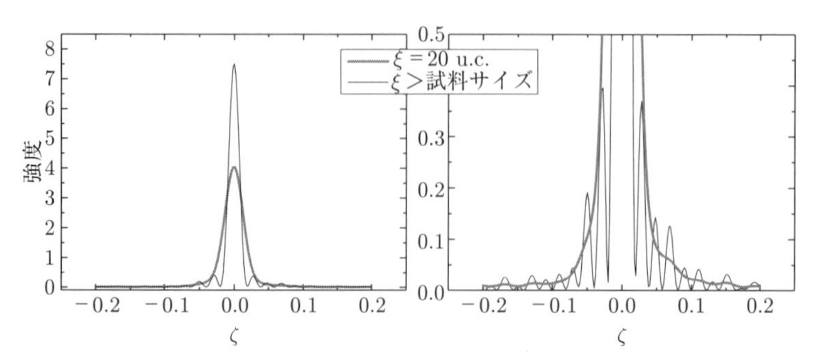

図 8.9　単位胞 50 個分程度の長さの，乱れを含む微粒子からの散乱強度分布の計算値。右図は強度の弱い部分の拡大図。コヒーレンス長 ξ が試料サイズより長い場合（細い実線）は試料サイズに対応するスペックルが見えるが，ξ が試料サイズより十分短くなると（灰色の実線）スペックルは均されて見えなくなり，滑らかなブラッグ反射が観測される。

因する非常に細かいスパイク状の散乱が観測される。これをスペックル（speckle, 染み，程度の意味である）という。逆格子点は格子定数の逆数の間隔で現れるが，スペックルはビーム外形 ($\sim 50\ \mu$m) や試料外形（微粒子では ~ 100 nm）の逆数の間隔を持つので，逆格子ベクトルの 10^{-2} から 10^{-5} 倍程度の周期を持つことになる。これを用いたコヒーレント X 線回折の研究が進められている。

改めて，特にコヒーレンスを追及していない，一般的な装置で測定した X 線回折を考えよう。このような場合の入射 X 線は大まかには単色であり，相関長（コヒーレンス長）が 1 μm 程度の "乱れた" 振動電場（およびそれに付随した振動磁場）である。干渉を起こすことができるのは，式 (8.4) に示されるように，コヒーレンス長以内の距離にある原子対からの散乱に限られる。この範囲内では，散乱振幅 $F_{\rm local}$ は式 (7.20) のように振幅で足される。それより遠く離れた原子からの散乱は干渉せず，振幅 $F_{\rm local}$ ではなく強度 $|F_{\rm local}|^2$ で足し合わされる。多数の $|F_{\rm local}|^2$ を足し合わせて得られる強度は，試料の中のいろいろな場所からの散乱振幅の 2 乗の平均 $\langle F^2_{\rm local}\rangle$ に比例する。その結果，一般的な装置では試料外形やビームサイズ，構造の乱れなどに起因するスペックルはすべてならされ，滑らかな散乱強度が観測される。

これ以降の章では，特に断らない限り，スペックルが出ないような波面の乱れた入射 X 線を想定する。

第9章
構造解析

ここで，平均構造 $\langle \rho(\boldsymbol{r}) \rangle$ と，そこからの散乱振幅 $\langle F(\boldsymbol{Q}) \rangle$ という考え方を導入しよう。平均構造という言葉はいろいろな解釈が可能であるが，ここでは試料の電子密度のうち，結晶格子の並進対称性を持つ成分という意味でこの言葉を定義しよう。現実の結晶では平均からのズレが必ず存在するが，この章では平均構造に対応する部分，$\langle \rho(\boldsymbol{r}) \rangle$ と $\langle F(\boldsymbol{Q}) \rangle$ に注目する。このような平均構造はブラッグ反射を与え，X 線構造解析の手順で得ることができる。平均からのズレの成分は 12 章で扱う。

結晶構造がわかっていれば，ブラッグ反射強度を計算できる。その逆は直接にはできない。なぜならば，散乱振幅のフーリエ逆変換が電子密度であるのに，実験的に観測できるのは散乱振幅の絶対値のみであり，位相情報が欠落しているためである。幸いにして，三次元的にきちんとした周期構造が形成されているならば，現在ではソフトウェア任せでも，ブラッグ反射強度の情報からかなり正しい構造が手軽に発見できる状況である。

得られた構造から，物性を考察する出発点が決まる。例えば三角格子であるとか，擬一次元物質である，などは構造を見ればすぐわかる場合が多い。

9.1 三次元周期構造

結晶構造を知るためには，結晶の持つ周期性と対称性をはっきりさせるのが第一歩である。実験結果から基本並進ベクトル $\boldsymbol{a}$, $\boldsymbol{b}$, $\boldsymbol{c}$*1 と，ある程度の対称性に関する情報が直接得られる。並進対称性と両立する三次元構造は 14 のブラベークラス（Bravais class，ブラベー格子と長年呼ばれてきたが，IUCr は現在，ブラ

*1 通常は格子定数 a, b, c, α, β, γ で表記する。$a = |\boldsymbol{a}|$, $b = |\boldsymbol{b}|$, $c = |\boldsymbol{c}|$ であり，α は $\boldsymbol{b}$ と $\boldsymbol{c}$ の成す角，β は $\boldsymbol{c}$ と $\boldsymbol{a}$ の成す角，γ は $\boldsymbol{a}$ と $\boldsymbol{b}$ の成す角である。

表 9.1　結晶の対称性

6 crystal family	三斜 (a)	単斜 (m)	直方 (o)	正方 (t)	六方 (h)		立方 (c)
七つの晶系	三斜	単斜	直方	正方	三方	六方	立方
14 の ブラベークラス	aP	mP, mS	oP, oS, oI, oF	tP, tI	hP, hR	hP	cP, cI, cF
230 の空間群	2	13	59	68	18, 7	27	36

ベークラスという用語の使用を推奨している)，32 の点群，230 の空間群に分類される。X 線発見以前の，結晶の形態を観察することから分類を行っていた鉱物学の歴史もあり，用語にやや混乱が見られる[*2]。現在では International Tables for Crystallography[24] に IUCr が基準となる用語を示している。ここでは第五版 Vol.A の Table 2.1.2.1 に従って表 9.1 に分類をまとめた。

crystal family[*3] は三斜晶 (triclinic), 単斜晶 (monoclinic), 直方晶 (orthorhombic)，正方晶 (tetragonal)，六方晶 (hexagonal)，立方晶 (cubic) の六つに分類される。

晶系 (crystal system) では crystal family での分類の六方晶を六回対称性の有無で六方と三方に分けている。

ブラベークラスでは crystal family と体心，面心，底心のセンタリングに関する情報で分類をおこなう。基本並進ベクトル (basis vectors of the direct lattice) $\boldsymbol{a}$, $\boldsymbol{b}$, $\boldsymbol{c}$ を基底とした表現をすると，$\boldsymbol{r}$ と等価な点が

- 体心格子では $\boldsymbol{r} + (\frac{1}{2}, \frac{1}{2}, \frac{1}{2})$
- C 底心格子では $\boldsymbol{r} + (\frac{1}{2}, \frac{1}{2}, 0)$
- 面心格子では $\boldsymbol{r} + (\frac{1}{2}, \frac{1}{2}, 0)$, $\boldsymbol{r} + (\frac{1}{2}, 0, \frac{1}{2})$, $\boldsymbol{r} + (0, \frac{1}{2}, \frac{1}{2})$

に存在する。P はプリミティブ，I は体心[*4]，F は面心，S は底心[*5]を表す。R は菱面体の対称性を示す。直方晶には P, I, F, S の 4 種が揃っているが，ほか

*2　例えば orthorhombic は 2014 年に日本結晶学会が訳語を直方晶に改めた。それまで 100 年以上斜方晶と呼ばれていたため，多くの教科書・文献で斜方晶と書かれている。

*3　crystal family に対する決まった和訳の用語はないようである。

*4　P (primitive), F (face), S (side), R (rhombohedral) はわかりやすいが，I はわかりにくいだろう。語源はドイツ語の体心を意味する innenzentriert である。

*5　A, B, C でそれぞれ A 底心，B 底心，C 底心を表す。

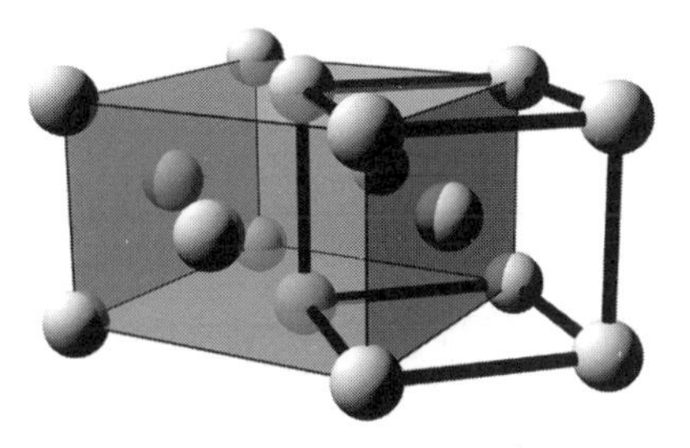

図 9.1 面心正方格子が存在しない理由。面心正方格子（グレーで塗った，細い線でつないだ単位胞）は体心正方格子（太い線でつないだ単位胞）と同じものであり，単に区切り方が違うにすぎない。

の crystal family は四つのうちの一部しか存在しない。例えば正方晶では体心正方格子 tI は存在するが，面心正方格子 tF は存在しないことになっている。その理由は，図 9.1 に示したように，この二つは同じ構造を違う区切り方で見ているに過ぎないためである。ほかも同様である。

面心立方格子は $(\frac{1}{2}, \frac{1}{2}, 0)$, $(\frac{1}{2}, 0, \frac{1}{2})$, $(0, \frac{1}{2}, \frac{1}{2})$ を基底にすることで三斜晶のプリミティブ格子に取りなおすことができる。このように，センタリングを含む大きな単位胞は，プリミティブ格子に取りなおすことができる。それにもかかわらずわざわざ大きな単位胞を考える理由は，プリミティブ格子にしてしまうと対称性を正しく表現できなくなるためである。

三次元周期構造を点群で分類すると 32 に分けられる。点群の分類を晶族 (crystal class) と呼ぶ。空間群は 230 ある。晶系ごとに何種の空間群があるかを表 9.1 に示した。

対称性によって，ある種の物性の有無が判定できる。例えば強誘電性は反転対称性を持たない物質にしか現れない。物質の持つ対称性と，物性の間の関係は結晶学の教科書に詳しく書かれており[25]，一覧表も与えられている[13]。

9.2 構造解析で用いる回折データ

単結晶構造解析ではブラッグ反射強度一覧を作成し，その強度分布を再現するような構造モデルを構築する。無限に鋭いブラッグ反射を仮定し，その強度のみを用いるため，並進対称性を仮定していることになる[*6]。ブラッグ反射間の強度比を再現するように構造モデルを構築するため，逆空間の広い範囲にわたって公平に強度データが測定できていることが必須である。そのため，光学系に起因する補正（偏光因子やローレンツ因子など）を行うほか，結晶サイズを入射X線の太さより小さくして常に同じ量の試料体積を測定に用いるようにする，試料自身による異方的な吸収の影響を小さくするために，透過率が $1/e$ 程度に比べて極度に低くならないようにする（e は自然対数の底）などの注意を払う。18 keV 程度のエネルギーの放射光X線で実験を行う場合，無機結晶の大きさは 50 μm 角程度にする場合が多い。

粉末回折から構造解析を行う場合もブラッグ反射強度一覧を実験データから生成する。ただし，粉末回折のデータはピークの重なりが，特に高角側ではなはだしくなる。これを分離するために暫定的に作成した構造モデルが正しいと仮定して計算する場合が多く，完全に実験的に反射強度を得ているわけではない。この場合においても，並進対称性を仮定している点については変わらない。

9.3　構造解析からわかること・わからないこと

通常の単結晶構造解析では，原子座標，占有率，熱振動の振幅，およびその異方性がわかる。占有率と熱振動は分離が難しいので，両方一度に求めようとすると誤差が大きくなる傾向がある。

結晶は並進対称を持ち，これを利用した測定を行うため，多数の原子の平均を観測することになる。その結果，X線構造解析では原子位置に関して極めて高い精度（放射光で測定した場合，重金属で 0.05 pm，酸素の場合で 0.5 pm 程度）が得られる。熱振動も平均化して観測するため，熱振動の振幅（金属酸化物の場合，室温で 20 pm 程度）より高い分解能で原子位置を決定できる。

上では熱振動の振幅がわかると書いたが，より正確には“原子の平均位置から

*6　実空間の構造を表す $\rho(\boldsymbol{r})$ は散乱振幅のフーリエ変換で与えられる。その散乱振幅のうち，逆空間で離散的に，しかも周期的に並んだ逆格子点での値のみを用いる，というのがブラッグ反射のみを用いることの意味である。この場合，$\rho(\boldsymbol{r})$ は離散的なフーリエ級数 $F(hkl)$ で表されると仮定しているのと同義である。離散フーリエ級数は周期関数を表すため，$\rho(\boldsymbol{r})$ は周期構造を持つと仮定していることになる。

の変位量の 2 乗平均" が得られる。きれいな結晶では平均位置からのズレはおもに熱振動に起因するが，混晶などの場合ではイオン半径の違いなどの原因で，熱振動と無関係に原子位置が平均位置からずれる。実験的にこのような静的な原子変位は，絶対零度付近まで冷やしても原子変位が観測され続けることで熱振動と区別される。

格子の周期性に従った構造は極めて高い分解能で観測できる一方，並進対称性を仮定しているために，構造の乱れや短距離秩序構造などは得られない。このような構造情報は，12 章に述べる散漫散乱に反映される。

9.4　熱振動・原子位置の乱れ

熱振動の X 線回折への影響は，ブラッグ反射強度の減少と，フォノンによる散漫散乱の発生の二つに分けられる。ここでは構造解析に反映される前者についてのみ述べる。後者は 12.2 節で説明する。

n 番目の原子の位置を $\boldsymbol{r}_n$, 原子の平均位置を $\boldsymbol{R}_n$, 原子の変位量を $\boldsymbol{u}_n = \boldsymbol{r}_n - \boldsymbol{R}_n$ と表記する。原子位置の揺らぎ $\boldsymbol{u}_n$ を明示的に取り込んだ散乱振幅は次のように表現される。

$$
\begin{aligned}
F(\boldsymbol{Q}) &= \sum_n f_n \exp(i\boldsymbol{Q}\cdot\boldsymbol{r}_n) \\
&= \sum_n f_n \exp[i\boldsymbol{Q}\cdot(\boldsymbol{R}_n + \boldsymbol{u}_n)] \\
&= \sum_n f_n \exp(i\boldsymbol{Q}\cdot\boldsymbol{R}_n)\exp(i\boldsymbol{Q}\cdot\boldsymbol{u}_n) \qquad (9.1) \\
&\simeq \sum_n f_n \exp(i\boldsymbol{Q}\cdot\boldsymbol{R}_n)[1 + i\boldsymbol{Q}\cdot\boldsymbol{u}_n - (\boldsymbol{Q}\cdot\boldsymbol{u}_n)^2] \qquad (9.2)
\end{aligned}
$$

$\boldsymbol{u}$ はあらゆる方向を向いているので，$i\boldsymbol{Q}\cdot\boldsymbol{u}_n$ は和をとるとキャンセルして 0 になる。一方，$(\boldsymbol{Q}\cdot\boldsymbol{u}_n)^2$ は 2 乗の和なので常に正であり，有限の値が残る。$Q = |\boldsymbol{Q}|$, $\boldsymbol{u}_n$ の $\boldsymbol{Q}$ に平行な成分を u_{Qn} と書くと，$\boldsymbol{Q}\cdot\boldsymbol{u}_n = Q\, u_{Qn}$ のように書ける。これを用いて，$\boldsymbol{u}$ を取り込んだ散乱振幅は

$$
F(\boldsymbol{Q}) \simeq \sum_n f_n \exp(i\boldsymbol{Q}\cdot\boldsymbol{R}_n)[1 - (\boldsymbol{Q}\cdot\boldsymbol{u}_n)^2]
$$

$$= \sum_n f_n \exp(i\boldsymbol{Q}\cdot\boldsymbol{R}_n)[1-(Q\ u_{Qn})^2]$$

となる。この $(\boldsymbol{Q}\cdot\boldsymbol{u}_n)^2$ の項が原子変位の散乱強度に及ぼす効果である。原子変位がない場合と比べると，単に散乱振幅が $1-(\boldsymbol{Q}\cdot\boldsymbol{u}_n)^2$ 倍に減少するだけであり，鋭いブラッグ反射が出るという点については変わらない。熱振動の異方性を無視し，等方的な振動で近似しよう。n 番目の原子の原子変位パラメータ (atomic displacement parameter)*7 B_n あるいは U_n を次のように定義する[64]。

$$B_n = 8\pi^2\langle u_{Qn}^2\rangle$$
$$U_n = \langle u_{Qn}^2\rangle$$

これらは熱振動の度合いを一つの振幅 u_{Qn} で表しており，等方性原子変位パラメータ (isotropic atomic displacement parameter) と呼ばれる。散乱振幅の減少は等方性原子変位パラメータと Q^2 の積で表される*8。単結晶の構造解析では通常，熱振動を楕円体近似した異方性原子変位パラメータ U_{ij} まで精密化される。粉末回折では情報量が足りず，通常は等方性原子変位パラメータまでしか精密化できない。

ここでの議論では，原子が“振動”しているかどうか，すなわち動いているかどうかについてまったく言及していない。この意味するところは，原子位置が平均位置からずれている場合，それが動的であっても静的であっても回折現象にとってみれば違いはないということである*9。

数学的にもう少し正確な表式

上ではわかりやすさを求めて最後に級数展開したが，もう少し真面目に計算を進めることができる。級数展開する前の式 (9.1) に戻ろう。この章の冒頭で述べ

---

*7　古い教科書では温度因子と書かれている場合がある。多くの人が今でも温度因子という用語を使っているが，現実には熱振動に起因しない，静的な原子位置の乱れでも同じように定式化されるため，温度因子という用語は適切ではない。しかしながら語呂のよさ，文字数の少なさという点で優れる温度因子という用語がすぐに廃れるとは思いづらい。

*8　この式での $\langle u_{Qn}^2\rangle$ は，散乱ベクトル $\boldsymbol{Q}$ に平行な方向への原子変位の 2 乗平均である。しばしば 1/3 倍された式（$B=(8\pi^2/3)\langle u^2\rangle$ など）が見られるが，それは $\langle u^2\rangle$ を全方位への原子変位の 2 乗平均と定義している場合の表式である。

た通り，構造解析で用いるブラッグ反射強度は散乱振幅の平均の 2 乗 $\langle F(\boldsymbol{Q})\rangle^2$ であるので，$\langle F(\boldsymbol{Q})\rangle$ を計算しよう。

$$\begin{aligned}\langle F(\boldsymbol{Q})\rangle &= \left\langle \sum_n f_n \exp(i\boldsymbol{Q}\cdot\boldsymbol{R}_n)\exp(i\boldsymbol{Q}\cdot\boldsymbol{u}_n)\right\rangle \\ &= \sum_n f_n \exp(i\boldsymbol{Q}\cdot\boldsymbol{R}_n)\langle\exp(i\boldsymbol{Q}\cdot\boldsymbol{u}_n)\rangle \qquad (9.3)\\ &= \sum_n f_n \exp(i\boldsymbol{Q}\cdot\boldsymbol{R}_n)\langle\exp(iQ\ u_{Qn})\rangle \qquad (9.4)\end{aligned}$$

ここで，x がガウス分布に従って分布する時に，

$$\langle\exp(iQx)\rangle = \exp(-\tfrac{1}{2}Q^2\langle x^2\rangle)$$

という定理*10を用いよう。u_{Qn} を x と見て，熱振動による原子変位がガウス分布に従うと仮定すると，

$$\langle\exp(iQ\ u_{Qn})\rangle = \exp[-\tfrac{1}{2}Q^2\langle u_{Qn}^2\rangle]$$

---

*9　非弾性散乱を考慮するならば，エネルギー保存則を通して静的であるか動的であるかの違いが現れる。通常の X 線回折はエネルギー積分した形で測定されるため，静的であるか動的であるかはまったく見分けがつかないが，meV のエネルギー分解能を持った X 線非弾性散乱装置がいくつかの放射光施設で稼働しており，これらを使えばフォノンの分散関係が直接観測できる。

　コヒーレントな X 線で回折実験を行った際にも動きの有無で回折信号に違いが出る（8.8 節参照）。止まっていればスペックルが見えるが，フォノンの時間スケールである THz の動きがあれば，スペックルがならされて滑らかな強度分布に見える。

*10　証明：x が，標準偏差 σ のガウス分布（つまり，確率密度 $(1/\sqrt{2\pi\sigma^2})\exp[-x^2/2\sigma^2]$）を持つとする。$\exp(iQx)$ の平均 $\langle\exp(iQx)\rangle$ は，$\exp(iQx)$ に確率密度を乗じてから積分することで得られる。

$$\langle\exp(iQx)\rangle = \int \frac{1}{\sqrt{2\pi\sigma^2}}\exp\left[-\frac{x^2}{2\sigma^2}\right]\exp(iQx)dx$$

これは確率密度関数のフーリエ変換の式になっている。確率密度関数がガウス関数であり，ガウス関数のフーリエ変換はガウス関数であることを利用すると，

$$\langle\exp(iQx)\rangle = \exp\left[-\tfrac{1}{2}Q^2\sigma^2\right]$$

となる。ところでガウス分布の場合，$\langle x^2\rangle = \sigma^2$ なので，これを代入して，

$$\langle\exp(iQx)\rangle = \exp\left[-\tfrac{1}{2}Q^2\langle x^2\rangle\right]$$

を得る。

と書ける。$\exp[-(1/2)Q^2\langle u_{Qn}^2\rangle]$ を e^{-M_n} と書くことにして，式 (9.3) の $\langle\exp(i\boldsymbol{Q}\cdot\boldsymbol{u}_n)\rangle$ に代入する。

$$\langle F(\boldsymbol{Q})\rangle = \sum_n f_n e^{-M_n}\exp(i\boldsymbol{Q}\cdot\boldsymbol{R}_n) \tag{9.5}$$

式 (9.5) は，原子散乱因子が f_n から $[f_n e^{-M_n}]$ に置き換わっただけで，ほかは揺らぎのない結晶からのブラッグ反射を与える式と同じである。

$$e^{-M_n} = \exp\left[-\tfrac{1}{2}Q^2\langle u_{Qn}^2\rangle\right]$$

をデバイ–ワラー因子 (Debye–Waller factor) と呼ぶ[*11]。e^{-M_n} の定義からわかるようにこれは必ず1より小さく，また Q が大きくなるほど，あるいは原子変位量の2乗の平均 $\langle u_{Qn}^2\rangle$ が大きくなるほど0に近づく因子である。これが原子散乱因子 f に乗ぜられるということは，原子変位が大きくなるほど，また Q が大きくなるほどブラッグ反射強度は減少するということを意味している。

デバイ–ワラー因子と熱膨張

ここまで $\langle u^2\rangle$ の大きさを反映してブラッグ反射強度が減少することを述べてきた。ところで，$\langle u^2\rangle$ は，43ページの議論で熱膨張と比例していることが予期されていた。これを確認してみよう。話を簡単にするため，単位胞に一つしか原子を含まない格子の等方的な熱振動を考える。この場合，式 (9.5) から期待されるブラッグ反射強度は次のように書ける。

$$\langle I(\boldsymbol{Q})\rangle = \langle F(\boldsymbol{Q})\rangle^2 = f^2 e^{-2M} L_I(\xi)L_I(\eta)L_I(\zeta)$$

積分強度の温度依存性 $\langle I(hkl,T)\rangle$ を考える。積分強度を考えるのでラウエ関数の部分は定数になり，

$$\langle I(hkl,T)\rangle \propto f^2 e^{-2M} = I(hkl,0)\exp[-Q^2\langle u_Q^2\rangle]$$

*11　IUCr の推奨する用語が文献 [64] で定義されている。その中でデバイ–ワラー因子は $\exp[-8\pi^2\langle u^2\rangle(\sin^2\theta)/\lambda^2]$ と書かれている。Q は $4\pi\sin\theta/\lambda$ であるので，文献 [64] での $\langle u^2\rangle$ を $\langle u_{Qn}^2\rangle$ と読み替えることで本文中の記法と一致する。

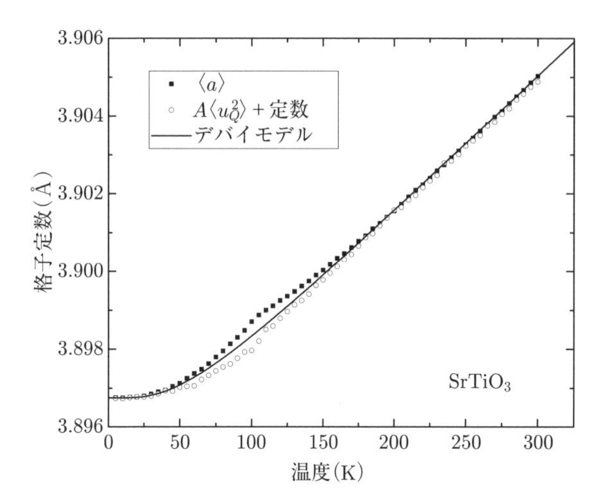

図 9.2 $SrTiO_3$ の平均格子定数（単位胞体積の 3 乗根）の温度依存性。実験的に測定した結果と，デバイモデルの計算結果のほか，実験的に測定した (10, 0, 0) ブラッグ反射強度 I の温度依存性から期待される熱膨張を白丸で示した。

となる。ここで f^2 は熱振動がない時のブラッグ反射強度に対応するため，これを $I(hkl, 0)$ と書いた。$-2M = -Q^2\langle u_Q^2\rangle$ は，強度を用いて次のように書ける。

$$-2M = -Q^2\langle u_Q^2\rangle = \log\left[\frac{\langle I(hkl, T)\rangle}{I(hkl, 0)}\right]$$

このように実験的に得られるブラッグ反射強度の温度依存性と $\langle u_Q^2\rangle$ の単純な対応関係が得られた。実験結果と比較してみよう。図 9.2 に，44 ページの図 2.6 に示した $SrTiO_3$ の平均格子定数（単位胞体積の 3 乗根）の温度依存性と，デバイモデルの計算結果を再掲した。これに重ねて，ブラッグ反射強度と 4 K でのブラッグ反射強度とを基に求めた $A\cdot\langle u_Q^2\rangle + c_0$ を白丸でプロットした（A, c_0 は定数）。このプロットはデバイモデルの計算とほぼ重なり，また相転移点近傍を除けば実験的に得られた熱膨張ともよく合っており，単純な物質では熱膨張と $\langle u^2\rangle$ の間の比例関係は期待通り成立しているとわかる。

9.5　双安定構造と構造の乱れ

結晶は並進対称性を持つが，それでもなお乱れを内包する場合がある。有機結晶であれば溶媒分子が結晶中に含まれる場合があり，その分子が結晶中のあるサイトに，異なる何種類かの向きで入るのは極めてありふれた状況である。また，原子の感じるポテンシャルがそもそも二つの極小をもち（このような状況を双安定 (bistable) という)，どちらに原子が留まるかがランダムである場合も多い。このような双安定構造を持つ物質に対して X 線構造解析を行った場合，何が見えることになるだろうか。

基本的には双安定であるが，あるサイトで一方に原子が入った結果，周辺のサイトでもどちらか一方だけが安定になる場合があり得る。自発分極した強誘電体がよい例である。この場合，乱れのない結晶構造が実現される。場合によっては元の単位胞の大きさを保つかもしれないし，単位胞の大きさが 2 倍や 4 倍になることもあるだろう。単位胞が大きくなる場合，次の章で述べる超格子反射が出現する。

そのようなことはなく，双安定構造のどちらに原子が入るかがサイトごとにランダムに決まる場合はどうなるだろうか。構造解析ではブラッグ反射だけを用いて物質の構造を見るという手法をとっているため，結晶中のすべての原子を一つの単位胞の中に $n_1\boldsymbol{a}+n_2\boldsymbol{b}+n_3\boldsymbol{c}$ の並進によって重ねて観測していることになる（ここで n_{1-3} は整数)。その結果として，構造解析を通して見ると，二つのポテンシャル極小に対してそれぞれ 50%の占有率で原子が入っているように見えることになる。この状況を図 9.3 に示した。二つの極小の間の距離が短い場合，明瞭に二つに分離できず，中間に一つの原子があって，ただ原子変位パラメータが大きいように見える場合もある。

このように乱れた構造は逆空間で広がった散乱，散漫散乱を生じる。完全に無相関な構造では逆空間全体に均一に広がった散乱を与え，全体にバックグラウンドが上がったように見える。一方，空間的に単位胞より大きな距離スケールの相関を持つ乱れがあった場合，散漫散乱強度分布にはブリルアンゾーン内部に濃淡が現れる。このような散乱については 12 章で考察する。

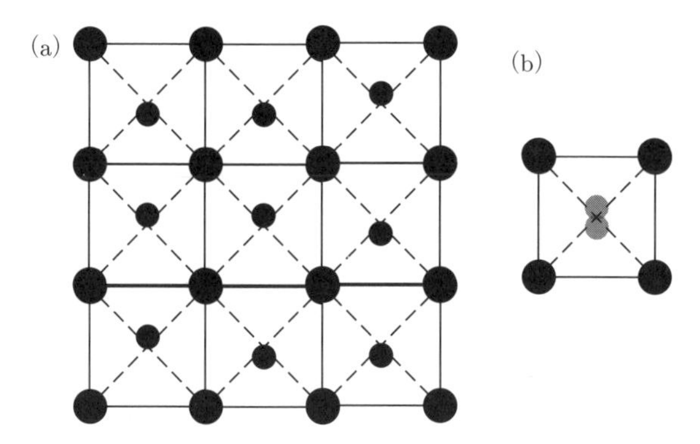

図 9.3　(a) 双安定構造の模式図と (b) X 線構造解析で得られる構造。単位胞中央の原子が少し上か下かに変位しており，その変位の方向に空間的な相関がない。この場合，ずれた両側の位置に占有率 50%で原子が存在するように見える。

9.6　構造解析の結果に基づく物性物理の議論

結晶構造が正しく求められれば，その結果を用いた理論計算が可能である。3.3 節のボンドバレンスサム (BVS) の手法で各イオンの価数を見るのは広く行われている。3.4 節の手法で飛び移り積分を見積もって，例えば伝導性を支配する次元性を決めることができる。4.4 節の考え方で交換相互作用の主要な経路と強さを見積もる[65]のも磁性の理解に重要な情報を与える。3.3.2 項に述べたように，d 電子を六つ持つ遷移金属イオンは高スピン，低スピン，中間スピン状態を持ち得る。スピン状態が異なると，占有される軌道が変わるのに伴い，原子間距離が大きく変化する。この関係を用いて $LaCoO_3$ のスピン状態が報告されている[66]。

特定の物質についての研究では，まず構造を見て，そこから議論の出発点を決めるのが普通である。

有機伝導体の電荷秩序

金属的な伝導を示す分子性固体である有機伝導体は，3.1.2 項に述べたように非常によく強束縛近似が適用できる系であり，理論との美しい対応が見られる。室温付近で金属的な電気伝導を示す有機伝導体 α–(BEDT–TTF)$_2$I$_3$ は，130 K 以下では電荷秩序を起こして絶縁体になる。分子性固体での電荷秩序では，占有さ

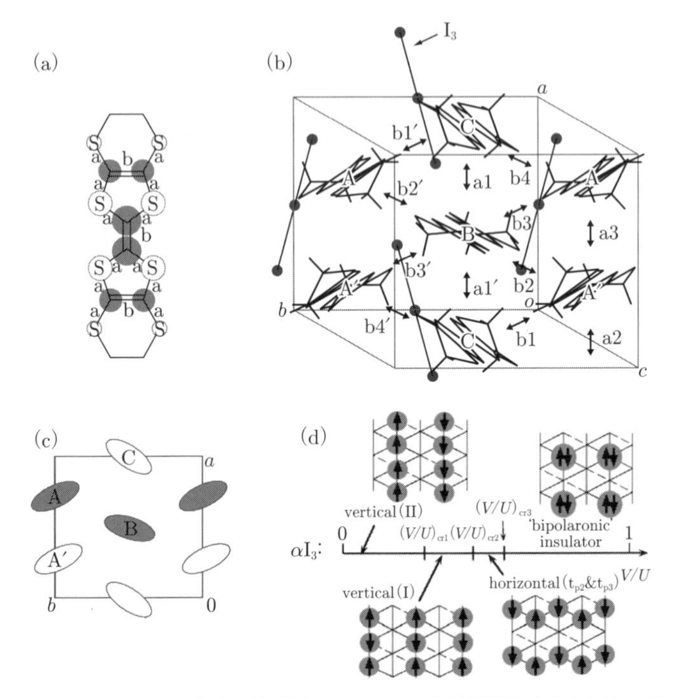

図 9.4　(a) BEDT–TTF 分子の模式図。HOMO の分子軌道を白丸と灰色の円で示した。円の大きさの違いは波動関数の振幅を，色の違いは波動関数の位相の違いを表す。a，b の印はそれぞれ，HOMO が反結合性，結合性に働くことを意味する。(b) α–(BEDT–TTF)$_2$I$_3$ の結晶構造[67]。(c) 低温での構造解析の結果から明らかになった電荷秩序構造[67]。(d) 理論から予期される電荷秩序構造[68]。ハバードモデルの U と V の比率によって安定な電荷秩序構造が変わる。

れている中で最もエネルギーが高い分子軌道（最高被占有軌道，highest occupied molecular orbital, HOMO）から電子が抜けたり，占有されていない軌道の中で最もエネルギーが低い分子軌道（最低空軌道，lowest unoccupied molecular orbital, LUMO）に電子が入ったりする。α–(BEDT–TTF)$_2$I$_3$ の電荷秩序では，図 9.4(a) に示した BEDT–TTF 分子の HOMO の占有率が変わる。HOMO が結合的に働くボンド（図 9.4(a) 中，b とマークされた結合）は HOMO の占有率が上がるとボンド長が短くなり，逆に HOMO が反結合的に働くボンド（図 9.4(a) 中，a とマークされた結合）は HOMO の占有率が上がるとボンド長が長くなる。これを用いて，単位胞中の各分子（図 9.4(b) の A, A′, B, C）の価数を知ることができる[*12]。低温での構造解析の結果[67]を基に判明した電荷秩序の構造は図 9.4(c) の構造である。理論との対応を見てみよう。文献 [68] では，3.5.3 項で述べた，隣接サイトクーロン相互作用を取り込んだハバードモデルに基づいた理論的な考察を行っている。オンサイトクーロン相互作用 U と隣接クーロン相互作用 V の比率に依ってさまざまな形の電荷秩序構造が図 9.4(d) のように導出されている。実験との比較により，V/U の値が $(V/U)_{\mathrm{cr2}}$ と $(V/U)_{\mathrm{cr3}}$ の間にあることが判明した。

*12　分子性固体の場合，特定のイオンの価数が変わるような状況ではないため，BVS は使えない。

第10章
超格子反射

結晶中に生じる周期的な濃度の変調，あるいは原子変位は，周期的な電子密度の変調を意味する。新しい周期構造は，それをフーリエ変換した散乱振幅を生み，新たな（通常は微弱な強度を持つ）回折ピークを生む。このようなピークを超格子反射 (superlattice reflection) と呼ぶ[*1]。代表的ないくつかの例を図 10.1 にまとめた。図 10.1(a) の位相変調は，周期的な原子変位を意味する。図 10.1(b) の強度変調は，あるサイトを占める元素が 2 種類あり得て，かつそれぞれの濃度が周期的に変動している場合に対応する。これらの場合は超格子反射が元のブラッグ反射に対して位置・強度とも対称に現れる。図 10.1(c) は重元素（大きな散乱因子を持つ側）が大きなイオン半径を持つ場合，図 10.1(d) は重元素が小さなイオン半径を持つ場合である。これらの場合，超格子反射の位置は依然としてブラッグ反射に対して対称であるが，強度は大きな非対称性を示すことになる。以下，これらの超格子反射がなぜ観測されるのかを示すために，散乱振幅の計算を行う。

10.1　周期的な原子変位（位相変調）

位相変調 (phase modulation) 構造は $\boldsymbol{q}$ の波数で特徴づけられる原子位置の変調である。n 番目の原子の変調前の原子位置を $\boldsymbol{R}_n$，変位量を $\boldsymbol{u}_n \equiv \boldsymbol{u}\sin(\boldsymbol{q}\cdot\boldsymbol{R}_n)$ とし，$\boldsymbol{Q}\cdot\boldsymbol{u}$ が小さい場合について超格子反射強度がどのように表されるかを示す。

$$
\begin{aligned}
F(\boldsymbol{Q}) &= \sum_n f_n \exp[i\boldsymbol{Q}\cdot(\boldsymbol{R}_n + \boldsymbol{u}_n)] \\
&= \sum_n f_n \exp(i\boldsymbol{Q}\cdot\boldsymbol{R}_n)\exp(i\boldsymbol{Q}\cdot\boldsymbol{u}_n)
\end{aligned}
$$

---

*1　場合によっては衛星反射 (satellite reflection) と呼ばれることもあるが，回折理論としてはまったく同じ意味である。

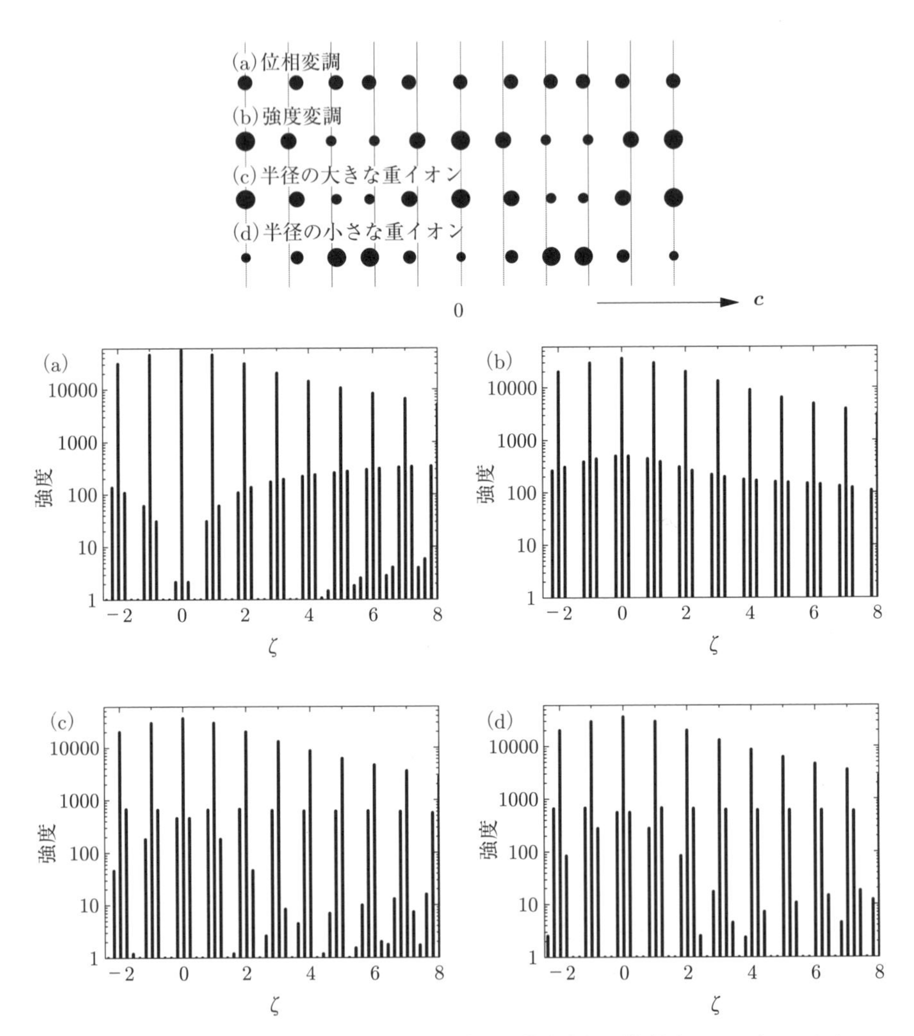

図 10.1　構造変調と超格子反射。(上) 代表的な構造変調の模式図。シンボルの大小は各サイトの平均的な電子数を反映している。(下) それぞれの構造に対する散乱強度。変調の周期は 5 倍周期，波数でいえば $0.2\boldsymbol{c}$ の場合について作図した。(a) 位相変調，(b) 強度変調に起因する回折強度。(c), (d) は位相変調と強度変調が同時に生じた場合の例。

$$
\begin{aligned}
&\simeq \sum_n f_n \exp(i\boldsymbol{Q}\cdot\boldsymbol{R}_n)(1+i\boldsymbol{Q}\cdot\boldsymbol{u}_n)\\
&= \sum_n f_n \exp(i\boldsymbol{Q}\cdot\boldsymbol{R}_n)\left[1+i\boldsymbol{Q}\cdot\boldsymbol{u}\sin(\boldsymbol{q}\cdot\boldsymbol{R}_n)\right]\\
&= \sum_n f_n \exp(i\boldsymbol{Q}\cdot\boldsymbol{R}_n)\\
&\quad + \sum_n f_n \exp(i\boldsymbol{Q}\cdot\boldsymbol{R}_n)[i\boldsymbol{Q}\cdot\boldsymbol{u}\sin(\boldsymbol{q}\cdot\boldsymbol{R}_n)] \qquad (10.1)\\
&\equiv \text{ブラッグ反射項} + \text{超格子反射項}
\end{aligned}
$$

ブラッグ反射項は変調構造がない場合のブラッグ反射と同じ式である。超格子反射項は以下のように計算できる。

$$
\begin{aligned}
&\sum_n f_n \exp(i\boldsymbol{Q}\cdot\boldsymbol{R}_n)[i\boldsymbol{Q}\cdot\boldsymbol{u}\sin(\boldsymbol{q}\cdot\boldsymbol{R}_n)]\\
&= i\boldsymbol{Q}\cdot\boldsymbol{u}\sum_n f_n \exp(i\boldsymbol{Q}\cdot\boldsymbol{R}_n)\sin(\boldsymbol{q}\cdot\boldsymbol{R}_n)\\
&= i\boldsymbol{Q}\cdot\boldsymbol{u}\sum_n f_n \exp(i\boldsymbol{Q}\cdot\boldsymbol{R}_n)\frac{\exp(i\boldsymbol{q}\cdot\boldsymbol{R}_n)-\exp(-i\boldsymbol{q}\cdot\boldsymbol{R}_n)}{2i}\\
&= \frac{1}{2}\boldsymbol{Q}\cdot\boldsymbol{u}\sum_n f_n \exp(i\boldsymbol{Q}\cdot\boldsymbol{R}_n)[\exp(i\boldsymbol{q}\cdot\boldsymbol{R}_n)-\exp(-i\boldsymbol{q}\cdot\boldsymbol{R}_n)]\\
&= \frac{1}{2}\boldsymbol{Q}\cdot\boldsymbol{u}\sum_n f_n \left\{\exp[i(\boldsymbol{Q}+\boldsymbol{q})\cdot\boldsymbol{R}_n]-\exp[i(\boldsymbol{Q}-\boldsymbol{q})\cdot\boldsymbol{R}_n]\right\} \qquad (10.2)
\end{aligned}
$$

となる。最後の和は $\boldsymbol{Q}\pm\boldsymbol{q}$ にピークを持つラウエ関数を与える。位相変調構造に起因する超格子反射は $(\boldsymbol{Q}\cdot\boldsymbol{u})^2$ に比例した強度を持つ[*2]。ここでの計算は $\boldsymbol{Q}\cdot\boldsymbol{u}$ が小さい場合に対する級数展開を行った。$\boldsymbol{Q}\cdot\boldsymbol{u}$ が大きくなると式 (10.1) への途中で行った $\exp(i\boldsymbol{Q}\cdot\boldsymbol{u})\simeq 1+i\boldsymbol{Q}\cdot\boldsymbol{u}$ の近似が悪くなる。その結果，ブラッグ反射から $\pm\boldsymbol{q}$ 離れたところだけではなく，$\pm n\boldsymbol{q}$ だけ（ここで n は 2 以上の整数）離れたところにもピークが現れるようになる。これは単に数値的に計算すればすぐに確認できる[*3]。図 10.1(a) でも Q が大きくなるにつれて $2\boldsymbol{q}$ に対応するピークが強くなっているのがわかる。

*2 $\boldsymbol{Q}$ が大きくなると原子散乱因子が小さくなるため，実際にはある程度の大きさの $\boldsymbol{Q}$ に強度の最大が現れる。

*3 解析的にはベッセル関数を使った形に解くことができる。

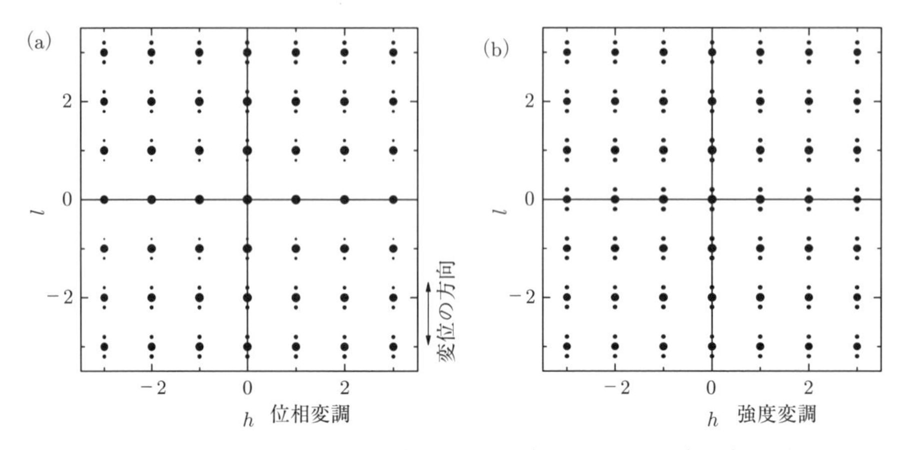

図 10.2　波数 $\boldsymbol{q} = (0, 0, 0.2)$ の変調構造を持つ物質からの $(h0l)$ 面内の散乱強度マップ。回折点を，反射強度の対数に比例した大きさのシンボルで表した。(a) c 軸方向に原子変位を持つ位相変調構造からの散乱，(b) 強度変調からの散乱。

逆空間の広い範囲でどう見えるかを考えよう。正方晶で c 軸方向に原子変位を持つ変調構造を例にとる。図 10.2(a) に強度分布を示した。原子変位の方向と散乱ベクトルがほぼ垂直な $l = 0$ の近傍では弱く，l の成分が大きくなるにつれて強度が大きくなっているのがわかる。

10.2　化学的な変調（強度変調）

強度変調 (amplitude modulation) は $\boldsymbol{q}$ の波数で特徴づけられる化学組成の変調である*4。n 番目のサイトの位置ベクトルを $\boldsymbol{R}_n$ とし，元素 A, B の原子散乱因子を f_A, f_B と書くと，散乱振幅は次のように表記できる。

$$F(\boldsymbol{Q}) = \sum_n (A_n f_A + B_n f_B) \exp(i\boldsymbol{Q} \cdot \boldsymbol{R}_n) \tag{10.3}$$

ここで A_n，B_n はそれぞれ n 番目のサイトが原子 A, B で占められていた時に 1，そうでない時に 0 になるパラメータである。当然 $A_n + B_n = 1$ である。このま

*4　このような意味での強度変調という言葉はそれほど普及していないかもしれない。文献 [1]（下）650 ページにならった表記である。

までは見通しが悪いので，平均化して計算しやすくすることを考えよう。n 番目のサイトを元素 A と B が占める割合を p_{An}, p_{Bn} とする。$p_{Bn} = 1 - p_{An}$ である。各サイトの平均的な原子散乱因子は $(p_{An} f_A + p_{Bn} f_B)$ と書けるだろう。これを用いると，散乱振幅は次のように書ける。

$$\langle F(\boldsymbol{Q}) \rangle = \sum_n (p_{An} f_A + p_{Bn} f_B) \exp(i\boldsymbol{Q} \cdot \boldsymbol{R}_n) \tag{10.4}$$

$p_{An} = [1 + \cos(\boldsymbol{q} \cdot \boldsymbol{R}_n)]/2$ と正弦波的な変調を仮定すると，

$$\begin{aligned}\langle F(\boldsymbol{Q}) \rangle &= \sum_n (p_{An} f_A + p_{Bn} f_B) \exp(i\boldsymbol{Q} \cdot \boldsymbol{R}_n) \\ &= \sum_n \left(\frac{f_A + f_B}{2} + \frac{f_A - f_B}{2} \cos(\boldsymbol{q} \cdot \boldsymbol{R}_n) \right) \exp(i\boldsymbol{Q} \cdot \boldsymbol{R}_n) \\ &\equiv \text{ブラッグ反射項} + \text{超格子反射項}\end{aligned} \tag{10.5}$$

ブラッグ反射項は変調構造がない場合のブラッグ反射と同じ式である。超格子反射項は以下のように計算できる。

$$\begin{aligned}&\sum_n \frac{f_A - f_B}{2} \cos(\boldsymbol{q} \cdot \boldsymbol{R}_n) \exp(i\boldsymbol{Q} \cdot \boldsymbol{R}_n) \\ &= \sum_n \frac{f_A - f_B}{4} [\exp(i\boldsymbol{q} \cdot \boldsymbol{R}_n) + \exp(-i\boldsymbol{q} \cdot \boldsymbol{R}_n)] \exp(i\boldsymbol{Q} \cdot \boldsymbol{R}_n) \\ &= \frac{1}{4} \sum_n (f_A - f_B) \{\exp[i(\boldsymbol{Q} + \boldsymbol{q}) \cdot \boldsymbol{R}_n] + \exp[i(\boldsymbol{Q} - \boldsymbol{q}) \cdot \boldsymbol{R}_n]\}\end{aligned} \tag{10.6}$$

超格子反射項は $\boldsymbol{Q} \pm \boldsymbol{q}$ が逆格子ベクトル $\boldsymbol{G}$ と一致した時にピークを与えるため，逆格子点から $\pm\boldsymbol{q}$ 離れた位置にピークが出る。超格子反射強度は $(f_A - f_B)^2$ で決まり，逆空間の中で異方性や特徴的な $\boldsymbol{Q}$ 依存性を示さない。この状況は図 10.2(b) によく示されている。また，位相変調の時と異なり途中に級数展開が入っていないため，正弦波的な p_{An} であるならば高次の超格子反射（2 以上の整数 n に対する $n\boldsymbol{q}$ の波数の反射）は現れない。

さて，最初に行った平均化がどの程度正当であるかを検証しよう。各サイトに 0 から 1 の大きさの乱数 rand_n を割り当て，rand_n が p_{An} より大きかったら $A_n = 1$，そうでなかったら $A_n = 0$ とする。これで，例として $p_{An} = [1 + \cos(\boldsymbol{q} \cdot \boldsymbol{R}_n)]/2$，

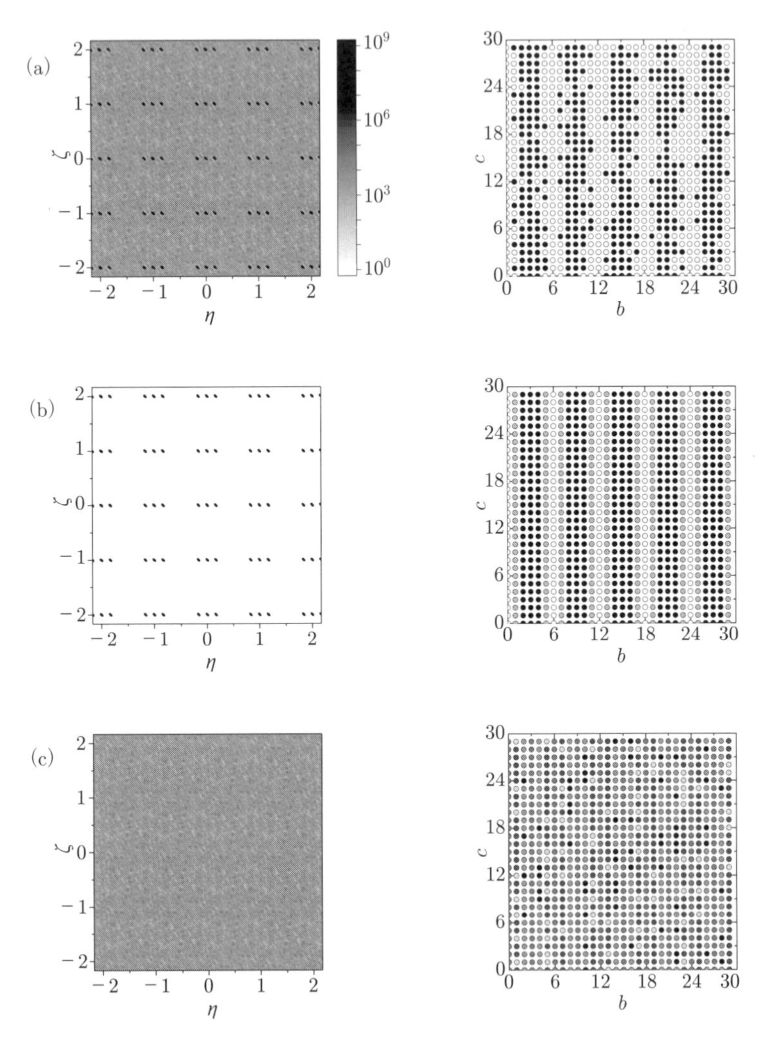

図 10.3　(a) 各サイトに A または B しか存在できない，という現実的な構造モデル（右図）に基づく式 (10.3) から計算した散乱強度マップ（左図）。(b) 平均化した式 (10.4) に対応する構造（右図）から計算した散乱強度マップ（左図）。(c) 平均からのズレに起因する散乱強度マップ（左図）。これに対応する構造（右図）は，(a) 右図と (b) 右図の差である。

$\boldsymbol{q} = \boldsymbol{b}^*/6$ の場合について行った構造と強度の計算結果を図 10.3 に示した。平均化は均一なバックグラウンドを除いて，超格子反射の構造をよく再現する近似であることがわかる。

10.3 逆格子点に対して強度が非対称に出る超格子反射

強度変調構造では，二種の元素 A と B の濃度に濃淡が生じている。ここではより重い元素を A，軽い元素を B と呼ぶことにしよう。もし A と B が異なるイオン半径を持つならば，この強度変調構造は，同じ波数の原子変位の変調をも伴うであろう。この状況は図 10.1 上段 (c), (d) に示したとおりである。(c) は重い元素 A の占有率 p_{An} が前節で仮定した通り $[1+\cos(\boldsymbol{q}\cdot\boldsymbol{R}_n)]/2$ であり（$\boldsymbol{q}$ については $0.2\boldsymbol{c}^*$ を仮定した），かつ A のイオン半径が B より大きいことを仮定した図である。横軸の 0 に対して A の分布が偶関数であることが確認できる。一方原子変位を見ると，0 に対して右隣の原子は右側へ，左隣の原子は左側へ変位しており，奇関数になっていることがわかる。この原子変位は 10.1 節で仮定した $\boldsymbol{u}\sin(\boldsymbol{q}\cdot\boldsymbol{R}_n)$ と一致する。ここでは一次元モデルをとり，$u>0$ である。もし重元素の方が軽元素よりイオン半径が小さいのであれば図 10.1(d) のようになる。このような場合，どのような回折強度が観測されるか計算しよう。

これまでと同様の文字を使おう。n 番目のサイトの変調前の原子位置を $\boldsymbol{R}_n$，変位量を $\boldsymbol{u}_n$，n 番目のサイトに元素 A が存在する確率を p_{An}，B が存在する確率を $p_{Bn}=1-p_{An}$ とする。また，$p_{An}=[1+\cos(\boldsymbol{q}\cdot\boldsymbol{R}_n)]/2$, $\boldsymbol{u}_n=\boldsymbol{u}\sin(\boldsymbol{q}\cdot\boldsymbol{R}_n)$ である。この p_{An} の形から，n 番目のサイトの平均的な原子散乱因子 $\langle f_n\rangle$ は $p_{An}f_A+p_{Bn}f_B=[(f_A+f_B)/2]+[(f_A-f_B)/2]\cos(\boldsymbol{q}\cdot\boldsymbol{R}_n)$ と書ける。これを用いて散乱振幅 $F(\boldsymbol{Q})$ は次のようになる。

$$
\begin{aligned}
\langle F(\boldsymbol{Q})\rangle &= \sum_n \langle f_n\rangle \exp[i\boldsymbol{Q}\cdot(\boldsymbol{R}_n+\boldsymbol{u}_n)] \\
&= \sum_n \left[\frac{f_A+f_B}{2}+\frac{f_A-f_B}{2}\cos(\boldsymbol{q}\cdot\boldsymbol{R}_n)\right]\exp(i\boldsymbol{Q}\cdot\boldsymbol{R}_n)\exp(i\boldsymbol{Q}\cdot\boldsymbol{u}_n) \\
&\simeq \sum_n \left[\frac{f_A+f_B}{2}+\frac{f_A-f_B}{2}\cos(\boldsymbol{q}\cdot\boldsymbol{R}_n)\right]\exp(i\boldsymbol{Q}\cdot\boldsymbol{R}_n)(1+i\boldsymbol{Q}\cdot\boldsymbol{u}_n)
\end{aligned}
$$

$$
\begin{aligned}
&= \sum_n \frac{f_A + f_B}{2} \exp(i\boldsymbol{Q} \cdot \boldsymbol{R}_n)(1 + i\boldsymbol{Q} \cdot \boldsymbol{u}_n) \\
&\quad + \sum_n \frac{f_A - f_B}{2} \cos(\boldsymbol{q} \cdot \boldsymbol{R}_n) \exp(i\boldsymbol{Q} \cdot \boldsymbol{R}_n)(1 + i\boldsymbol{Q} \cdot \boldsymbol{u}_n) \qquad (10.7) \\
&\equiv \text{ブラッグ反射項} + \text{位相変調項} \\
&\quad + \text{強度変調項} + \text{位相} \times \text{強度変調項} \qquad (10.8)
\end{aligned}
$$

最後の四つの分類では，n に関する二つの総和の内側を $(1 + i\boldsymbol{Q} \cdot \boldsymbol{u}_n)$ の 1 に対応する部分と $i\boldsymbol{Q} \cdot \boldsymbol{u}_n$ に対応する部分に分離した。式 (10.7) の一つ目の和，ブラッグ反射項と位相変調項は 10.1 節の計算とまったく同じである。二つ目の和のうち，強度変調項は 10.2 節の計算とまったく同じである。最後の位相 × 強度変調項は位相変調と強度変調両方の効果の積の項である。$\boldsymbol{u}_n = \boldsymbol{u} \sin(\boldsymbol{q} \cdot \boldsymbol{R}_n)$ を用いてこの四つを計算すると，結果は次のようになる。

ブラッグ反射項

$$
\sum_n \frac{f_A + f_B}{2} \exp(i\boldsymbol{Q} \cdot \boldsymbol{R}_n)
$$

位相変調項

$$
\frac{\boldsymbol{Q} \cdot \boldsymbol{u}}{4} \sum_n (f_A + f_B) \{\exp[i(\boldsymbol{Q} + \boldsymbol{q}) \cdot \boldsymbol{R}_n] - \exp[i(\boldsymbol{Q} - \boldsymbol{q}) \cdot \boldsymbol{R}_n]\}
$$

強度変調項

$$
\frac{1}{4} \sum_n (f_A - f_B) \{\exp[i(\boldsymbol{Q} + \boldsymbol{q}) \cdot \boldsymbol{R}_n] + \exp[i(\boldsymbol{Q} - \boldsymbol{q}) \cdot \boldsymbol{R}_n]\}
$$

位相 × 強度変調項

$$
\frac{\boldsymbol{Q} \cdot \boldsymbol{u}}{8} \sum_n (f_A - f_B) \{\exp[i(\boldsymbol{Q} + 2\boldsymbol{q}) \cdot \boldsymbol{R}_n] - \exp[-i(\boldsymbol{Q} - 2\boldsymbol{q}) \cdot \boldsymbol{R}_n]\}
$$

n に関する和に含まれる $\exp[i(\boldsymbol{Q} - \boldsymbol{q}) \cdot \boldsymbol{R}_n]$ は，$\boldsymbol{Q} - \boldsymbol{q}$ が逆格子点と一致した時にピークを与えるラウエ関数になる。そのため，この例では散乱ベクトル $\boldsymbol{Q}$ が逆格子点から $+\boldsymbol{q}$ 離れた点に反射が現れる。位相変調項と強度変調項を見ると，どちらも逆格子点から $\pm\boldsymbol{q}$ 離れた点に散乱振幅を与えるため，この二つは干渉する。$+\boldsymbol{q}$ 側は位相変調項と強度変調項の差，$-\boldsymbol{q}$ 側は和になるため，強度が非対称になる。具体的な計算結果は図 10.1 に示した通りである。

位相 $\times$ 強度変調項は逆格子点から $\pm 2\boldsymbol{q}$ の位置に弱い強度を出す。強度変調項の振幅の $\boldsymbol{Q}\cdot\boldsymbol{u}$ 倍なので，小さい量と小さい量の積となり，とても弱い。

10.4　ピーク幅と相関長

7.7 節で述べたとおり，結晶の外形が小さければブラッグ反射は広い幅を持つようになる。この理由は図 7.3 のラウエ関数を思い出せば納得できるであろう。超格子反射が生じる場合，“超格子反射を生む変調構造の空間的広がり” と，“基本骨格となる結晶構造の空間的広がり” が異なる大きさであるのが普通である。後者は結晶の外形寸法に対応し，基本のブラッグ反射の幅に反映される。前者は変調構造の相関長に対応し，超格子反射の幅に反映される。このようにして変調構造の相関長を実験的に調べることができる[*5]。

相関長は，装置分解能の影響を取り除いた後の真のピーク幅の逆数に比例する。一般的に使われている相関長の定義は (残念ながら) 一種類ではなく，二種類ある。格子定数 a の立方晶の逆格子ベクトルで基底を張り，例えば $\boldsymbol{a}^*$ 方向のピークの半値半幅が逆格子単位で Δ であったとする。この場合の相関長 ξ は，(1) $a/[2\pi\Delta]$，および (2) a/Δ のどちらかの値が使われる。これらは平均的に散乱波の位相が 1 ラジアンずれるあたりで相関が失われたと表現するか，2π ラジアンずれるあたりで相関が失われたと表現するかの違いに対応する。

なお，装置分解能の影響の除去はデコンボリューション[*6]で行う。測定したピーク形状，分解能ともガウス関数型で，幅がそれぞれ Δ_{meas}，Δ_{res} である場合は，真の幅は $\sqrt{\Delta_{\mathrm{meas}}^2 - \Delta_{\mathrm{res}}^2}$ である。両者ともローレンツ関数であった場合，真の幅は $\Delta_{\mathrm{meas}} - \Delta_{\mathrm{res}}$ である。

*5　基本のブラッグ反射と超格子反射の幅が違い得ることに納得がいかなければ，具体的な構造モデルを作って数値計算で確かめるのが納得するための近道であろう。

*6　デコンボリューションは畳み込み（コンボリューション）の逆演算である。

10.5 超格子反射の測定に基づく物性物理の議論

超格子反射を含めた構造解析を行うのは極めて難しいが，元の構造からの変調を取り出すことを目的とすると，超格子反射の持つ情報を読み取るのは簡単である。

すでに述べた通り，ピーク位置は波数に直結する。ピーク幅はその変調構造の相関長の逆数を表す。積分強度は，変調の強さを反映する。相転移に伴って超格子反射が観測されるような場合，しばしば超格子反射強度は転移の秩序変数（あるいは秩序変数の 2 乗や 4 乗）と扱われる。例えば磁性由来の格子歪みは 4.6 節で述べたように，ordered moment の大きさの 2 乗に比例する。そして超格子反射強度は，205 ページに述べたように，歪みの振幅の 2 乗に比例する。そのため，磁気秩序由来の超格子反射強度は，ordered moment の大きさの 4 乗に比例すると期待できる。

10.5.1 項では，化学的な濃度変調（強度変調）に起因する超格子反射を起こす二元合金の秩序化に関する研究例を紹介する。10.5.2 項では，このような長周期構造が発生する起源について考察する。

10.5.1 二元合金の秩序化

1950〜1960 年代に，CuAu，Cu_3Au などの二元合金を用いて，原子移動を伴う秩序無秩序相転移の研究が盛んに行われた[69]–[72]。その時にさまざまな解析手法が確立され，今日でも活用されている。ここでは標準的な秩序度の指標である長距離秩序パラメータ (long range order parameter) と短距離秩序パラメータ (short range order parameter) を紹介する。これらは原子配置を表現する指標であるが，物理的により重要であるのは原子間にどのようなポテンシャルが働くかを解明することであろう。それがわかれば，なぜそのような秩序が形成されるかが理解できる。この項の最後に，同種/異種原子間に働くポテンシャルを求める議論について紹介する。

問題設定は二元合金の秩序無秩序転移である。Cu_3Au を例にとろう。高温の無秩序相では面心立方格子の各サイトに Cu と Au が 3:1 の比で無秩序に固溶しており，395°C の転移温度以下でしばらくアニールすることで，面心位置に Cu，コーナーに Au が入る秩序構造を形成する（図 10.4(a), (b) 参照）。

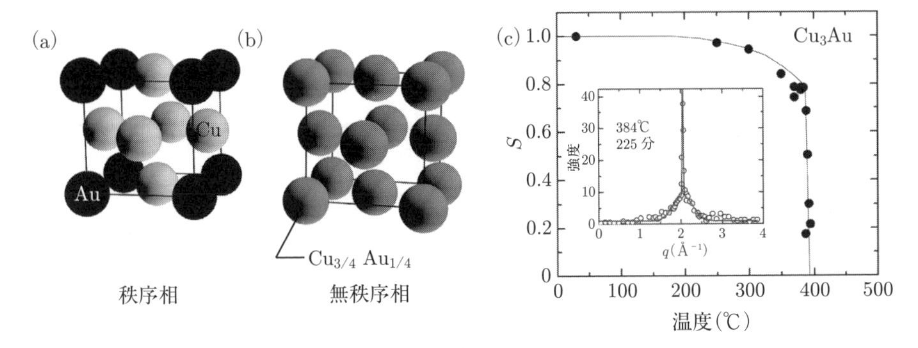

図 10.4 Cu_3Au の構造。(a) 秩序相，(b) 無秩序相。(c) Cu_3Au の長距離秩序パラメータの温度依存性[69]。実線は目安の補助線。挿入図は超格子反射プロファイル[73]。細い成分が長距離秩序パラメータに，太い成分が短距離秩序パラメータに対応する。

長距離秩序パラメータ

無秩序相の Cu_3Au の構造因子 F_{cell} を計算すると，以下のようになる。

$$
\begin{aligned}
&\langle F_{\mathrm{cell}}(\boldsymbol{Q})\rangle \\
&= \sum_j (m_{\mathrm{Au}} f_{\mathrm{Au}} + m_{\mathrm{Cu}} f_{\mathrm{Cu}}) \exp[i\boldsymbol{Q}\cdot\boldsymbol{r}_j] \\
&= (m_{\mathrm{Au}} f_{\mathrm{Au}} + m_{\mathrm{Cu}} f_{\mathrm{Cu}})\{1 + \exp[i\pi(h+k)] + \exp[i\pi(h+l)] + \exp[i\pi(k+l)]\} \\
&= \begin{cases} f_{\mathrm{Au}} + 3f_{\mathrm{Cu}} & h,k,l \text{ がすべて偶数あるいはすべて奇数} \\ 0 & \text{上以外の場合} \end{cases}
\end{aligned}
\tag{10.9}
$$

ここで m_{Au} と m_{Cu} は Au と Cu の比率，すなわち 1/4 と 3/4 であり，f_{Au} と f_{Cu} は Au と Cu の原子散乱因子である。同様に秩序相について計算すると，

$$
\begin{aligned}
F_{\mathrm{cell}}(\boldsymbol{Q}) &= f_{\mathrm{Au}} + f_{\mathrm{Cu}}\{\exp[i\pi(h+k)] + \exp[i\pi(h+l)] + \exp[i\pi(k+l)]\} \\
&= \begin{cases} f_{\mathrm{Au}} + 3f_{\mathrm{Cu}} & h,k,l \text{ がすべて偶数あるいはすべて奇数} \\ f_{\mathrm{Au}} - f_{\mathrm{Cu}} & \text{上以外の場合} \end{cases}
\end{aligned}
\tag{10.10}
$$

となる。

ここからただちに，無秩序相では見えなかった h,k,l が偶奇混合の指数の反射

が，秩序相では観測されるようになることがわかる。より一般化して，中間の状態を統一的に書く式を作ろう。

$$
\begin{aligned}
&\langle F_{\mathrm{cell}}(\boldsymbol{Q})\rangle \\
&= \left[\left(1-\frac{3}{4}\cdot r\right) f_{\mathrm{Au}}+\frac{3}{4}\cdot r f_{\mathrm{Cu}}\right] \\
&\quad + \left[\frac{1}{4}\cdot r f_{\mathrm{Au}}+\left(1-\frac{1}{4}\cdot r\right) f_{\mathrm{Cu}}\right]\left\{e^{i\pi(h+k)}+e^{i\pi(h+l)}+e^{i\pi(k+l)}\right\} \\
&= \begin{cases} f_{\mathrm{Au}}+3f_{\mathrm{Cu}} & h,k,l\text{ がすべて偶数あるいはすべて奇数} \\ (1-r)(f_{\mathrm{Au}}-f_{\mathrm{Cu}}) & \text{上以外の場合} \end{cases}
\end{aligned} \tag{10.11}
$$

r が 0 の時は完全に秩序化した場合に一致し，r が 1 になるとコーナーサイトの Au の占有率が 1/4，つまり無秩序相に一致するように係数を選んだ。こう考えると，$1-r$ を秩序度を表すパラメータ，秩序変数と解釈することが自然であると思える[*7]。このようにして決めた秩序変数は十分に鋭い超格子反射に対して用いられる。鋭い反射は長距離秩序に対応するため，この秩序変数を長距離秩序パラメータと呼び，しばしば S と書く。実験的に観測される超格子反射のプロファイルと，強度の温度依存性を図 10.4(c) に示した。

長距離秩序パラメータのよい点は，超格子反射強度が S^2 に比例するため，実験値から簡単に求めることができる点，および，全体の秩序度を一つのパラメータでコンパクトに表すことができる点である。短距離秩序の場合，次に述べるように一つのパラメータで表すことができなくなる。

短距離秩序パラメータ

短距離秩序の度合いを表すのはやや複雑である。どのような短距離秩序が成立しているかを表現する必要が出るためである。そのため，長距離秩序パラメータのように一つのパラメータで表すのではなく，多数のパラメータの組み合わせで秩序を表現する。よく使われるものは，二体相関関数と等価な情報を持つウォレン–カウリー (Warren–Cowley) の短距離秩序パラメータ $\alpha(\boldsymbol{r})$ であり，元素 A と B

*7　秩序変数として何を選ぶかはそれほど明確でない，ということは 116 ページ脚注で述べたとおりである。

からなる二元合金の場合，

$$\alpha(\boldsymbol{r}) = 1 - \frac{p_{AB}(\boldsymbol{r})}{m_A} = 1 - \frac{p_{BA}(\boldsymbol{r})}{m_B}$$

と書かれる。m_A は前節でも用いた元素 A の組成比，$p_{AB}(\boldsymbol{r})$ は位置 $\boldsymbol{r}$ に B 原子がある場合に原点に A 原子の存在する確率である*8。ここで原点と書いたが，原点の取り方は任意なので，距離 $\boldsymbol{r}$ だけ離れた二点の組成に関する相関を表している。無秩序であれば $p_{AB}(\boldsymbol{r}) = m_A$ であるため，$\alpha(\boldsymbol{r}) = 0$ となる。同種元素が存在する率が高い場合は $p_{AB}(\boldsymbol{r}) > m_A$ であり，$\alpha(\boldsymbol{r})$ は負，異種元素が存在する率が高い場合には同様の議論で正になる。

文章での説明から明らかなように，この短距離秩序パラメータの持つ情報は二体相関関数と同じであり，上の定義を使うと散乱強度 I が

$$\langle I(\boldsymbol{Q})\rangle \propto m_A m_B (f_A - f_B)^2 \sum_{\boldsymbol{r}} \alpha(\boldsymbol{r}) \exp(i\boldsymbol{Q}\cdot\boldsymbol{r})$$

と，簡単な形に書けるように定義されている*9。

合金の対ポテンシャル

二元合金では化学的な二体相関関数を回折実験から得ることができる。もし結晶の化学的な配置によるエネルギーが二体のポテンシャルで書くことができるのならば，二体相関関数にはエネルギーを記述するための十分な情報が含まれているのではないかと期待できる[70]。

対ポテンシャルによるエネルギー E は次のように書ける。

$$E = \frac{1}{2}\sum_{mn}[V_{mn}^{AA}\sigma_m^A\sigma_n^A + V_{mn}^{BB}\sigma_m^B\sigma_n^B + V_{mn}^{AB}(\sigma_m^A\sigma_n^B + \sigma_m^B\sigma_n^A)]$$

ここで m, n は site index で，σ_m^A はサイト m が A に占められている時に 1，そうでない時 0 である。回折実験で得られる二体相関関数はこれら σ の積の熱力学平均である $\langle\sigma_m^A\sigma_n^A\rangle$, $\langle\sigma_m^A\sigma_n^B\rangle$, $\langle\sigma_m^B\sigma_n^B\rangle$ である。この対ポテンシャルのエネルギーは，以下の簡単な形にまとめることができる*10。

*8　位置 $\boldsymbol{r}$ に B 原子があり，かつ原点に A がある確率は $m_B p_{AB}(\boldsymbol{r})$ である。
*9　文献 [3] の 12.4 節参照。

$$E = \frac{1}{2}\sum_{mn} V_{mn}\bar{\sigma}_m\bar{\sigma}_n \tag{10.12}$$
$$V_{mn} = \frac{1}{2}(V_{mn}^{AA} + V_{mn}^{BB} - 2V_{mn}^{AB})$$
$$\bar{\sigma}_n = 2(\sigma_n^A - m_A) = 2(\sigma_n^B - m_B)$$

V_{mn} が正であればサイト m と n は異種元素が入ったほうが安定であり，負であれば同種元素が入るのが安定になる。

エネルギー E が上のように書けると仮定すれば，試料全体の原子配置を決めるとそのエネルギーが求められる。どのような配置が実現するかは，すべての配置の出現確率を考えて統計平均を取ることで求められる。実験的に得られるのは短距離秩序パラメータ $\alpha(\boldsymbol{r})$ までであるので，これと合致する対ポテンシャル V_{mn} を探すことになる。

いろいろな条件付き確率を書き出して，級数展開して高次の項を無視することで（詳細は文献 [70] 参照），次の式を得る。

$$\alpha(\boldsymbol{q}) = \frac{C}{1 + 2m_A m_B \beta V(\boldsymbol{q})} \tag{10.13}$$

ここで C は規格化の定数であり，$\boldsymbol{r} = \boldsymbol{0}$ での $\alpha(\boldsymbol{r}) = 1$ になるように規格化する[*11]。$V(\boldsymbol{q})$ と $\alpha(\boldsymbol{q})$ はそれぞれポテンシャルと短距離秩序パラメータをフーリエ変換したものである。実際のところ，$\alpha(\boldsymbol{q})$ はほとんど実験的に得られる X 線散乱強度そのものであるため，$\alpha(\boldsymbol{r})$ よりもフーリエ変換した $\alpha(\boldsymbol{q})$ の方がより実験結果に近い状態である。このようにして，短距離秩序パラメータと対ポテンシャルをつなげることができた。ただしブラッグ反射と重なる領域については実験的に $\alpha(\boldsymbol{q})$ を求めることができない点は留意が必要である。大まかにいって，散乱強度が強い $\boldsymbol{q}$ では低いポテンシャルが期待される。

---

*10　いくつかの項が 0 になることを利用して式を簡略化した。単に $\bar{\sigma}_n$ や $\bar{\sigma}_n$ の定義を上の式に代入しても式 (10.12) には到達しない。詳細は文献 [70] 参照。ただし，式 (10.12) を出発地点にしてもよい程度に直観的にわかりやすい式だろう。

*11　自分自身との相関が 1 になるように，という規格化である。

10.5.2　長周期構造の起源

2 倍周期，3 倍周期のような，簡単な有理数に該当するような周期性（波数で書くと $\boldsymbol{a}^*/2$ や $\boldsymbol{a}^*/3$ に該当する）ではなく，結晶格子の周期性と整合しない構造を不整合構造，あるいはインコメンシュレート (incommensurate) 構造と呼ぶ。対義語は整合構造，あるいはコメンシュレート (commensurate) 構造である。このような構造は，理想的には逆格子ベクトルの無理数倍の波数ベクトルで特徴づけられ*12，実験的には中途半端な波数で特徴づけられる超格子反射として観測される。以下で述べるように，整合しているか不整合な構造であるかは，微視的に考えるとさほど大きな違いがあるわけではなく，統一的に理解できる。

実験的には超格子反射が出現する位置を観測することで，長周期構造の周期を知ることは容易である。一方，その物理的な起源を知るのは簡単ではない。ここでは，長周期構造を説明する代表的な理論的枠組みを示す。

競合する相互作用による長周期構造

4.5.2 項で述べた第一・第二近接相互作用による螺旋磁性は，最近接相互作用と次近接相互作用の間のバランスによって生じる長周期構造である。4.5.4 項で述べた ANNNI モデルも同じように理解できる。前項で述べた二元合金の秩序化に伴う対ポテンシャル $V(\boldsymbol{q})$ による短距離秩序 $\alpha(\boldsymbol{q})$ も，実空間表記 V_{mn} に戻せば競合する相互作用による長周期構造に分類されることがわかるだろう。このように，サイト間の相互作用がお互いつじつまが合わない状況になると，両側の中間を実現するために長周期構造が発生する。局在したサイト間の相互作用を考えるのが正当であるような系では，この方向性に則ってサイト間相互作用を探るのが有望な方策である。

類似の例をもう一つ示そう。質量 M，格子定数 a の一次元の格子振動模型で，最近接相互作用と第三近接のバネ定数 K，K'' は正であるが，第二近接のバネ定数 K' が負の場合である。この問題設定は，K'' が 0 の場合に対して 2.1.2 項で考察し

*12　実験的には厳密に無理数なのか，あまり簡単ではない有理数なのかの区別は不可能であるので，温度によって波数が連続的に変化するような場合や，整数 n，m を用いて変調波数ベクトルを逆格子ベクトルの n/m で表した時，n，m のどちらかが 7 程度を超える程度に大きな数であれば不整合構造と呼んでしまう場合が多い。

ている。第三近接まで入れた計算を同様に行うと，$\omega^2 = (4/M)[K\sin^2(qa/2) + K'\sin^2(qa) + K''\sin^2(3qa/2)]$ という周波数 ω の波数 q 依存性を得る。例えば $K : K' : K''$ の比率を $1 : -0.78 : 0.6$ にすると，$q \sim 0.275a^*$ で ω^2 が負になる，つまり ω が虚数になる。これは，$q \sim 0.275a^*$ の波数の波動は時間に対して振動せず（復元力が働かず），そのまま静的な構造として確立することを意味している。このようにして形成される静的な構造の波数は $K : K' : K''$ の比率によって変化する。

伝導電子と格子の相互作用による長周期構造

金属では伝導電子と格子の相互作用があり，それによって伝導電子のフェルミ波数に関係した波数を持つフォノンのエネルギーが変わる。フォノンのエネルギーが下がれば12.2節に述べる熱散漫散乱の強度が増大するため，それだけで何か見えると期待されるが，フォノンのエネルギーが0まで下がればはっきりした超格子反射が観測されることになる。

この起源による長周期構造は，原子間相互作用で書くことができないため，前節のような競合する相互作用の取り扱いは正当ではない。

固体中の擬似分子の形成

4.6.3項で述べた，量子スピン系でのシングレット状態を形成するための二量体，三量体などの形成も長周期構造の起源となる。これは磁性イオン間の波動関数を組み合わせ，擬似的な分子を形成することで“分子軌道”を形成し，まったく異なる性質を持つ固有状態を実現している。“分子軌道”形成に伴い，多くの場合，イオン間の距離が縮まる。

インコメンシュレート構造の現象論的な解析

5.1節で導入したランダウの自由エネルギーに基づく不整合構造に対する考察も広く行われている[74], [75]。5.1節では空間的に比較的均一な秩序変数を想定していたが，ここでは空間変動を表現できるように，秩序変数 Φ の空間変化に関する高次の項を追加する。

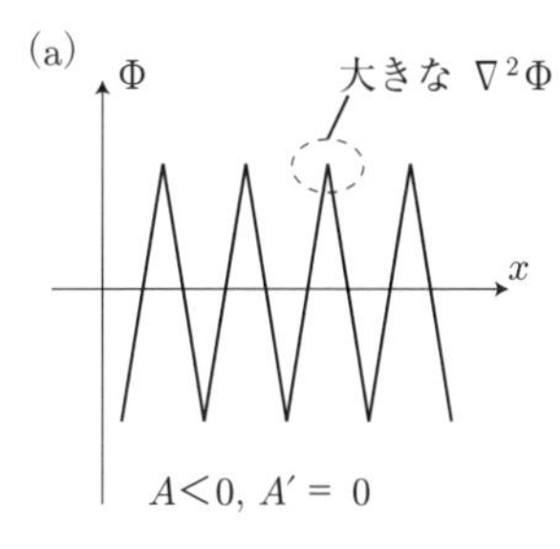

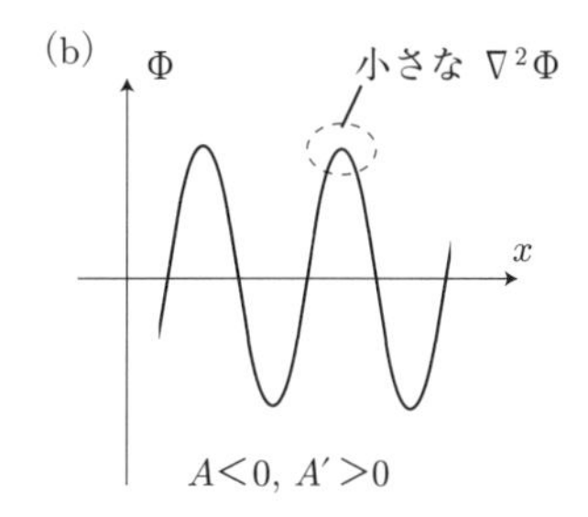

図 10.5　式 (10.14) の A，A' の項の要求の模式図。負の A は $\Phi_{\boldsymbol{r}}$ の傾きが大きくなることを要求する。(a) に示した $A'=0$ の場合，$\Phi_{\boldsymbol{r}}$ の曲率が大きくなることを妨げる項がないため，傾き $\nabla\Phi_{\boldsymbol{r}}$ を無限大にすると G が最小になる。一方，$A'>0$ は $\Phi_{\boldsymbol{r}}$ の曲率 $|\nabla^2\Phi_{\boldsymbol{r}}|$ を小さくするため，(b) に示したように長周期構造が発生すると期待される。

$$G[\Phi_{\boldsymbol{r}}]=\int\{A(\nabla\Phi_{\boldsymbol{r}})^2+A'(\nabla^2\Phi_{\boldsymbol{r}})^2+A_2(T-T_0)\Phi_{\boldsymbol{r}}^2+A_4\Phi_{\boldsymbol{r}}^4\}d\boldsymbol{r} \quad (10.14)$$

ここでは $A<0$，$A'>0$ の状況を考える。A' がない状況では，116 ページに述べた通り，$A<0$ は $\Phi_{\boldsymbol{r}}$ の空間変動を無制限に大きくすることになる。$\Phi_{\boldsymbol{r}}$ の値そのものは無制限に大きくなることができない（$\Phi_{\boldsymbol{r}}^4$ の項が大きくなるため）ため，$A<0$，$A'=0$ の状況では，極めて短波長の振動が $\Phi_{\boldsymbol{r}}$ に生じると期待される。$A'>0$ は，$\Phi_{\boldsymbol{r}}$ の曲率を小さくするように働くため，無制限に波長が短くなるのを抑え，A と A' の兼ね合いで決まる波長の周期構造が発生すると期待される。この状況を図 10.5 に示した。

周期構造を簡潔に表現するために，$\Phi_{\boldsymbol{r}}$ をフーリエ変換して次のように書きなおそう[*13]。

$$\Phi_{\boldsymbol{r}}=\sum_{\boldsymbol{q}}\Phi_{\boldsymbol{q}}e^{-i\boldsymbol{q}\cdot\boldsymbol{r}}$$

$$\nabla\Phi_{\boldsymbol{r}}=\sum_{\boldsymbol{q}}-i\boldsymbol{q}\Phi_{\boldsymbol{q}}e^{-i\boldsymbol{q}\cdot\boldsymbol{r}}$$

空間的に振動する成分 $e^{-i\boldsymbol{q}\cdot\boldsymbol{r}}$ を空間積分すると 0 になり，残るのは $\boldsymbol{q}=\boldsymbol{0}$ の成分だけになる。これを意識すると，次のような関係に気づく。

*13　式 (5.14) 近辺の計算とほぼ同じ手順での計算である。

$$\int (\nabla \Phi_{\boldsymbol{r}})^2 \, d\boldsymbol{r} = \int \sum_{\boldsymbol{q}} -i\boldsymbol{q}\Phi_{\boldsymbol{q}} e^{-i\boldsymbol{q}\cdot\boldsymbol{r}} \sum_{\boldsymbol{q}'} -i\boldsymbol{q}'\Phi_{\boldsymbol{q}'} e^{-i\boldsymbol{q}'\cdot\boldsymbol{r}} d\boldsymbol{r}$$
$$= \int \sum_{\boldsymbol{q},\boldsymbol{q}'} -\boldsymbol{q}\cdot\boldsymbol{q}'\Phi_{\boldsymbol{q}}\Phi_{\boldsymbol{q}'} e^{-i(\boldsymbol{q}+\boldsymbol{q}')\cdot\boldsymbol{r}} d\boldsymbol{r}$$
$$= V \sum_{\boldsymbol{q}} q^2 \Phi_{\boldsymbol{q}}\Phi_{-\boldsymbol{q}}$$

$\Phi_{\boldsymbol{q}}$ は複素数で，実部が cos 型，虚部が sin 型の振動を表す。V は体積である。同様の計算で，$\int(\nabla^2\Phi)^2 d\boldsymbol{r} = V\sum_{\boldsymbol{q}} q^4\Phi_{\boldsymbol{q}}\Phi_{-\boldsymbol{q}}$，$\int \Phi^2 d\boldsymbol{r} = V\sum_{\boldsymbol{q}} \Phi_{\boldsymbol{q}}\Phi_{-\boldsymbol{q}}$，$\int \Phi^4 d\boldsymbol{r} = V\sum_{\boldsymbol{q},\boldsymbol{q}',\boldsymbol{q}''} \Phi_{\boldsymbol{q}}\Phi_{\boldsymbol{q}'}\Phi_{\boldsymbol{q}''}\Phi_{-\boldsymbol{q}-\boldsymbol{q}'-\boldsymbol{q}''}$ が得られる。これを用いて式 (10.14) を書きなおすと

$$\frac{1}{V}G = A\sum_{\boldsymbol{q}} q^2\Phi_{\boldsymbol{q}}\Phi_{-\boldsymbol{q}} + A'\sum_{\boldsymbol{q}} q^4\Phi_{\boldsymbol{q}}\Phi_{-\boldsymbol{q}} + A_2(T-T_0)\sum_{\boldsymbol{q}} \Phi_{\boldsymbol{q}}\Phi_{-\boldsymbol{q}}$$
$$+A_4 \sum_{\boldsymbol{q},\boldsymbol{q}',\boldsymbol{q}''} \Phi_{\boldsymbol{q}}\Phi_{\boldsymbol{q}'}\Phi_{\boldsymbol{q}''}\Phi_{-\boldsymbol{q}-\boldsymbol{q}'-\boldsymbol{q}''} \tag{10.15}$$

を得る。以下では，計算を楽にするために $V = 1$ とし，単一の $\pm\boldsymbol{q}$ のみが大きな $\Phi_{\boldsymbol{q}}$ を与えると仮定する。

$\boldsymbol{q} \neq \boldsymbol{0}$ の場合は $\sum_{\boldsymbol{q}} \Phi_{\boldsymbol{q}}\Phi_{-\boldsymbol{q}} = \Phi_{\boldsymbol{q}}\Phi_{-\boldsymbol{q}} + \Phi_{-\boldsymbol{q}}\Phi_{\boldsymbol{q}} = 2\Phi_{\boldsymbol{q}}\Phi_{-\boldsymbol{q}}$ となり，また $\sum_{\boldsymbol{q},\boldsymbol{q}',\boldsymbol{q}''} \Phi_{\boldsymbol{q}}\Phi_{\boldsymbol{q}'}\Phi_{\boldsymbol{q}''}\Phi_{-\boldsymbol{q}-\boldsymbol{q}'-\boldsymbol{q}''}$ は $\boldsymbol{q}, \boldsymbol{q}, -\boldsymbol{q}, -\boldsymbol{q}$ の並べ替え（$++--$, $+-+-$, $+--+$, $-++-$, $-+-+$, $--++$ の 6 通り）に対応して，$6\Phi_{\boldsymbol{q}}^2\Phi_{-\boldsymbol{q}}^2$ となる。これを利用して，式 (10.15) は次のようになる。

$$G = 2[Aq^2 + A'q^4 + A_2(T-T_0)]\Phi_{\boldsymbol{q}}\Phi_{-\boldsymbol{q}} + 6A_4\Phi_{\boldsymbol{q}}^2\Phi_{-\boldsymbol{q}}^2 \tag{10.16}$$

安定な $\Phi_{\boldsymbol{q}}$ と $\boldsymbol{q}$ を求めよう。G を $\Phi_{\boldsymbol{q}}\Phi_{-\boldsymbol{q}}$ の関数と見なし，$\partial G/\partial(\Phi_{\boldsymbol{q}}\Phi_{-\boldsymbol{q}}) = 0$ の条件を満たす $\Phi_{\boldsymbol{q}}\Phi_{-\boldsymbol{q}}$ が安定である。同様に，安定な $\boldsymbol{q}$ は $\partial G/\partial\boldsymbol{q} = 0$ の条件を満たす。これらは容易に計算でき，

$$\Phi_{\boldsymbol{q}}\Phi_{-\boldsymbol{q}} = \frac{-[Aq^2 + A'q^4 + A_2(T-T_0)]}{6A_4}$$
$$q^2 = -A/2A'$$

を得る。

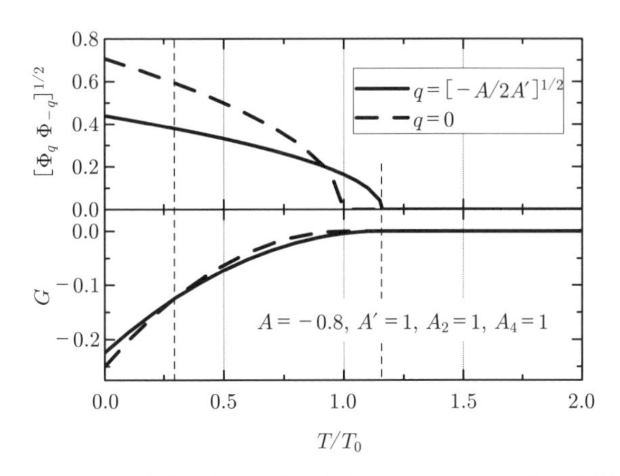

図 10.6 上段：$\Phi_{\boldsymbol{q}}$ の温度依存性。下段：自由エネルギー G の温度依存性。実線は $q=\sqrt{-A/2A'}$，破線は $q=0$ に対する計算。垂直な破線は転移温度を示す。高温側は無秩序相から $q=\sqrt{-A/2A'}$ のインコメンシュレート相への転移，低温側はインコメンシュレート相から $q=0$ へのロックイン転移に対応する。

一方，$\boldsymbol{q}$ が $\boldsymbol{0}$ の場合には，$\sum_{\boldsymbol{q}}$ の和の中で $\pm\boldsymbol{0}$ が別々に現れることがないため，$\sum_{\boldsymbol{q}}\Phi_{\boldsymbol{q}}\Phi_{-\boldsymbol{q}}=\Phi_{\boldsymbol{0}}^2$，$\sum_{\boldsymbol{q},\boldsymbol{q}',\boldsymbol{q}''}\Phi_{\boldsymbol{q}}\Phi_{\boldsymbol{q}'}\Phi_{\boldsymbol{q}''}\Phi_{-\boldsymbol{q}-\boldsymbol{q}'-\boldsymbol{q}''}=\Phi_{\boldsymbol{0}}^4$ となる*14。これを利用して，式 (10.15) は

$$G=[Aq^2+A'q^4+A_2(T-T_0)]\Phi_{\boldsymbol{0}}^2+A_4\Phi_{\boldsymbol{0}}^4 \tag{10.17}$$

と書ける。安定な $\Phi_{\boldsymbol{0}}$ は $\partial G/\partial\Phi_{\boldsymbol{0}}^2=0$ の条件から得られる。

$$\Phi_{\boldsymbol{0}}^2=\frac{-[Aq^2+A'q^4+A_2(T-T_0)]}{2A_4}$$

$q^2=-A/2A'$ の場合の G を式 (10.16) で，$\boldsymbol{q}=\boldsymbol{0}$ の場合の G を式 (10.17) で求めると，図 10.6 が得られる。温度低下に伴い，T_0 より少し高温側で $q^2=-A/2A'$ の波数の秩序が生じ，さらに低温で $\boldsymbol{q}=\boldsymbol{0}$ の構造への一次転移を起こすことがわかる。このような不整合構造から整合構造への転移をロックイン転移と呼ぶ。

ここで紹介した現象論の範囲では，不整合構造を特徴づける波数 $\boldsymbol{q}$ は $\sqrt{-A/2A'}$

*14 これまで，$\Phi_{\boldsymbol{r}}$ と $\Phi_{\boldsymbol{q}}$ の添え字で，実空間 $\boldsymbol{r}$ の関数であるか，逆空間 $\boldsymbol{q}$ の関数であるかを書き分けてきた。$\Phi_{\boldsymbol{0}}$ ではどちらだか判然としない書き方だが，ここでは逆空間 $\boldsymbol{q}$ の関数 $\Phi_{\boldsymbol{q}}$ の中の $\boldsymbol{q}=\boldsymbol{0}$ の場合，という意味である。

で与えられる。A が外場や温度で変化するように仮定すれば，波数に関しては実験に合わせることが比較的容易である。その一方で，実験に合うように“だけ”作った現象論的なモデルでは，まったく物理的な意味がないため，何らかの根拠を与える必要があるだろう。

第11章
表面構造解析

表面，あるいは界面は，結晶内部（バルク）とは異なる物理的性質を持つ領域である。表面や界面の性質は実用上，大きな重要性を持つ。トランジスタやダイオードは界面の性質を利用しているし，電池などの電気化学反応は固液界面で生じる。固体触媒の関与した化学反応も，固体表面での現象である。このように広い実用性を持つ表面であるが，物理の視点で見ると極めて複雑であり，その完全な理解はかなり遠大な目標である。物理の視点で表面や界面を理解するためには，その構造をきちんと知るのが第一歩である。ここではX線回折による表面構造解析の手法について述べる。

11.1　表面からの散乱——CTR散乱

平滑な表面を持つ結晶からの散乱を考える。以下，表面は c 面であるとし，結晶の外側に向けて z 軸をとり，面内に x, y をとる。この節ではバルクの構造が表面で断ち切られている構造を考え，表面付近で構造が変わる，いわゆる構造緩和や再構成はないものとする。これらの影響は次節で取り入れる。散乱振幅は次のように書くことができる。

$$F(\boldsymbol{Q}) = \int \rho_\infty(\boldsymbol{r})\mathrm{BOX}(\boldsymbol{r})\exp[-\mu t(\boldsymbol{r})]\exp[i\boldsymbol{Q}\cdot\boldsymbol{r}]d\boldsymbol{r} \tag{11.1}$$

ここで $\rho_\infty(\boldsymbol{r})$ は式(7.9)や図7.14で用いた並進対称性を持つ無限に広がった結晶全体の電子密度，$\mathrm{BOX}(\boldsymbol{r})$ は7.7節で導入した結晶の外形を表す関数で，結晶外部では0，内部では1になるような関数である。$\exp[-\mu t(\boldsymbol{r})]$ は入射X線の吸収を表しており，表面からの深さ $t(\boldsymbol{r})$ に応じて入射X線が徐々に弱くなることを表している*1。十分広い板状試料について離散的に書くと，次のようになる。

$$F(\boldsymbol{Q}) = \sum_{n_1=-\infty}^{\infty}\sum_{n_2=-\infty}^{\infty}\sum_{n_3=-\infty}^{0}\sum_{j}^{\text{cell}} f_j \exp[i\boldsymbol{Q}\cdot(\boldsymbol{r}_j+n_1\boldsymbol{a}+n_2\boldsymbol{b}+n_3\boldsymbol{c})]\exp(\mu n_3 c)$$
$$= L_F(\xi)L_F(\eta)\sum_{j}^{\text{cell}} f_j \exp(i\boldsymbol{Q}\cdot\boldsymbol{r}_j)\sum_{\bar{n}_3=0}^{\infty}\exp(2\pi i\bar{n}_3\zeta)\exp(-\mu\bar{n}_3 c)$$

$\exp(\mu n_3 c)$ は $\exp[-\mu t(\boldsymbol{r})]$ を具体的に書いたものである*2。j に関する和は F_{cell} にまとめることができる。この部分については 165 ページに述べたように注意が必要であるので，この節の最後に改めて議論する。n_3 に関する $-\infty$ から 0 までの和を，順番を入れ替えて 0 から ∞ までの $\bar{n}_3 = -n_3$ に関する和に書き換えた。$\bar{n}_3$ に関する和は，初項 1，公比 $\exp(2\pi i\zeta)\exp(-\mu c)$ の等比級数である。初項 a，公比 r の無限級数の和の公式 $a/(1-r)$ に当てはめ，

$$F(\boldsymbol{Q}) = \frac{L_F(\xi)L_F(\eta)}{1-\exp(2\pi i\zeta)\exp(-\mu c)}F_{\text{cell}}(\boldsymbol{Q})$$
$$\equiv L_F(\xi)L_F(\eta)F_{\text{CTR}}(\zeta)F_{\text{cell}}(\boldsymbol{Q}) \tag{11.2}$$

を得る。ここで μc は c 軸単位胞一つの深さに対する吸収を表しており，通常は極めて小さな値である。$\mu \to 0$ の極限を取り，振幅の 2 乗から強度を求めると

$$I(\boldsymbol{Q}) = F_{\text{cell}}(\boldsymbol{Q})F^*_{\text{cell}}(\boldsymbol{Q})L_I(\xi)L_I(\eta)\frac{1}{1-\exp(2\pi i\zeta)}\frac{1}{1-\exp(-2\pi i\zeta)}$$
$$= |F_{\text{cell}}(\boldsymbol{Q})|^2 L_I(\xi)L_I(\eta)\frac{1}{2}\frac{1}{1-\cos(2\pi\zeta)} \tag{11.3}$$

となる。これがどのような強度分布であるか見てみよう。面内方向に対応する $\boldsymbol{a}^*$,

*1　実は μ は CTR 散乱の導出という観点では本質的に何の役割も持たない。その証拠に 155 ページ図 7.3 のラウエ関数 L_I を log スケールでプロットすると図 11.1 に似た図が得られる。ラウエ関数の導出の式，式 (7.12) を見ると，a 面，b 面，c 面に平行な平滑な表面を持つ平行六面体からの散乱を計算していることになるため，その計算から $\boldsymbol{a}^*$, $\boldsymbol{b}^*$, $\boldsymbol{c}^*$ 方向に伸びる CTR 散乱が出ることに何の不思議もない。ただし，μ を導入した議論は実用上便利なので，L_I を周期的に並んだ δ 関数と置き換え，μ を導入して特定の表面だけが平滑である場合を表現することが多い。

*2　$\exp(\mu n_3 c)$ を線吸収係数 μ_l できちんと書くと，入射 X 線と試料表面の成す角を θ として $\exp(\mu_l n_3 c/\sin\theta)$ となる。どちらにせよ μ は $n_3 \to -\infty$ で 0 に漸近させるために入れているだけで，すぐ後で μ が小さい極限を取ってしまうため，詳細はここでは重要ではない。数値計算の観点では，小さい μ が入っていることは逆格子点での強度の発散を押さえる役割を持つ。

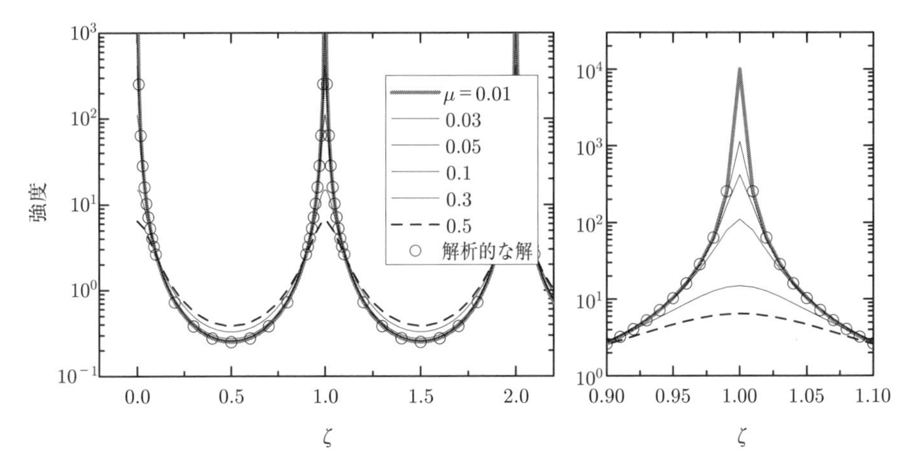

図 11.1 平滑な c 面を持つ単純立方格子からの (00ζ) 軸上の CTR 散乱分布。原子散乱因子は一定であると仮定した。式 (11.3) の解析的な解を白丸で，式 (11.2) の振幅の 2 乗をさまざまな μ の値に対して計算した結果を線で，それぞれ示した。解析的な計算では逆格子点で CTR 強度が無限大に発散する。μ は 0.1 以上になると顕著に解析的な計算結果から乖離する。

$\boldsymbol{b}^*$ 方向はラウエ関数になっているため，非常に細い強度プロファイルを持つ。その一方で $\boldsymbol{c}^*$ 方向については $1/[1 - \cos(2\pi\zeta)]$ に比例した広がりを持つ。つまり，表面平行方向には細く，表面垂直方向にはロッド状に伸びた散乱が期待される。これを crystal truncation rod scattering，CTR 散乱と呼ぶ[*3]。直訳すると，結晶の断ち切り（に起因する）棒状の散乱，という意味であり，表面構造解析に利用できる情報を持っている。

小さな μ を用いて数値的に式 (11.2) の振幅の 2 乗を計算した結果と併せて，図 11.1 に平滑な表面からの散乱強度の計算値を示す。数値的に計算する場合，μ は 0.05 以下程度まで小さくなると，それ以上小さくしてもその効果は CTR 散乱強度に対してブラッグ反射の強度が大きくなるという効果しか実質的に持たなくなるため，吸収係数などから正しい値を求める必要はない。式 (11.3) の解析的な解では逆格子点での CTR 強度が無限大になるが，これは運動学的回折理論を用い

*3 CTR 散乱は物理分野，結晶学の分野で使われる呼称である。応用物理分野では逆格子ロッドと呼ぶようである。

たことによる問題である。また，逆格子原点近傍では X 線の全反射が生じる[*4]が，ここで用いている運動学的回折理論は X 線の全反射を導出することができない点は意識に留めておく必要があるだろう。μ は 0.1 以上になると顕著に解析的な計算結果から乖離する。電子回折では比較的大きな μ が実現し得るが，X 線回折では μ は通常，とても小さい。

11.1.1　単位胞に複数の原子がある場合

単位胞に複数の原子がある場合，式 (11.2) の $F_{\mathrm{cell}}(\boldsymbol{Q})$ が強度分布を決める。ここで注意が必要なのは，165 ページに述べた，F_{cell} は逆格子点でのみ“よく定義された”量となる点である。逆格子点以外では，単位胞の構造をどう選ぶかによって $F_{\mathrm{cell}}(\boldsymbol{Q})$ は変わってしまう。これは一見，逆格子点以外で $F_{\mathrm{cell}}(\boldsymbol{Q})$ という量を使うことを諦めるほかない問題であるように見える。しかし，実際にはこの特徴自体が情報を持っている。図 11.2 に，図 7.12 で用いた 2 種類の体心立方格子の単位胞を用いて表面付近の結晶構造を再生した構造を示した。単位胞の取り方によって，表面の構造がまったく違うのがわかるだろう。(a) の図では素直に結晶構造が断ち切られたように見えるが，(b) の構造は表面から見た第二原子層が欠落しており，第一原子層が浮いているような構造になっている。ここから，$F_{\mathrm{cell}}(\boldsymbol{Q})$ を通して表面構造の情報が得られることがわかる。

11.2　表面構造と CTR 散乱の定性的な関係

表面ではしばしばバルクと異なる構造が安定化される。一般的なのは (1) 表面付近の面間隔が変わる表面緩和 (relaxation)，(2) 面内の周期性も含めた構造変化である再構成 (reconstruction)，(3) 吸着原子 (adatom) の存在，(4) 意図的に行う製膜などである。

表面近傍ではバルクと多少異なった構造になっているとし，その構造変化に起

---

*4　X 線に対する屈折率はほぼすべての物質で 1 より $10^{-4} \sim 10^{-5}$ 程度小さい。この特徴により，表面すれすれ，0.1° 程度の角度で入射した X 線はスネルの法則に従って全反射される。運動学的回折理論は X 線の屈折をまったく含まないため，屈折の効果が大きいすれすれ入射の光学系で生じる特殊事情を導出できない。

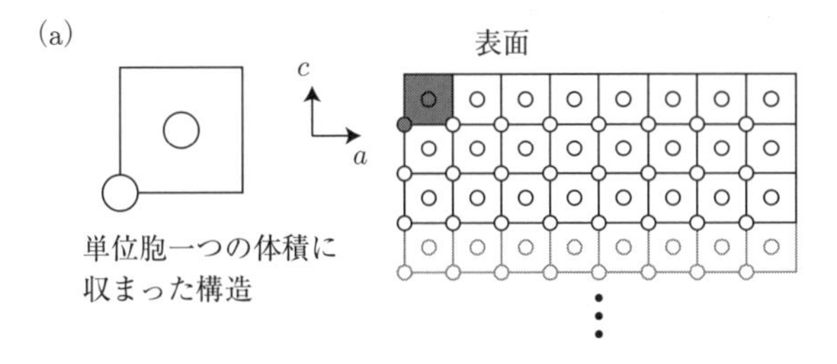

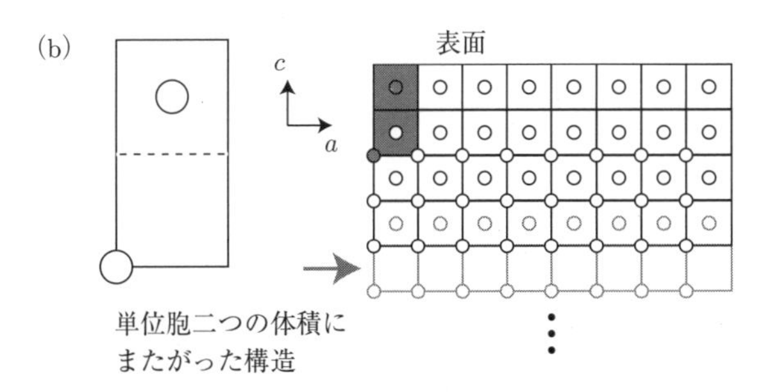

図 11.2 同じ結晶構造を与える異なる単位胞を用いた場合の表面構造。(a) 単位胞一つの体積に原子がすべて収まる構造から，格子の並進対称性を用いて再生した結晶構造。(b) 単位胞二つにまたがって原子を配置した構造から再生した結晶構造。表面から内側に向けて単位胞をずらして重ねていく。4 層目を灰色の線で描画した。(b) の図では矢印で示した面に原子が居ないように見えるが，5 層目を配置すればそこに原子が入る。

因する電子密度の変化を $\delta\rho(\boldsymbol{r})$ で表そう。変化前の電子密度からの散乱振幅は式 (11.1)，式 (11.2) ですでに計算した。$\delta\rho(\boldsymbol{r})$ をフーリエ変換すると，表面の構造変化に起因する散乱振幅の変化が得られる。

$$
\begin{aligned}
F(\boldsymbol{Q}) &= \int \{\rho_\infty(\boldsymbol{r})\mathrm{BOX}(\boldsymbol{r})\exp[-\mu t(\boldsymbol{r})] + \delta\rho(\boldsymbol{r})\}\exp(i\boldsymbol{Q}\cdot\boldsymbol{r})d\boldsymbol{r} \\
&= L_F(\xi)L_F(\eta)F_{\mathrm{CTR}}(\zeta)F_{\mathrm{cell}}(\boldsymbol{Q}) + \int \delta\rho(\boldsymbol{r})\exp(i\boldsymbol{Q}\cdot\boldsymbol{r})d\boldsymbol{r} \\
&\equiv F_{\mathrm{s}}(\boldsymbol{Q}) + \delta F_{\mathrm{s}}(\boldsymbol{Q})
\end{aligned}
\tag{11.4}
$$

$\delta\rho(\boldsymbol{r})$ が面内方向に $\rho(\boldsymbol{r})$ と同じ周期性を持っていれば，$\delta F_{\mathrm{s}}(\boldsymbol{Q})$ は ξ, η が整数の場合のみ 0 でない振幅を持ち，$F_{\mathrm{s}}(\boldsymbol{Q})$ と CTR のロッド上で干渉を起こす。$\delta\rho(\boldsymbol{r})$

の面内方向の周期が結晶と異なる場合は，結晶本体からの CTR 散乱と干渉できるのは $h = k = 0$ のロッドのみとなる。これは固液界面では必ず見られる状況である。

以下，いくつかの典型的な表面での構造変化によって，CTR 散乱強度分布がどう変化するかを示す。この節の目的は，実験結果を見た段階で大まかにどんな構造が実現しているかを知る基準を与えることである。どのような構造的特徴がどのような CTR 散乱を生じるのか，系統的に用意した構造モデルを基に，傾向を見出そう[*5]。

11.2.1　表 面 粗 さ

表面付近の原子の占有率を段階的に減らしていく形の $\delta\rho(\boldsymbol{r})$ を作ることで表面の粗さをモデル化できる。表面の粗さが CTR 散乱強度に及ぼす影響を図 11.3 に示した。図 11.1 と同様，単純立方格子，原子散乱因子は一定値，原子変位パラメータは 0 で，表面付近の原子の占有率のみを，標準偏差 σ の誤差関数に従って滑らかに 0 に変化するように選んだ。$\sigma = 0$ の場合に試料内側から占有率が $\cdots$, 1, 1, 0, 0, $\cdots$ と変化するように，占有率 0.5 の面が原子と原子の中間に位置するようなモデルを作った[*6]。図の上段は粗さが 0 の場合（$\sigma = 0$ の場合）の強度 I_0 からの変化率をプロットした。逆格子点での散乱強度は表面粗さにまったく依存せず，逆格子点から離れるにつれて表面粗さの効果が大きくなる。また，ほんの少しの粗さの増加が極めて大きな強度減少を引き起こすことがわかる。この結果として，粗い表面の下に平滑な界面が埋もれているような場合，界面のみを選択的に観測することになる。CTR 散乱を観測するには，原子間力顕微鏡で見てステップが見える程度の表面の平滑性が必要である[*7]。表面が平滑でない場合，CTR 散

---

*5　元の構造に起因する CTR 散乱に対して，表面付近の変化した構造からの散乱振幅がどう干渉するかをイメージしながら見ると，それぞれに納得できる変化であることが見てとれる。一方で一度も計算したことがないままイメージだけでこの結果に到達するのは，回折実験の専門家にとってもかなり困難であろう。

*6　占有率 0.5 の面を原子のある位置に選ぶと，$\sigma = 0$ でも試料内側から占有率が $\cdots$, 1, 1, 0.5, 0, 0, $\cdots$ と変化する。このようなモデルでは，ζ が半整数の位置で強度が 0 になるため，図 11.3 下段の強度分布を見るとかなり違って見える。しかしながら，図 11.3 上段の比のグラフにすると，定性的には似た図が得られる。

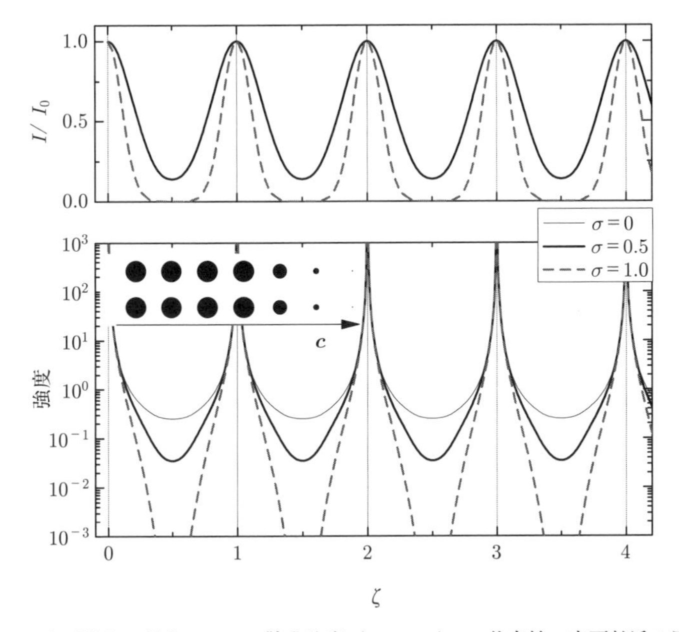

図 11.3　表面粗さに対する CTR 散乱強度プロファイルの依存性。表面付近の原子占有率を，標準偏差 σ（単位は c 面間隔）の誤差関数で変化させた場合の計算を行った。占有率 0.5 の面は原子と原子の中間に選んだ。下段挿入図は原子占有率を丸の大きさで示したモデルの模式図である。右側が試料外側になるように作図した。

乱周辺に散漫散乱が現れる。これについては文献 [76], [77] に譲る。

11.2.2　ミスカットの影響

結晶表面が結晶学的な c 面と平行ではなく，小さな傾きを持っている場合を考える。この傾きをミスカット角と呼ぶ。0.2° 程度のミスカットは実質的に制御の範囲外で，避けることができない。意図的に傾いた結晶の切り出しをする場合もあるが，それも同様にミスカットと呼ぶ。$0.2^\circ \simeq 1/300$ rad であるので，立方晶であれば，c の高さのステップが面内方向に $300a$ の大きさのテラスで隔てられて周期的に並んでいる形になる。CTR 散乱は表面で電子密度が打ち切られている

*7　界面からの CTR 散乱を観測する場合には，そもそも原子間力顕微鏡像を得ることができないが，目安としてはその程度の平滑性が要求されるという点では同じことである。

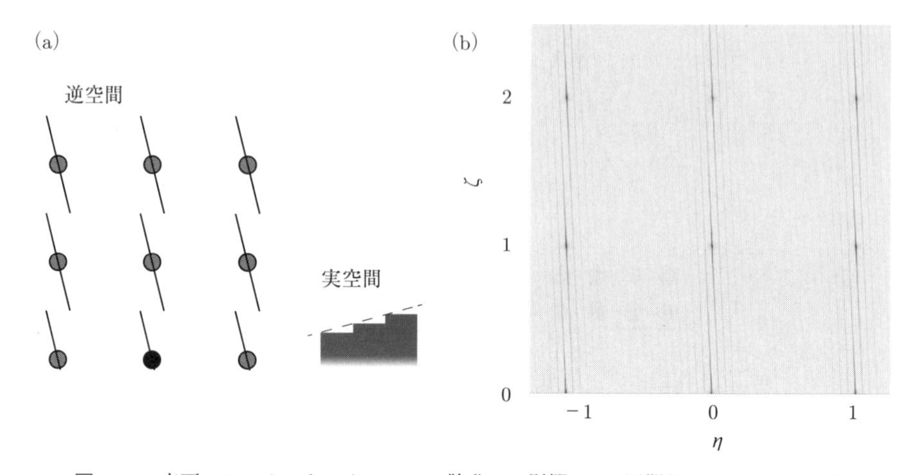

図 11.4　表面のミスカットによる CTR 散乱への影響。(a) 周期的なステップがある場合，破線のようなミスカットがあると見なせる（右図）。その場合，左に示したような傾いた CTR 散乱が期待される。丸印は逆格子点，黒丸は逆格子原点を示す。(b) 単純立方格子の c 面からの CTR 散乱の計算結果。$20\boldsymbol{a}$ ごとに一つステップが入ること，および X 線のコヒーレンス長が $150a$ であることを仮定した。平行に走る複数のロッドは，$20a$ 間隔に周期的にステップが並んでいることに対応する長周期構造を反映した散乱である。

ことによる散乱であるので，ロッドの伸びる方向は $\boldsymbol{c}^*$ 方向ではなく，結晶表面の法線ベクトルの方向である。7.7 節の議論に基づいて作図すると図 11.4(a) のような強度分布が期待される。実際に数値的に計算すると図 11.4(b) のようになり，(a) と似た形が観測されることがわかる。テラスのサイズが X 線のコヒーレンス長より大きくなると，このロッドの傾きはなくなり，完全に c^* 軸上に強度が現れるようになる。

ミスカットは表面の粗さとして観測されそうに一見思われるが，周期的なステップの存在は，ロッドに垂直な面内で積分した CTR 散乱強度に影響を及ぼさないことが文献 [78] に報告されており，数値計算でも簡単に確かめることができる。表面の粗さとして観測されるのは，テラスサイズのばらつきである[78]。

11.2.3　表面原子の原子変位パラメータ

表面第一層の原子が大きな原子変位パラメータ（熱振動の振幅などによる原子

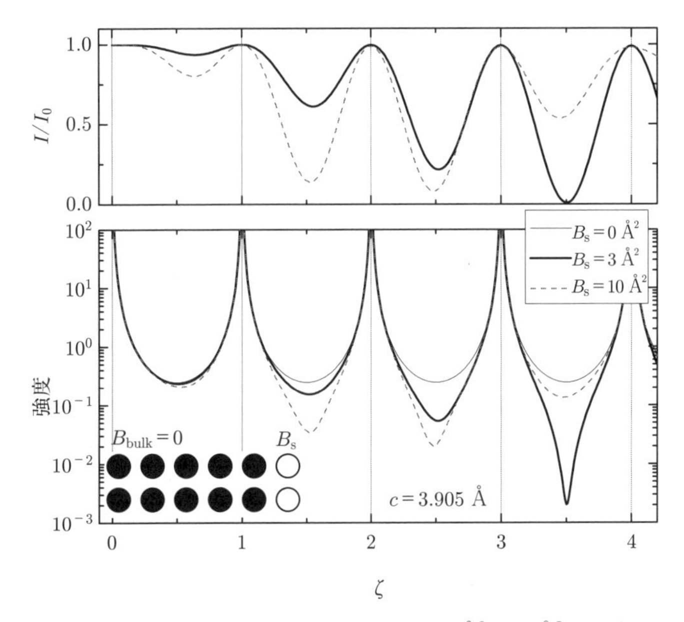

図 11.5 表面第一層の原子変位パラメータ B_s が 0，3 Å^2，10 Å^2 の場合の (00ζ) 軸上の CTR 散乱強度分布。格子定数は 3.905 Å とし，原子散乱因子は 1 に固定した。

位置の平衡位置からのズレ。9.4 節参照）を持つ場合を考えよう。図 11.5 に，表面第一層の原子変位パラメータ B_s を 0，3 Å^2，10 Å^2 と仮定した場合の (00ζ) 軸上の CTR 散乱強度分布を示した。格子定数は $SrTiO_3$ に合わせて 3.905 Å とし，バルクの原子変位パラメータは 0 にした[*8]。上段には $B_s = 0$ に対してどれだけ強度が変わったかを示す比をプロットした。B_s=3 Å^2 の線（太い実線）に注目しよう。B_s の効果は Q が小さいうちは顕著ではなく，Q が増大すると大きな効果を持つようになる。これは原子変位に起因する散乱振幅の変化が $\boldsymbol{Q} \cdot \boldsymbol{u}$ で表されることから期待される通りである[*9]。面白いことに B_s=10 Å^2 の線（破線）では，高い Q でかえって熱振動の効果が見えなくなっていく。これは，$\boldsymbol{Q} \cdot \boldsymbol{u}$ が非常に大きくなり，原子変位パラメータの効果で表面の原子層（図中の白丸で描いた層）

*8 B_s は次元を持つ量であるため，逆格子の側もスケールを決める必要がある。なお，この格子定数では，波長 1 Å 程度で測定すると作図した範囲が 2θ で 0〜60° 程度になる。

*9 9.4 節，10.1 節の議論と同様である。

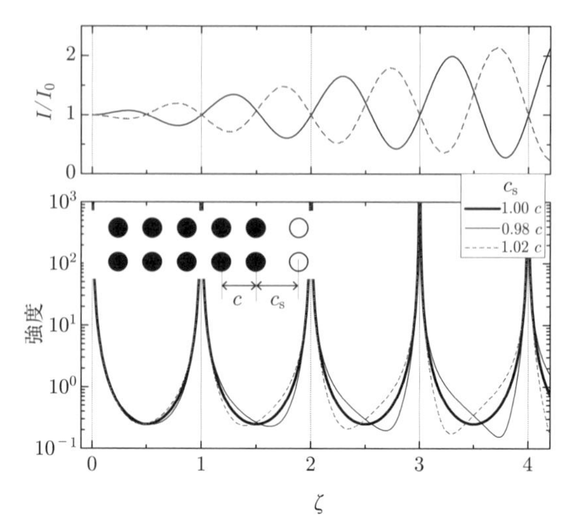

図 11.6　表面第一層の面間隔 c_s を，バルクの面間隔 c の 1 倍，0.98 倍，1.02 倍にした際の (00ζ) 軸上の CTR 散乱強度分布。原子散乱因子は 1 として計算を行った。

からの散乱振幅がほぼ 0 になり，散乱体として見ると“ないも同然”になったためである。このような見え方をするため，試料表面に例えばグリスが付着していた場合でも，グリス中の原子位置は大きな乱れを持つため，高い Q の CTR 散乱には何も影響が出ない場合が多い（低角側では影響がある）。

11.2.4　表 面 緩 和

表面緩和が CTR 散乱強度分布に及ぼす影響を図 11.6 に示した。表面の面間隔の変化は CTR 散乱強度の極小をずらす効果がある。もちろん現実の物質では F_{cell} の影響で極小は逆格子点の中点からずれるが，ここでは平滑な c 面を持つ単純立方格子を考え，さらに原子散乱因子を 1 に固定した。表面の面間隔が縮むと CTR 散乱の極小は高角側へ，伸びると低角側へずれる。この変化は Q の増大とともに顕著になる。この傾向は，面間隔の変化量を $\boldsymbol{\delta}$ として，$\boldsymbol{\delta}\cdot\boldsymbol{Q}$ が小さい場合に成立する。$\boldsymbol{\delta}\cdot\boldsymbol{Q}$ が π を超えて大きくなると，極小の位置が高角から低角，あるいはその逆，と，振動するようになる。これに該当する変化は図 11.7 に見られる。

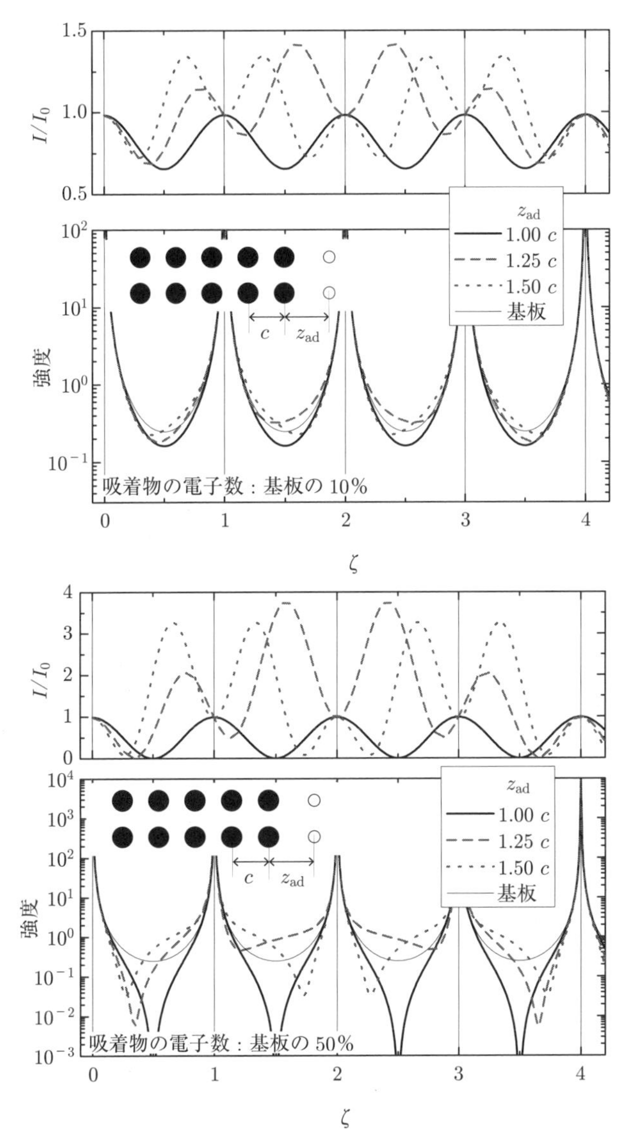

図 11.7 吸着物を再表面原子から $z_{\rm ad}$ だけ離れた位置につけた際の (00ζ) 軸上の CTR 散乱強度分布。（上段）吸着物の原子散乱因子 f が基板原子の 10%，（下段）同 50%の場合。

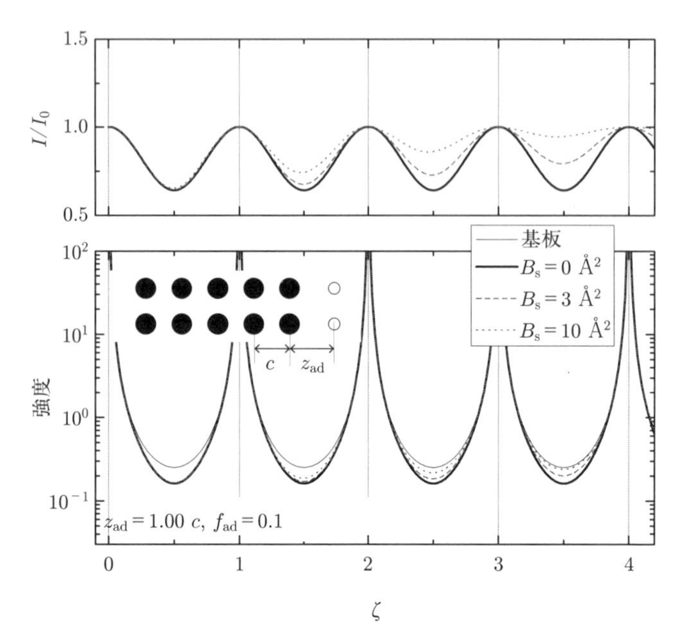

図 11.8　吸着物を再表面原子から $z_{\mathrm{ad}} = 1.00c$ だけ離れた位置につけた際の (00ζ) 軸上の CTR 散乱強度分布。吸着物の原子散乱因子 f が基板原子の 10%，B_{s} が 3 Å^2，10 Å^2 の場合。

11.2.5　吸 着 原 子

表面にはしばしば吸着物が付着する。その影響を見てみよう。ここでは吸着物の B を 0 に，吸着位置をバルクの c 面間隔の 1 倍，1.25 倍，1.5 倍の 3 種に選び，2 種の大きさの原子散乱因子（基板の原子の 10%, 50%）について計算を行った。結果を図 11.7 に示した。吸着位置が c 面間隔の 1 倍では，このモデルは図 11.3 にまとめた表面粗さの一種であるように見える。そこから外れた場合は，図 11.6 に示した表面緩和の要素が入る。ただし，この場合の“緩和”の大きさは非常に大きくなり得るため，前節で述べた $\boldsymbol{\delta} \cdot \boldsymbol{Q}$ が大きい場合の図がここで表れている。ここでは吸着物による散乱の影響が高角側まで増減なく見られているが，吸着物が大きな B を持つ場合には，高角側で吸着物による散乱の影響が減少していく。この様子を図 11.8 に示した。

11.3 表面構造の解析法

単結晶構造解析の場合と異なり，現時点で確立したやり方があるわけではない。ともかく何らかの手段で実験結果をある程度再現する初期構造モデルを作り出し，そこから最小二乗法で精密化する。この初期構造モデルがかなりよく実験結果を再現するようでないと，最小二乗法で局所解に落ちてしまう。この困難の理由は未知構造パラメータの数が多いことである。通常の単結晶構造解析では並進対称性を仮定できた。しかし表面構造を議論する場合には，表面第一層と第二層は異なる構造を持っており，第二層と第三層も異なり，$\cdots$ と，原理的には無限の構造パラメータが現れる。そのため，物理的要請なども含めて極力パラメータの数を減らすなどの努力が必要となる。

ここでは初期構造モデルを求めるいくつかの手法の概要と，詳しい文献を紹介する。大きく分けて 3 種類の解析法がある。ここでは (1) 実空間法，(2) 逆空間法，(3) 反復法と分類しよう[*10]。

11.3.1 実空間法

実空間の構造モデルを作れば，それによる散乱強度は常に計算可能である。その逆は，散乱強度に位相の情報が含まれないために，一般には不可能である。そこで，実空間で多数の構造モデルを生成し，散乱強度を求めて実験結果と近いものを探すやり方が考えられる。この手法の利点は，原子座標などを直接決めていくため，後述する電子密度解析で問題になる物理的におかしな解のうち，いくつかのものを最初から排除できる点にある。

実空間法の最も原始的な例は，バルクの構造を出発点に直観でモデルを作る，というやり方である。この方向の発展形として，第一原理計算で実空間の安定な構造モデルの候補を絞るというやり方が考えられる。計算で得られた構造が実験結果と合うかどうかで，その構造が実現しているかどうかの検証ができる。

次に考えつくのは構造パラメータをある程度の範囲にわたって総当たり法で計算する手法である。N 個のパラメータを m 種類ずつ計算することにすると，m^N

*10 決まった分類法や呼び名があるわけではない。あくまでここでの便宜的な呼称として名前を定義した。

通りの計算を行うことになる。具体的な例を出そう。表面付近 5 層分の面間隔と原子占有率の 10 個のパラメータを探索することにする。面間隔はバルクの面間隔の 0.9〜1.1 倍の範囲で，占有率は 0〜1 の範囲で，それぞれ 6 通りの値（面間隔は 0.9, 0.94, 0.98, 1.02, 1.06, 1.1 の六つ，占有率は 0, 0.2, 0.4, 0.6, 0.8, 1 の六つ）を試すことにしよう。そうすると，$6^{10} \simeq 6 \times 10^7$ 通りの計算を行うことになる。このやり方で実質的に計算できるパラメータの数は 6〜10 個が限界であろう[*11]。面間隔などの構造パラメータを少ない数のパラメータで再現する関数を作ることで，解析で求めるパラメータ数を減らすことができる。

そのほか，モンテカルロ法や遺伝的アルゴリズムを使うやり方などが試されている。

11.3.2　逆 空 間 法

逆空間法では，何らかの形で散乱振幅の位相を回復させる。位相さえ回復できればフーリエ変換で電子密度が得られ，そこから原子位置や占有率の情報を引き出すことができる。バルクの構造は既知であるため，そこからの CTR 散乱の振幅を式 (11.2) のように計算することは常に可能である。この場合，当然ながら位相まで得られる。

ここで，式 (11.4) あたりの議論で用いた，表面での構造変化 $\delta\rho(\boldsymbol{r})$ が小さい場合を考えよう。当然，この結果として $\delta F_{\mathrm{s}}(\boldsymbol{Q})$ も小さくなる。散乱強度 $I(\boldsymbol{Q})$ は次のように書ける。

$$I(\boldsymbol{Q}) = [F_{\mathrm{s}}(\boldsymbol{Q}) + \delta F_{\mathrm{s}}(\boldsymbol{Q})][F_{\mathrm{s}}(\boldsymbol{Q}) + \delta F_{\mathrm{s}}(\boldsymbol{Q})]^*$$

以下，冗長になるので $(\boldsymbol{Q})$ を省略する。

$$\begin{aligned} I &= F_{\mathrm{s}}F_{\mathrm{s}}^* + F_{\mathrm{s}}\delta F_{\mathrm{s}}^* + F_{\mathrm{s}}^*\delta F_{\mathrm{s}} + \delta F_{\mathrm{s}}\delta F_{\mathrm{s}}^* \\ &\simeq I_0 + F_{\mathrm{s}}\delta F_{\mathrm{s}}^* + F_{\mathrm{s}}^*\delta F_{\mathrm{s}} \end{aligned} \tag{11.5}$$

*11　手作業でモデルを作って強度分布を計算するソフトに読み込ませる，という手法では，どうやってもモデル一つあたりに要する時間が 5 分はかかるだろう。10^7 通りのモデルを試すと，不眠不休で 100 年かかる。最初から系統的にモデルを生成するプログラムを書くことを推奨する。

ここで $I_0 = |F_s|^2$ は既知構造による散乱振幅の 2 乗である。最後の行で，小さいと仮定した量の 2 乗 $|\delta F_s|^2$ を無視した。ここで，次の量を考えよう。

$$\frac{I - I_0}{F_s^*} = \frac{F_s}{F_s^*}\delta F_s^* + \delta F_s \tag{11.6}$$

左辺は実験で得られる値そのものと，仮定したモデルから直接計算できる値のみから成る。右辺第二項は表面近傍での構造変化を直接表す部分である。そのため，$(I - I_0)/F_S^*$ をフーリエ変換すると，右辺第一項に起因するゴーストが出るものの，それ以外に表面近傍の構造変化が直接得られることになる。ゴーストは $\delta\rho(\boldsymbol{r})$ とそれ以外の部分の電子密度の切り分け方を変えて計算すると大きく変化するので，原理的には $\delta\rho(\boldsymbol{r})$ を見分けられると期待できる。これはモデル構造からの散乱振幅 F_s を参照光，未知構造部分からの散乱振幅 δF_s を物体光とみなしたホログラフィであるため，CTR ホログラフィと呼ばれることもある*12。

このように，表面近傍での構造変化の情報を実験結果から直接引き出すことができる。これは高橋らによって 2001 年に提案された手法[79]である。概念的にはこれと類似の手法が 21 世紀に入っていくつか提案されており[80], [81]，解析に利用されている[82], [83]。

11.3.3 反 復 法

実空間と逆空間の両側の拘束条件を利用して，反復計算で位相回復を行う方法がある。Gerchberg–Saxton アルゴリズム，hybrid input–output (HIO) アルゴリズム，オーバーサンプリング法などと呼ばれており，X 線回折分野であればコヒーレント回折顕微鏡での利用が有名であるが，特に X 線に限った手法ではない[84]。手順を図 11.9 に示した。詳しく書くと次のようになる。

1. 散乱強度を $I_{\exp}(\boldsymbol{Q})$ とする。適当な初期位相 $\phi(\boldsymbol{Q})$ を基にして，$\sqrt{I_{\exp}(\boldsymbol{Q})}\exp[i\phi(\boldsymbol{Q})]$ をフーリエ逆変換することで，暫定的な電子密度 $\rho'(\boldsymbol{r})$ を求める。

2. $\rho'(\boldsymbol{r})$ に実空間の拘束条件を適用する。例えば試料の外側には電子がいない，

*12 一般的な可視光領域のホログラフィでもゴーストは出るが，像を再生するとたいていの場合，ゴーストは気にならない。

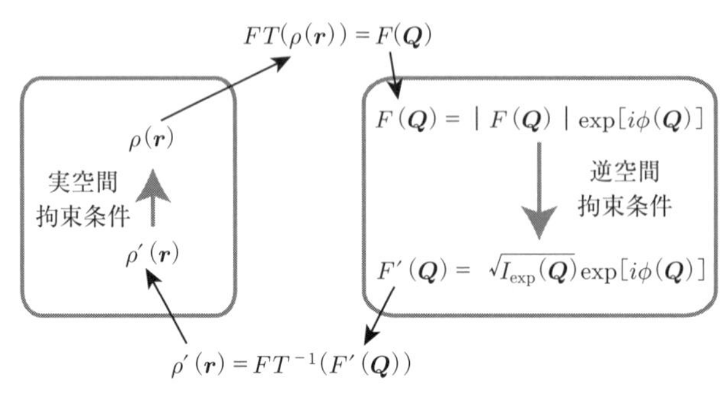

図 11.9　Gerchberg–Saxton アルゴリズム

電子密度は負にならない，あるいは試料の奥深くは既知の結晶構造と同じ電子密度分布になっているなど。この拘束条件を満たすような変更を施した電子密度を $\rho(\boldsymbol{r})$ とする。

3. $\rho(\boldsymbol{r})$ をフーリエ変換して，散乱振幅 $F(\boldsymbol{Q})$ を得る。

4. $F(\boldsymbol{Q})$ の位相だけ利用し，振幅の大きさは $\sqrt{I_{\mathrm{exp}}(\boldsymbol{Q})}$ に置き換える。これが逆空間の拘束条件である。

5. 逆空間の拘束条件を満たした振幅 $F'(\boldsymbol{Q})$ をフーリエ逆変換することで，暫定的な電子密度 $\rho'(\boldsymbol{r})$ を求める。

6. 2 へ戻る。（$\sim 10^3$ 回程度の反復計算を行う）

このようにすると，（たいていの場合は）いずれ実空間と逆空間の両方の拘束条件を満たした位相が回復されることが知られている。また，2 の実空間拘束条件を適用するところで，一度に完全に拘束条件を満たすように $\rho(\boldsymbol{r})$ を作るのではなく，"現状の $\rho'(\boldsymbol{r})$ よりは拘束条件を満たす度合いが高いもの" に置き換えるに留める方が，結果的に早く答えに収束することが多く，そのような手法が使われている。

この手法を CTR 散乱の解析に適用する場合の問題点は大きく分けて二つある。一つは，この手法自体が二次元以上であればたいていうまく働くが，一次元の位相回復では頻繁に間違った解に収束することが知られている点である。二つ目は，拘束条件の与え方とも関連するが，得られた答えが物理的におかしくなる場合が頻繁に発生することである。例えば，酸素の位置に 15 個電子がある，という答えを出してくる場合がある。

前者については，バルクの結晶構造情報を使うことでかなり安定した答えが得られるのではないかという報告がある[85]。後者は実空間の拘束条件を厳しくすることで解決するはずであるが，ソフトウェアの技術的に比較的困難である，自分の思い込みを投影しているだけにならないか不安であるなどの問題が依然として残る。

11.4　表面構造解析に基づく物性物理の議論

例えば，酸化物薄膜を作製した場合を考える。設計した膜の構造と実際にできた膜の構造は一般には異なるが，それを定量的に測定する手段はあまり確立していないため，膜や界面の物性の理解は大きな困難を抱えている。前節ではいかにして表面構造を解くかを議論した。この章の最後に，表面構造がわかった場合にどのような物性物理の議論が可能であるかを紹介しよう。

遷移金属酸化物の超薄膜

遷移金属酸化物の高品質なエピタキシャル膜が作製可能になった 2000 年代以降，多くの研究が遷移金属酸化物薄膜や界面に対して行われてきた。その中で最も広く研究されたのは $\mathrm{LaAlO_3/SrTiO_3}$ 界面である。$\mathrm{LaAlO_3}$ も $\mathrm{SrTiO_3}$ も絶縁体であるにもかかわらず，この界面は，$\mathrm{TiO_2}$ 終端の $\mathrm{SrTiO_3}(001)$ 基板を用い，4 層以上の厚さの $\mathrm{LaAlO_3}$ を作製すれば安定して金属的な伝導を示す。さらに低温では超伝導まで示し，2004 年に最初の報告があってから 10 年以上，世界的に広く研究されてきた。この界面での伝導を説明するためにいくつかの表面構造解析がなされた。文献 [82] では伝導性を示す試料について CTR 散乱測定を行い，得られた構造を基に深さ分解のバンド計算を行っている（図 11.10）。伝導性を示す試料と示さない試料の比較は文献 [86]（厚さ制御），文献 [87]（基板終端面制御）で報告されている。これらの界面構造は第一原理計算から予期される界面構造と比較され，どの理論が現実を表しているかを判定するのに活用されている。

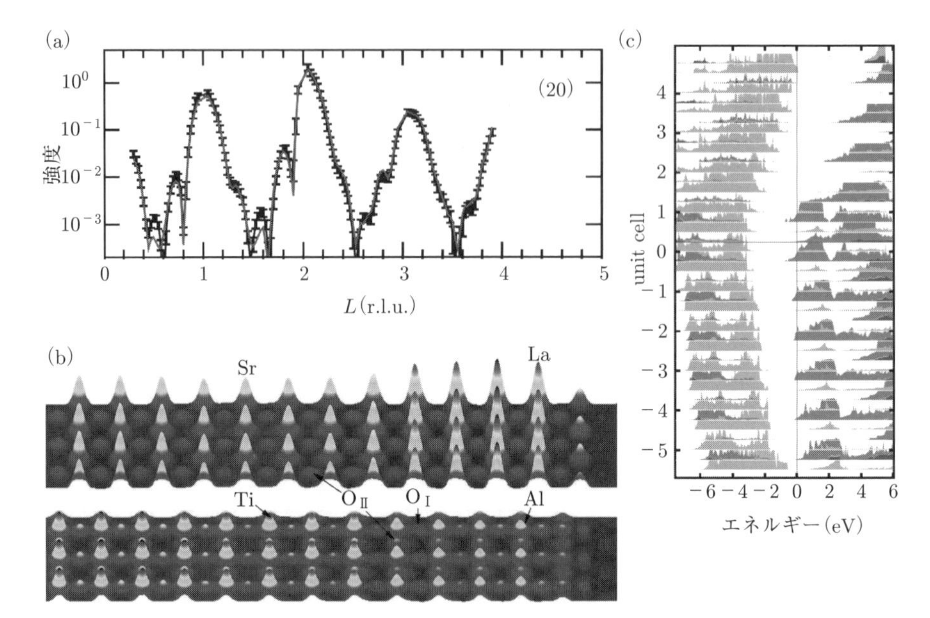

図 11.10　(a) $SrTiO_3$ 基板の上に作製した $LaAlO_3$ 超薄膜からの代表的な CTR 散乱強度分布。表面構造解析のために 14 本の独立なロッドを測定した。(b) 界面付近の電子密度分布。(c) 深さ分解バンド計算による状態密度。界面付近でフェルミ面に有限の状態密度が見られる[82]。

TiO_2 の光誘起親水性

TiO_2 は紫外線照射によって疎水性であった表面が親水性になる。この効果を利用し，日光が当たると汚れが落ちるタイルなどが作られているが，この疎水性–親水性の違いが何に起因するかはあまりはっきり理解されていない。TiO_2 の光触媒効果によって表面に付着する疎水性の汚れが分解されるために親水性になる，という解釈と，紫外線照射によって表面の構造が変わり，それによって表面の性質が変わる，という解釈が有力な説である。

文献 [88] では紫外線照射前後の試料に対する CTR 散乱測定を行い，表面付近の酸素や水分子の位置の乱れが疎水性の場合と親水性の場合で大きく異なることを報告している。図 11.11(a) に CTR 散乱強度を，図 11.11(b) に疎水性と親水性の場合の表面構造を示した。表面構造の変化が濡れ性の変化の原因なのか結果なのかはそれほど自明ではないが，得られた親水性表面の構造は，OH 基の吸着

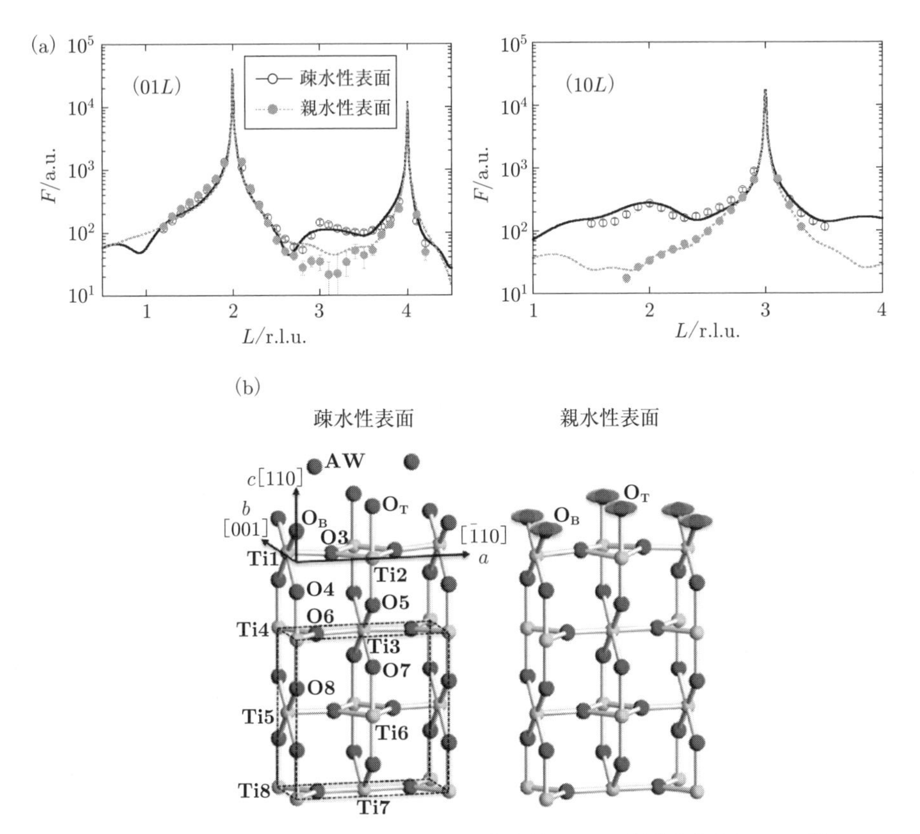

図 11.11 (a) 疎水性，親水性の TiO_2 からの代表的な CTR 散乱強度分布。(b) 得られた疎水性・親水性の場合の表面構造[88]。

量が増大していることを示唆している。大きな分極を持つ OH 基は親水性を持つため，これが親水性の起源であると文献 [88] では提案されている*13。

*13 これで議論に終止符が打たれたわけではない。

第 12 章
散 漫 散 乱

現実の結晶には必ず乱れが存在する。格子の並進対称性はブラッグ反射を作るが，別の表現をすると，並進対称性の破れはブラッグ反射ではない散乱を生む。散乱強度は二体相関関数のフーリエ変換であるため，相関が実空間で局所的であれば，逆空間では広がった散乱強度が現れる。これは散漫散乱 (diffuse scattering) と呼ばれる。散漫散乱はすべての乱れの情報を反映するため，散乱強度のみから何かを結論するのは困難であり，なんらかの物理的なモデルを前提にして解釈を行うことが多い。この章では熱振動からの散乱，点欠陥が引き起こす格子歪みに起因する散乱，化学的な濃度揺らぎに起因する散乱について，それらの起源と特徴を議論する。

12.1 結晶の乱れからの散乱

9 章の冒頭で平均構造 $\langle\rho(\boldsymbol{r})\rangle$ と，そこからの散乱振幅 $\langle F(\boldsymbol{Q})\rangle$ を導入した。平均構造は試料の電子密度のうち，結晶格子の並進対称性を持つ成分を意味する。乱れを含む結晶の電子密度 $\rho(\boldsymbol{r})$ は並進対称性を持つ $\langle\rho(\boldsymbol{r})\rangle$ と，持たない $\rho(\boldsymbol{r})-\langle\rho(\boldsymbol{r})\rangle$ に分類され，同様に散乱振幅も $\langle F(\boldsymbol{Q})\rangle$ と $F(\boldsymbol{Q})-\langle F(\boldsymbol{Q})\rangle$ に分類される。9.5 節の図 9.3 でいえば，(b) が平均構造に該当する。平均構造からの散乱振幅は，7 章の議論の通り，ラウエ関数で表される鋭いブラッグ反射のみを与える。

全体の散乱振幅 $F(\boldsymbol{Q})$ は

$$
\begin{aligned}
F(\boldsymbol{Q}) &= \int \rho(\boldsymbol{r})e^{i\boldsymbol{Q}\cdot\boldsymbol{r}}d\boldsymbol{r} \\
&= \int \rho(\boldsymbol{r})e^{i\boldsymbol{Q}\cdot\boldsymbol{r}}d\boldsymbol{r} - \int \langle\rho(\boldsymbol{r})\rangle e^{i\boldsymbol{Q}\cdot\boldsymbol{r}}d\boldsymbol{r} + \int \langle\rho(\boldsymbol{r})\rangle e^{i\boldsymbol{Q}\cdot\boldsymbol{r}}d\boldsymbol{r} \\
&= [F(\boldsymbol{Q}) - \langle F(\boldsymbol{Q})\rangle] + \langle F(\boldsymbol{Q})\rangle
\end{aligned}
$$

$$\equiv F_{\text{diff}}(\boldsymbol{Q}) + \langle F(\boldsymbol{Q})\rangle \tag{12.1}$$

と分解できる。$F_{\text{diff}}(\boldsymbol{Q})$ は平均からのズレに起因する散乱振幅である。もし逆格子点におけるズレの散乱振幅 $F_{\text{diff}}(\boldsymbol{G})$ が 0 でない値を持っていたとすると，それは $F(\boldsymbol{G}) - \langle F(\boldsymbol{G})\rangle \neq 0$ を意味する。すべての $\boldsymbol{G}$ に対する $F_{\text{diff}}(\boldsymbol{G})$ を用いてフーリエ変換すると，$\boldsymbol{G}$ は離散的であるためにフーリエ級数と同じことになる。そのため，$F_{\text{diff}}(\boldsymbol{G})$ のフーリエ変換は単位胞の周期性を持った電子密度を与える。そのような成分は $\langle F(\boldsymbol{Q})\rangle$ に分類することにしていたので，$F_{\text{diff}}(\boldsymbol{G})$ は 0 でなくてはならない。まとめると，逆格子点の散乱振幅は $\langle F(\boldsymbol{Q})\rangle$，それ以外はすべて $F_{\text{diff}}(\boldsymbol{Q})$ と分類される。

強度に注目しよう。煩雑になるので $(\boldsymbol{Q})$ を省略すると次のように書ける。

$$\begin{aligned} I &= (F_{\text{diff}} + \langle F\rangle)(F_{\text{diff}} + \langle F\rangle)^* \\ &= F_{\text{diff}}F_{\text{diff}}^* + \langle F\rangle\langle F\rangle^* + F_{\text{diff}}\langle F\rangle^* + \langle F\rangle F_{\text{diff}}^* \end{aligned}$$

こうなるのであるが，実は必要なのは最初の 2 項のみである。なぜならば，F_{diff} は逆格子点で振幅を持たず，$\langle F\rangle$ は逆格子点でしか振幅を持たないため，これらのかけ合わせである後半の 2 項は常に 0 となるからだ。結果として，

$$I(\boldsymbol{Q}) = F_{\text{diff}}^2(\boldsymbol{Q}) + \langle F(\boldsymbol{Q})\rangle^2$$

を得る。

以上は振幅から始める書き方をしてきたが，場合によっては最初から強度に注目した書き方が便利である場合もある。その方針では，再び $(\boldsymbol{Q})$ を省略して，

$$\begin{aligned} \langle I\rangle &= \langle F^2\rangle \\ &= \left(\langle F^2\rangle - \langle F\rangle^2\right) + \langle F\rangle^2 \\ &\equiv \text{散漫散乱項} + \text{ブラッグ反射項} \end{aligned} \tag{12.2}$$

となる。ブラッグ反射項は平均構造からの振幅の 2 乗であり，散漫散乱項は 2 乗の平均と平均の 2 乗の差に対応する。

12.2 フォノンからの散乱（熱散漫散乱）

熱振動の X 線回折への影響は，ブラッグ反射強度の減少と，フォノンによる散漫散乱の発生の 2 つに分けられる。ここでは後者について述べる。前者は 9.4 節ですでに説明した。

2.1.5 項で述べた通り，ある温度 T における熱平衡状態では，フォノンの振動数 ω_q の逆数に比例した振幅 $\boldsymbol{u}_q$ の波がすべてのモードに対して立っている。そのため，熱振動に起因して，位相変調構造があらゆる q に対して生じていることになる。式 (10.2) より，波数 $\boldsymbol{q}$ の位相変調構造では $\boldsymbol{Q} \cdot \boldsymbol{u}_q$ の 2 乗に比例した強度が得られる。この状況を図 12.1 に示した。測定する $\boldsymbol{Q}$ に応じてどのモードのフォノンが観測されるかが変わる。

温度一定の条件では，$\boldsymbol{u}_q$ は $\boldsymbol{q}$ のフォノンのエネルギー $\hbar\omega$ の逆数，あるいはフォノン数 $n_q + 1/2$ に[*1]比例する。最もエネルギーが低い，つまり $\boldsymbol{u}_q$ が大きくなる長波長の（別の表現では $|q| \ll 1$ の）音響モードについて考えると，$\omega \propto q$ であるから，$u_q \propto 1/q$ である。結果として，散乱ベクトル $\boldsymbol{Q} = \boldsymbol{G} + \boldsymbol{q}$ での熱振動からの散乱強度は，温度一定の条件では q^2 に反比例する。これを熱散漫散乱 (thermal diffuse scattering) と呼ぶ。

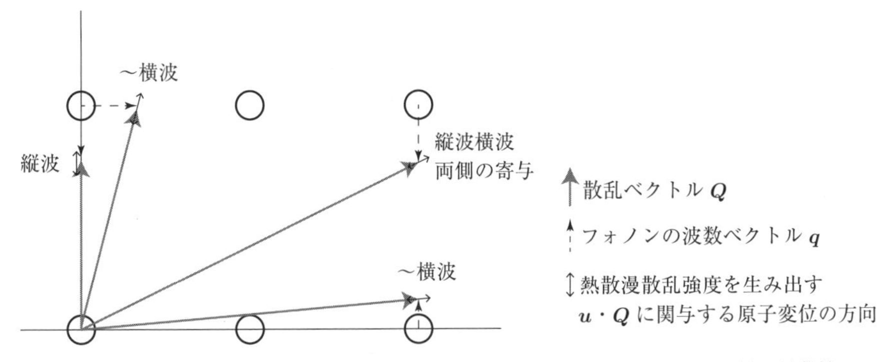

図 12.1　熱散漫散乱の測定位置 $\boldsymbol{Q}$ とフォノンの波数 $\boldsymbol{q}$，およびモードの関係。対称性の高い軸上の逆格子点周りでは縦波と横波が分離して観測されるが，一般の場所ではさまざまなモードに起因する強度が重なって観測される。

*1　式 (2.12) 参照。

熱散漫散乱というのは熱振動起因の原子変位からの散乱であるが，ここでの計算は原子変位の由来について何も言及していない。熱振動由来でなくても，空間的に相関が弱い原子変位があれば，何らかの散漫散乱が観測される。複数の原子変位の起源があった場合，どの部分を熱散漫散乱と分類するかは各人の責任で判断すべきものである。

12.3 点欠陥に由来する散乱（ホアン散乱）

点欠陥に由来する散乱はホアン (Huang) 散乱として古くから知られており[89]，lattice Green function を用いた記述などで散乱理論が構成されている[90]。過去の多くの文献では，比較的単純な構造の場合に対して散乱強度を与える式を導き，散乱強度を計算している。本書では，それと同様の記述は避け，直観的な説明と代表的なホアン散乱の例を挙げ，後は連続体近似での計算について，極力一般の場合について述べる。これによって計算機に計算させることができれば研究の役に立つと期待する。

点欠陥そのものに起因する散乱は観測できないほど弱い。一方で点欠陥は周辺に歪み場 $\boldsymbol{t}(\boldsymbol{R})$ を形成し，その巨視的に広がった歪み場をフーリエ変換したものが散漫散乱として観測される。これをホアン散乱と呼ぶ*2。基本的にこの歪み場は連続体近似で計算したものと近く，長波長の歪み成分が主体である。その結果，熱散漫散乱と同様，強いブラッグ反射の周辺の強度が大きくなる。ホアン散乱強度を具体的に式で書くと次のようになる。位置 $\boldsymbol{R}_j$ にある*3 j 番目の原子の変位 $\boldsymbol{u}_j$ は，歪み場を用いて $\boldsymbol{t}(\boldsymbol{R}_j)$ と書けるので，

$$
\begin{aligned}
F(\boldsymbol{Q}) &= \sum_j^{\text{all}} f_j \exp\{i\boldsymbol{Q}\cdot[\boldsymbol{R}_j + \boldsymbol{t}(\boldsymbol{R}_j)]\} \\
&\simeq \sum_j^{\text{all}} f_j \exp(i\boldsymbol{Q}\cdot\boldsymbol{R}_j)[1 + i\boldsymbol{Q}\cdot\boldsymbol{t}(\boldsymbol{R}_j)]
\end{aligned}
\tag{12.3}
$$

*2 Huang は中国人名であり，漢字表記では “黄” である。ファン，あるいはホアンと表記される。

*3 この原子位置 $\boldsymbol{R}_j$ は，点欠陥による歪みがなかった場合の位置である。

ブラッグ反射に対応する部分を除いた散漫散乱部分の振幅 $F_{\mathrm{diff}}(\boldsymbol{Q})$ は，

$$\begin{aligned}F_{\mathrm{diff}}(\boldsymbol{Q}) &= \sum_{j}^{\mathrm{all}} f_j \exp(i\boldsymbol{Q}\cdot\boldsymbol{R}_j)i\boldsymbol{Q}\cdot\boldsymbol{t}(\boldsymbol{R}_j)\\ &= i\boldsymbol{Q}\cdot\sum_{j}^{\mathrm{all}} f_j \exp(i\boldsymbol{Q}\cdot\boldsymbol{R}_j)\boldsymbol{t}(\boldsymbol{R}_j)\\ &\simeq i\boldsymbol{Q}\cdot\boldsymbol{t}(\boldsymbol{Q})F_{\mathrm{cell}}(\boldsymbol{Q})\end{aligned}\tag{12.4}$$

となる*4。つまり，孤立した点欠陥からの散乱振幅は歪み場のフーリエ変換に比例する。なお，脚注に述べた通り $\boldsymbol{t}(\boldsymbol{Q})=\boldsymbol{t}(\boldsymbol{q})$ である。また，F_{cell} については 11.1.1 項に述べたような注意が必要である。

点欠陥にはいろいろな種類があり得る。古くは置換型固溶体（結晶中の原子が別の原子と置き換わる形で溶け込んだもの，substitutional solid solution），侵入型固溶体（原子間に別の原子が侵入する形で溶け込んだもの，interstitial solid solition），あるいは原子空孔 (vacancy) などが調べられていたが，今日ではヤー

*4　最後の $\simeq$ の部分の近似が何であるかはっきりさせておこう。$\sum_j^{\mathrm{all}}$ を，基本並進ベクトル $\boldsymbol{a}$, $\boldsymbol{b}$, $\boldsymbol{c}$ と，単位胞内の j 番目の原子位置 $\boldsymbol{r}_j$ を用いて $\sum_j^{\mathrm{cell}}\sum_{n_1,n_2,n_3}$ に書きなおす。

$$\begin{aligned}&\sum_{j}^{\mathrm{all}} f_j \exp(i\boldsymbol{Q}\cdot\boldsymbol{R}_j)\boldsymbol{t}(\boldsymbol{R}_j)\\ &=\sum_{j}^{\mathrm{cell}}\sum_{n_1,n_2,n_3} f_j \exp[i\boldsymbol{Q}\cdot(\boldsymbol{r}_j+n_1\boldsymbol{a}+n_2\boldsymbol{b}+n_3\boldsymbol{c})]\boldsymbol{t}(\boldsymbol{r}_j+n_1\boldsymbol{a}+n_2\boldsymbol{b}+n_3\boldsymbol{c})\end{aligned}$$

点欠陥からある程度距離が離れると，$\boldsymbol{t}(\boldsymbol{r})$ は単位胞程度の範囲ではほぼ均一になるため，$\boldsymbol{t}(\boldsymbol{r}_j+n_1\boldsymbol{a}+n_2\boldsymbol{b}+n_3\boldsymbol{c})\simeq\boldsymbol{t}(n_1\boldsymbol{a}+n_2\boldsymbol{b}+n_3\boldsymbol{c})$ と見なせる。これを用いて，

$$\begin{aligned}&\simeq\sum_{j}^{\mathrm{cell}}\sum_{n_1,n_2,n_3} f_j \exp(i\boldsymbol{Q}\cdot\boldsymbol{r}_j)\exp[i\boldsymbol{Q}\cdot(n_1\boldsymbol{a}+n_2\boldsymbol{b}+n_3\boldsymbol{c})]\boldsymbol{t}(n_1\boldsymbol{a}+n_2\boldsymbol{b}+n_3\boldsymbol{c})\\ &=F_{\mathrm{cell}}(\boldsymbol{Q})\sum_{n_1,n_2,n_3}\exp[i\boldsymbol{Q}\cdot(n_1\boldsymbol{a}+n_2\boldsymbol{b}+n_3\boldsymbol{c})]\boldsymbol{t}(n_1\boldsymbol{a}+n_2\boldsymbol{b}+n_3\boldsymbol{c})\\ &=F_{\mathrm{cell}}(\boldsymbol{Q})\boldsymbol{t}(\boldsymbol{Q})\end{aligned}$$

となる。$\boldsymbol{t}(\boldsymbol{r}_j+n_1\boldsymbol{a}+n_2\boldsymbol{b}+n_3\boldsymbol{c})\simeq\boldsymbol{t}(n_1\boldsymbol{a}+n_2\boldsymbol{b}+n_3\boldsymbol{c})$ が近似の部分であり，$\boldsymbol{Q}$ が逆格子点から遠い場合，あるいは実空間で点欠陥近傍ではこの近似は正当ではない。$\boldsymbol{t}(\boldsymbol{Q})$ は離散フーリエ変換で定義されているため，逆格子の周期性を持つ。つまり $\boldsymbol{t}(\boldsymbol{Q})=\boldsymbol{t}(\boldsymbol{q})$ である。

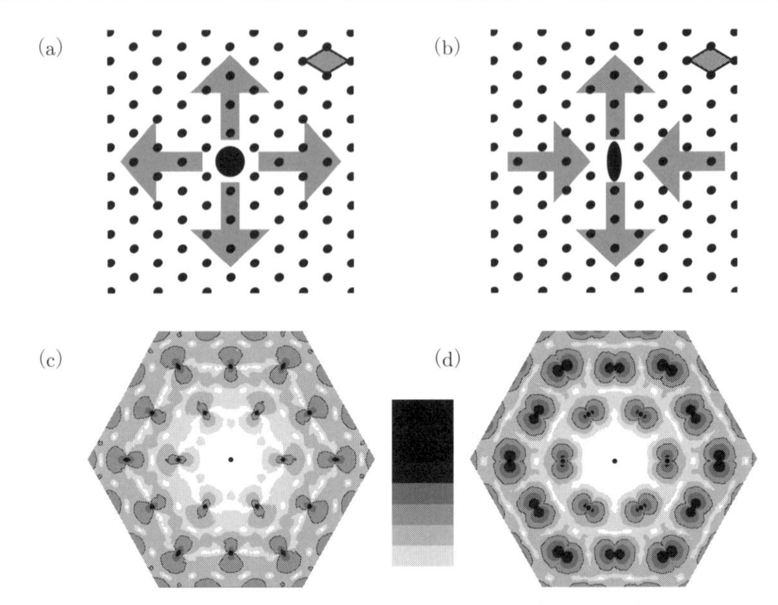

図 12.2　点欠陥周辺の歪み場と，それに対応するホアン散乱強度分布。(a) 大きなイオンの置換などに対応する，点欠陥に対して等方的な歪み場。(b) JT 歪みに代表される異方的な歪み場。右上の灰色の四角形が単位胞となる六方晶を例にとった。(c) 等方的な歪み場に起因するホアン散乱。(d) 異方的な歪み場に起因するホアン散乱（±120° 回転した欠陥も同数だけあることを仮定した）。散乱強度は対数スケールで色をつけた。

ン–テラー (JT) 効果[*5]によって対称性の下がった金属–酸素八面体を点欠陥に見立てた測定も行われている。その点欠陥の構造によって，図 12.2 上段に見られるように周辺に形成される歪み場の対称性も変化する。この対称性の変化がホアン散乱の強度分布に大きな影響を与えるため，ブラッグ反射周辺の散乱強度分布を見ることによってひずみ場の対称性，ひいては点欠陥の形状を知ることができる。ホアン散乱の特徴は逆格子点を通るある面で散乱強度が消失する，すなわち強度の節を持つことである[*6]。

*5　JT 効果については 4.2.1 項で説明した。

*6　ただし，異なる方位を向いた点欠陥が混在している場合，強度が消失する面に別の方位を向いた欠陥からの散乱が重なり，強度が消失する線が出たり，あるいはまったくそのような方位がなくなる場合もある。

図 12.2 下段には歪み場の対称性に対応するホアン散乱強度分布を示した。図 12.2(a) に示した breathing モードの歪みを引き起こす置換型固溶体の場合は，図 12.2(c) に示すように節が逆格子原点を中心とした球殻の方向に向く。弾性定数の異方性によって多少の変化があるにせよ，この傾向は変わらない。

一方，JT 歪みに起因するような異方的な点欠陥（図 12.2(b)）は，逆格子原点を向いた方向に節が入る強度分布を与える（図 12.2(d)）。

相関を持った点欠陥に由来する散乱

点欠陥が短距離秩序を持って並んだ場合の散乱を考える。JT 歪みを取り扱うことを想定し，点欠陥は何種類か（例えば MO_6 八面体の伸びる方向が異なる 3 種類など）が混在しているとしよう[*7]。原点にある，種別 α の点欠陥が引き起こす歪み場を $\boldsymbol{t}^{\alpha}(\boldsymbol{R})$ で表そう。そのうえで，多数の欠陥に起因する合計の歪み場は個々の点欠陥が生む歪み場を足し合わせて得られると仮定する。この合計の歪み場を $\boldsymbol{T}(\boldsymbol{R})$ で表そう。$\boldsymbol{T}(\boldsymbol{R})$ は次のように書ける。

$$\boldsymbol{T}(\boldsymbol{R}) = \sum_{j}\sum_{\alpha} \rho^{\alpha}(\boldsymbol{r}_j)\boldsymbol{t}^{\alpha}(\boldsymbol{R}-\boldsymbol{r}_j) \tag{12.5}$$

ここで $\rho^{\alpha}(\boldsymbol{r}_j)$ は，j 番目のサイトが α の欠陥を持っていれば 1, そうでなければ 0 になる量である。この式を用いて，$F_{\mathrm{diff}}(\boldsymbol{Q})$ は式 (12.4) と同様に

$$\begin{aligned}
\frac{F_{\mathrm{diff}}(\boldsymbol{Q})}{F_{\mathrm{cell}}(\boldsymbol{Q})} &= i\boldsymbol{Q}\cdot\sum_{k}\boldsymbol{T}(\boldsymbol{r}_k)\exp[i\boldsymbol{Q}\cdot\boldsymbol{r}_k] \\
&= i\boldsymbol{Q}\cdot\sum_{kj\alpha}\rho^{\alpha}(\boldsymbol{r}_j)\boldsymbol{t}^{\alpha}(\boldsymbol{r}_k-\boldsymbol{r}_j)\exp[i\boldsymbol{Q}\cdot(\boldsymbol{r}_k-\boldsymbol{r}_j)]\exp[i\boldsymbol{Q}\cdot\boldsymbol{r}_j] \\
&\equiv i\boldsymbol{Q}\cdot\sum_{\alpha}\rho^{\alpha}(\boldsymbol{Q})\boldsymbol{t}^{\alpha}(\boldsymbol{q}) \qquad (12.6)
\end{aligned}$$

となる。歪み場まで含んだ点欠陥からの散乱は，散乱因子 $F_{\mathrm{cell}}(\boldsymbol{Q})\boldsymbol{t}^{\alpha}(\boldsymbol{Q})$ を持っている。欠陥の配置に関する情報は $\rho(\boldsymbol{Q})$ に含まれる。散漫散乱強度 $I_{\mathrm{diff}}(\boldsymbol{Q})$ はこの 2 乗で与えられるので，次のようになる。

---

*7　仮に一種類の欠陥があるだけであれば，以下の記述で欠陥の種別 α が常に同じ値を取るようにするだけのことである。

$$
\begin{aligned}
&\frac{F_{\rm diff}^*(\boldsymbol{Q})F_{\rm diff}(\boldsymbol{Q})}{F_{\rm cell}^*(\boldsymbol{Q})F_{\rm cell}(\boldsymbol{Q})} \\
&= -i\boldsymbol{Q}\cdot\sum_{km\alpha}\rho^\alpha(\boldsymbol{r}_m)\boldsymbol{t}^\alpha(\boldsymbol{r}_k-\boldsymbol{r}_m)\exp[-i\boldsymbol{Q}\cdot\boldsymbol{r}_k] \\
&\quad\times i\boldsymbol{Q}\cdot\sum_{ln\beta}\rho^\beta(\boldsymbol{r}_n)\boldsymbol{t}^\beta(\boldsymbol{r}_l-\boldsymbol{r}_n)\exp[i\boldsymbol{Q}\cdot\boldsymbol{r}_l] \\
&= \sum_{klmn\alpha\beta}\rho^\alpha(\boldsymbol{r}_m)\rho^\beta(\boldsymbol{r}_n)\boldsymbol{Q}\cdot\boldsymbol{t}^\alpha(\boldsymbol{r}_k-\boldsymbol{r}_m)\boldsymbol{Q}\cdot\boldsymbol{t}^\beta(\boldsymbol{r}_l-\boldsymbol{r}_n) \\
&\quad\times\exp[i\boldsymbol{Q}\cdot(\boldsymbol{r}_l-\boldsymbol{r}_k)]
\end{aligned}
\tag{12.7}
$$

$\boldsymbol{r}_k-\boldsymbol{r}_m$ を $\boldsymbol{r}_k$ に，$\boldsymbol{r}_l-\boldsymbol{r}_n$ を $\boldsymbol{r}_l$ に置き換え，次式を得る。

$$
\begin{aligned}
&= \sum_{klmn\alpha\beta}\rho^\alpha(\boldsymbol{r}_m)\rho^\beta(\boldsymbol{r}_n)\boldsymbol{Q}\cdot\boldsymbol{t}^\alpha(\boldsymbol{r}_k)\boldsymbol{Q}\cdot\boldsymbol{t}^\beta(\boldsymbol{r}_l)\exp[i\boldsymbol{Q}\cdot(\boldsymbol{r}_l+\boldsymbol{r}_n-\boldsymbol{r}_k-\boldsymbol{r}_m)] \\
&= \sum_{mn\alpha\beta}\rho^\alpha(\boldsymbol{r}_m)\rho^\beta(\boldsymbol{r}_n)\exp[i\boldsymbol{Q}\cdot(\boldsymbol{r}_n-\boldsymbol{r}_m)]\boldsymbol{Q}\cdot\boldsymbol{t}^{\alpha*}(\boldsymbol{q})\boldsymbol{Q}\cdot\boldsymbol{t}^\beta(\boldsymbol{q}) \\
&= \sum_{n\alpha\beta}N\langle\rho^\alpha(0)\rho^\beta(\boldsymbol{r}_n)\rangle\exp[i\boldsymbol{Q}\cdot(\boldsymbol{r}_n)]\boldsymbol{Q}\cdot\boldsymbol{t}^{\alpha*}(\boldsymbol{q})\boldsymbol{Q}\cdot\boldsymbol{t}^\beta(\boldsymbol{q})
\end{aligned}
\tag{12.8}
$$

このように，相関を持つ点欠陥からの散漫散乱強度は，孤立した欠陥からの散乱振幅 $F_{\rm cell}(\boldsymbol{Q})\boldsymbol{Q}\cdot\boldsymbol{t}^\alpha(\boldsymbol{Q})$ を構造因子と見なしたうえで，その欠陥の相関関数のフーリエ変換で与えられることがわかる。

12.4　化学的な濃度揺らぎに起因する散乱

化学的な濃度揺らぎがあるならば，それに起因した散乱は当然生じ得る。このような散乱には特に名前は付けられていない。最も単純な例は，二元合金の秩序無秩序転移に伴う超格子反射の成長過程などで観測される，広い幅を持つ超格子反射であろう。相転移に伴って，高温側で散漫散乱であったものが低温で細い超格子反射に変化することはよくあるが，どこまで細くなったら超格子反射，どこより太くなったら散漫散乱，という明確な境目は定義されていない。

化学的な濃度揺らぎに起因する散乱には，10.5 節で導入した短距離秩序パラメータや，相互作用の見積もりが適用できる。また，散漫散乱強度を広い逆空間の範囲で測定してフーリエ変換することで，実空間での二体相関関数を得ることができる。

場合によって，化学的な濃度揺らぎは周辺の原子位置の変形を伴う場合がある。単純にはイオン半径の違いに伴う breathing モードの歪みが考えられるが，銅酸化物やマンガン酸化物の場合には JT 効果による局所的な歪みが働く場合もある。例えば図 12.3 に示した $Ba_3CuSb_2O_9$ では[91]，CuO_6 八面体が JT 歪みを起こしており，その歪む方向と Cu/Sb2 の配置に乱れがある。これらの乱れに起因して

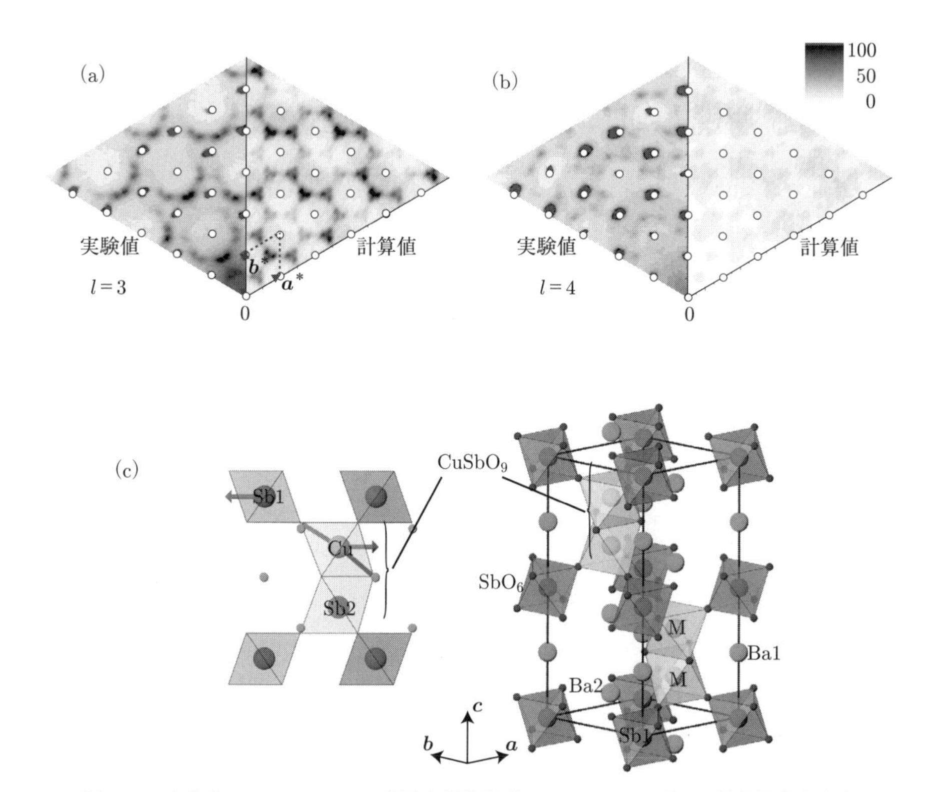

図 12.3 六方晶 $Ba_3CuSb_2O_9$ の構造と散漫散乱。(a) $l=3$ の面での散漫散乱強度分布の実験値（左）と計算値（右）。(b) $l=4$ の面。強度のスケールは (a) と同じである。逆格子点を白丸で表した。(c) 右: 結晶構造。$CuSbO_9$ は Cu と Sb のどちらが上に来るかに乱れがある。左: CuO_6 八面体周りの局所構造。CuO_6 は JT 歪みを持ち，太線でつないだ CuO ボンドがほかと比べて 10%長い。これによって結晶中では，Cu と，それに隣接する Sb1 が矢印で示した方向に変位していると期待される[91]。

図12.3(a), (b) 左側に示したような散漫散乱が観測された。Cu/Sb2の配置だけを散漫散乱の起源とするとどうしても強度分布を再現することができない。これだけのモデルでは，(a) に見られるような面内の強度分布がまったく再現されなくなる。(c) 左に示したようにCuがSb1をJT歪みを通して押し込み，Cuは反作用で逆向きに変位するという構造変化を入れることで (a), (b) 右側のような計算値を得た。

12.5　解析の手法

12.5.1　PDF解析（二体相関関数解析）

式 (7.7) で示したように，X線散乱強度は二体相関関数のフーリエ変換である。つまり，電子密度の二体相関関数は，強度を正確に測りさえすれば実験結果から直接に得られる。これを利用して，粉末X線回折パターンに含まれる散漫散乱成分を解析し，通常の構造解析では捨ててしまう，並進対称性を持たない構造に関する情報を得ようという手法がある。これは pair distribution function (PDF) 解析と呼ばれている。

利点は，(1) 個別の物質に合わせることなく，統一的な手順で何らかの実空間の情報を与える分析手法であること，(2) ブラッグ成分と散漫散乱成分の両方を一度に解析するため，結晶の繰り返し構造と乱れた構造の比率をきちんと取り扱うことができること，(3) 結晶に限らず，クラスターやナノメートル程度の大きさを持つ微粒子も同様の解析ができることなど，多数挙げられる。

現状では二体相関関数が得られても複雑すぎて解釈に困ることも多い。粉末回折のデータを基にするため動径方向の情報しか得られず，得られる情報量がそれほど多くない，といった不都合もあるが，X線と中性子のデータを組み合わせた解析もよく行われており，普及が見込まれる。

12.5.2　単結晶による二体相関関数の測定

単結晶試料を用いて広い逆空間の範囲で散漫散乱強度を測定し，強度分布のフーリエ変換を行うことで，実空間での二体相関関数を得ることができる。ここで，散漫散乱を生じる乱れた構造のみに興味がある場合，ブラッグ反射を用いず，散漫散乱強度のみを取り出してフーリエ変換するのが有効である。二体相関関数は複雑な構造に対して急速に複雑さを増していく。そのため，散漫散乱強度分布が比較的単純なものでないと，複雑になりすぎてよく意味がわからなくなってしまう。

三次元の強度分布を測定できれば，三次元のフーリエ変換を通して三次元的な二体相関関数を求めることができる。しかし，三次元的なデータ測定には非常に長い時間を要する。例えば ξ, η, ζ をすべて 0.1 刻みで測定した場合，ブリルアンゾーン一つの測定は 1,000 点の測定となる。また h, k, l を 0 から 4 まで測定したとすると，64,000 点の測定となり，一点あたり 10 秒の露光時間を仮定すると 1 週間強の測定時間となる。この程度であれば測れなくもないが，三次元的な情報が不必要である場合も多いだろう。このような場合，逆格子原点を通る二次元的（例えば $\boldsymbol{a}^*$–$\boldsymbol{b}^*$ 面），あるいは一次元的（例えば $\boldsymbol{c}^*$ 軸上の測定）な測定で，実空間ではある面（$\boldsymbol{a}$–$\boldsymbol{b}$ 面），あるいはある軸（$\boldsymbol{c}$ 軸）に向けて投影した構造の二体相関関数を知ることができる。これは，次のような議論で示すことができる。例えば (001) 軸上の散乱振幅 $F(00\zeta)$ がどのような構造情報を反映しているかを見てみよう。試料の電子密度を $\rho(\boldsymbol{r})$ とする。

$$
\begin{aligned}
F(00\zeta) &= \iiint \rho(\boldsymbol{r}) e^{2\pi i(00\zeta)\cdot(xyz)} dxdydz \\
&= \iiint \rho(\boldsymbol{r}) e^{2\pi i 0\cdot x} e^{2\pi i 0\cdot y} e^{2\pi i\zeta\cdot z} dxdydz \\
&= \int \left[\iint \rho(\boldsymbol{r}) dxdy \right] e^{2\pi i\zeta z} dz
\end{aligned}
\tag{12.9}
$$

この中の $[\iint \rho(\boldsymbol{r})dxdy]$ は電子密度を x–y 方向に積分して，z 軸に向けて投影していることを意味する。これを z 方向にフーリエ変換しているので，(001) 軸上の散乱振幅は z 軸（つまり $\boldsymbol{c}$ 軸）に投影した電子密度の情報を持っている。この強度から得た二体相関関数は $\boldsymbol{c}$ 軸に投影した電子密度の二体相関関数に対応する。一次元に投影した電子密度に関する二体相関関数は文献 [92] に，二次元に投影した電子密度に関する二体相関関数は文献 [93] に例が見られる。

12.5.3　具体的な構造モデルの構築

乱れを含んだ構造モデルの構築は，それ自体かなり手間のかかる仕事である。

ここではよく使われる基本方針を紹介する。比較的小さな（単位胞数百個からなる）クラスターを考え，そこに乱れを具体的に導入する。そのクラスターからの散乱強度を計算し，実験と比較する，という手順である。

クラスターからの散乱強度の計算

原子一つを含む単位胞 $\boldsymbol{a}, \boldsymbol{b}, \boldsymbol{c}$ を単位として $N_x \times N_y \times N_z$ の大きさのクラスターを考える*8。それぞれの $1\times1\times1$ のセルは平均構造に近い構造を持つが，細かく見るとすべてのセルは異なる構造を持っていてよい*9。このクラスターの電子密度を $\rho_{\text{clust}}(\boldsymbol{r})$ とし，これを用いて現実の乱れた結晶からの散乱を再現する手法を考える。

$\rho_{\text{clust}}(\boldsymbol{r})$ を，電子密度 $\rho(\boldsymbol{r}) = \langle\rho(\boldsymbol{r})\rangle + \Delta\rho(\boldsymbol{r})$ を持つ無限に広がった乱れを含む結晶から切り出したものと見なし，そこからの散乱を考える。$\langle\rho(\boldsymbol{r})\rangle$ は平均構造の成分，$\Delta\rho(\boldsymbol{r})$ は乱れの成分を表現する。$N_x \times N_y \times N_z$ の大きさのクラスターを切り出すために，7.7 節で導入した試料外形を表す関数 $\mathrm{BOX}(\boldsymbol{r})$ を用いる。この関数は結晶内部では 1, 結晶外部では 0 を持つ。これを用いて，

$$\rho_{\text{clust}}(\boldsymbol{r}) = [\langle\rho(\boldsymbol{r})\rangle + \Delta\rho(\boldsymbol{r})] \cdot \mathrm{BOX}(\boldsymbol{r}) \tag{12.10}$$

と書ける。$\rho_{\text{clust}}(\boldsymbol{r})$ から得られる散乱振幅 $F_{\text{clust}}(\boldsymbol{Q})$ は，$\langle\rho(\boldsymbol{r})\rangle$ と $\Delta\rho(\boldsymbol{r})$ からの散乱振幅 $\langle F(\boldsymbol{Q})\rangle$ と $F_{\text{diff}}(\boldsymbol{Q})$ を用いて*10次のように書ける。

$$\begin{aligned} F_{\text{clust}}(\boldsymbol{Q}) &= [\langle F(\boldsymbol{Q})\rangle + F_{\text{diff}}(\boldsymbol{Q})] * \mathrm{BOX}(\boldsymbol{Q}) \\ &= \langle F(\boldsymbol{Q})\rangle * \mathrm{BOX}(\boldsymbol{Q}) + F_{\text{diff}}(\boldsymbol{Q}) * \mathrm{BOX}(\boldsymbol{Q}) \end{aligned} \tag{12.11}$$

$\mathrm{BOX}(\boldsymbol{Q})$ は矩形関数のフーリエ変換である。$\mathrm{BOX}(\boldsymbol{r})$ は x, y, z 方向に幅 $N_{x,y,z}$ を持った矩形関数の積である。三次元を扱うと煩雑になるので，x 方向だけを考えよう。フーリエ変換の公式を使うと，

*8　$N_{x,y,z}{\sim}50$ であれば 10^5 個程度の原子を考えることになり，すでにかなりの数だが，これでも 20 nm 角のクラスターに対応する程度にすぎない。

*9　単位胞に原子一つで構造といわれると混乱するかもしれないが，単位胞内のどこに原子があるか（原子変位），原子の有無（原子空孔の存在），異なる元素の置換，余計な原子の侵入などが存在することを許容する表現をしている。

*10　式 (12.1) の $\langle F(\boldsymbol{Q})\rangle$ と $F_{\text{diff}}(\boldsymbol{Q})$ と同じである。積のフーリエ変換は畳み込みになることを用いた。

$$\mathrm{BOX}(\xi) = \frac{\sin(\pi N_x \xi)}{\pi \xi}$$

である。試料サイズの効果によって $\mathrm{BOX}(\boldsymbol{Q})$ は振動する。$N_x = 20$ の場合を図 12.4 に示した。一方，$\langle F(\boldsymbol{Q}) \rangle$ と $F_{\mathrm{diff}}(\boldsymbol{Q})$ は，それぞれブラッグ反射と散漫散乱を与える。前者は δ 関数状の散乱振幅を与え，後者は逆空間で広がった散乱振幅を与える。一般に鋭いピーク状の関数 S となだらかな関数 D の畳み込み[*11]は，なだらかな関数 D とほぼ同じ形になる。そのため，$\langle F(\boldsymbol{Q}) \rangle * \mathrm{BOX}(\boldsymbol{Q})$ は $\mathrm{BOX}(\boldsymbol{Q})$ の関数形が表に現れる一方，$F_{\mathrm{diff}}(\boldsymbol{Q}) * \mathrm{BOX}(\boldsymbol{Q})$ では $\mathrm{BOX}(\boldsymbol{Q})$ が目立たず，$F_{\mathrm{diff}}(\boldsymbol{Q})$ が得られる。

現実の大きな結晶からの散乱に対応する $\langle F(\boldsymbol{Q}) \rangle * \mathrm{BOX}(\boldsymbol{Q})$ は，逆格子点に δ 関数が現れるだけになるのが正しい。小さなクラスターに関する計算でそのような結果を得るためには，矩形関数に由来する $\mathrm{BOX}(\boldsymbol{Q})$ の特性を用いる。図 12.4 を見ると，$\mathrm{BOX}(\xi = 0) = N_x$, $\mathrm{BOX}(\xi = n/N_x) = 0$（ここで n は 0 以外の整数）という関係に気付く。つまり，電子密度 $\rho_{\mathrm{clust}}(\boldsymbol{r})$ で表される $N_x \times N_y \times N_z$ の大きさの小さな試料からの散乱を計算する時に，逆空間を $\boldsymbol{a}^*/N_x$, $\boldsymbol{b}^*/N_y$, $\boldsymbol{c}^*/N_z$ の刻み幅で計算すると，$\langle F(\boldsymbol{Q}) \rangle * \mathrm{BOX}(\boldsymbol{Q}) \simeq \mathrm{BOX}(\boldsymbol{Q})$ の振動部分を見ないでい

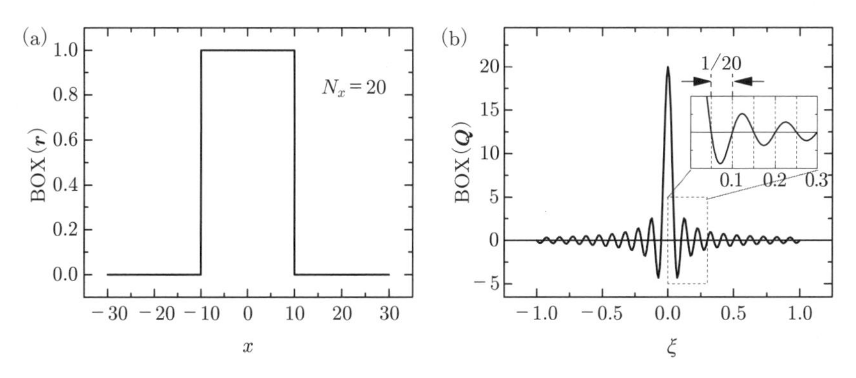

図 12.4 (a) 実空間での試料形状を表現する $\mathrm{BOX}(\boldsymbol{r})$ 関数。$N_x = 20$ の場合の x 軸上の図。(b) a^* 軸上の $\mathrm{BOX}(\boldsymbol{Q})$ 関数。挿入図に点線の枠部分の拡大図を示した。$\mathrm{BOX}(\xi = 0) = N_x$, $\mathrm{BOX}(\xi = n/N_x) = 0$（ここで n は 0 以外の整数）がわかる。

*11 S, D は sharp, dull の頭文字である。

ることができる。このようにして，大きな試料からの散漫散乱の強度分布を，小さな試料の具体的な構造モデルから近似的に計算することができる。

乱れの構造モデルの構築手順の例

この章で紹介したいくつかの散漫散乱の起源を参考に，現実にありそうな具体的な局所構造を考えて，構造モデルを構築する。例えば，ξ が 0 近傍で散漫散乱強度が弱いのであれば a 軸方向への原子変位がその散乱の起源であると考えられるし，c^* 軸付近で強度が弱いのであれば a–b 面内への原子変位がその散乱の起源であると判断できる。散乱強度の温度依存性や，異なる組成の試料からの散乱強度分布がモデルを絞り込むのに役立つ。また，物理的にどのような乱れがあるはずであるか，という考察が非常に重要である。例えば JT 活性な物質であれば，すべてのサイトの JT 歪みが同じ方向を向いた場合には大きな格子定数の変化が生じるであろう。互い違いに整列した時にはその周期に応じた格子の周期性が出るであろう。どちらも生じていないのであれば，JT 歪みが乱れた配置をしていると想像される。

図 12.5(b) は擬一次元軸が c 軸方向に向いた結晶（同図 (a)）の振動写真である。黒矢印で示した散漫散乱が逆格子点から $\boldsymbol{c}^*/2$ 離れた位置に見られ，逆格子点付近には見られない。この強度分布は，図 12.5(a) に示した c 軸方向に 2 倍周期の

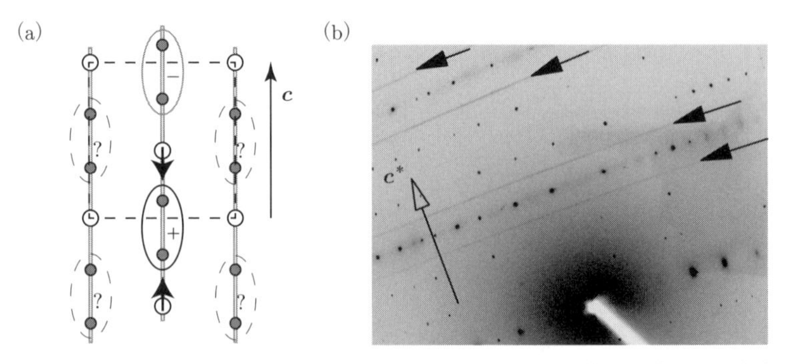

図 12.5 擬一次元構造に起因する散漫散乱の例。(a) 実空間の構造の模式図。点線は平均構造の単位胞。中央の鎖は c 軸方向に 2 倍周期を持っている。左右の鎖は，それぞれ c 軸方向に 2 倍周期を持っているが，中央の鎖の 2 倍周期と位相の相関を持たない。(b) X 線写真の例[92]。黒矢印をつけた $\boldsymbol{c}^*/2$ の波数で特徴づけられる位置に，筋状の散漫散乱が観測されている。これは鎖内にのみ発達した相関から生じる散漫散乱である。

構造に起因する。もし a, b 軸方向に周期性があるならば $\boldsymbol{a}^*$，$\boldsymbol{b}^*$ 方向にラウエ関数に対応する周期的な強度変動が生じるはずであるが，この写真を見る限り，散漫散乱強度にそのような振動はまったく観測されておらず，a, b 軸方向には c 軸方向の 2 倍周期構造の位相に相関がないことが読み取れる。このように，どのブリルアンゾーンでも共通した位置に強度が出る，言い換えれば逆空間でブリルアンゾーン内部の構造は，単位胞より大きなスケールの構造を反映する。

ブリルアンゾーンによって散漫散乱が強く見えたり弱く見えたりする場合，言い換えれば逆空間でブリルアンゾーンより大きなスケールの構造は，実空間でいえば単位胞の内側の構造を反映する。c 軸方向に並んだ原子だけが関与している場合，a^*–b^* 面内に強度の変調は現れない。逆に図 12.3(a) のように a^*–b^* 面内に強度の変調があるのであれば，必ず a–b 面内方向にずれた座標にある原子の間に強い相関がある乱れが存在する。

現在の計算機の力を利用すれば，物理的考察抜きに，原子変位や元素置換などを導入して無理やり実験結果を再現することは可能かもしれない。しかし，似たような散乱強度分布を出すまったく違う構造はいくらでも考えられるため，そのような機械的な解析が現実を表していると期待するには無理がある。非常に簡単な例である二元合金の短距離秩序に関する散漫散乱の解析でも，全体を完全に理解するのに 30 年を要した*12。近代的な研究ではより複雑な構造を取り扱うことになるであろうから，必要な情報を得ることに集中し，詳細にこだわりすぎないことを勧める。

12.6　散漫散乱測定に基づく物性物理の議論

歴史的には熱散漫散乱からアルミニウム[95]やバナジウム[96]について，フォノンの分散関係や状態密度を調べる研究があった。種々の相転移の前駆現象の研究が多数ある[97]。最近では，JT 歪みの短距離秩序を，ホアン散乱を通して観測する研究が特筆すべきものであろう。

*12　文献 [94] に歴史が語られている。

JT 歪みの短距離秩序と超巨大磁気抵抗効果

ペロブスカイト型 Mn 酸化物は 1990 年代に超巨大磁気抵抗効果 (collossal magnetoresistance, CMR)*13 や電荷秩序，軌道秩序が注目されて広く研究された。CMR は (1) 電荷秩序が磁場によって融解する際に生じる，磁場誘起絶縁体金属転移に伴うものと，(2) 軌道秩序の揺らぎが温度低下とともに成長しつつ電気抵抗が増大していき，ある温度で強磁性金属相が安定になって軌道秩序揺らぎが消失する物質について，強磁性転移温度が磁場を印加することで上昇するのに伴って発生するものが知られている。どちらの場合も，Mn 酸化物の電荷自由度と軌道自由度は構造と強く関連するため*14，散乱実験で観測可能である。

文献 [98], [99] では温度低下に伴って徐々に軌道の短距離秩序に対応する散漫散乱が成長していき，強磁性金属状態に転移するとともに散漫散乱が消失する様子が報告されている。この結果を図 12.6(a) に示した。$\xi \sim 0.3$ に見られる幅の広いピークは，12.3 節後半で述べた相関を持った点欠陥に由来する散乱と見なせる。このピークの強さが，JT 歪みを持つ MnO_6 八面体の間の相関の強さを表す。図 12.6(b) には散漫散乱強度と電気抵抗の温度依存性を示した。両者の温度依存性は非常に似ており，JT 歪み（これは軌道自由度を反映する）の空間的な相関と電気伝導性との間に強い関連があることがわかる。

文献 [100] には，温度低下に伴って徐々に軌道の短距離秩序に対応する散漫散乱が成長していき，軌道秩序が成立するとともに超格子反射が現れ，代わりに散漫散乱が消失する様子が報告されている。これを図 12.6(c) に示した。幅広のピークで示される JT 歪みの相関が，温度低下によって強度を増し，完全に秩序化すると格子の中の乱れがなくなって散漫散乱強度が減少し，超格子反射が $\eta = 0.5$ に現れる。

これらの物質内で温度低下に伴って d 軌道がどのように空間分布するかの模式図を図 12.6(d) に示した。このような軌道の配置に関する情報が散漫散乱から得られる。

---

*13　数テスラの磁場印加によって 6 桁程度の電気抵抗の変化が生じる現象である。

*14　電荷は breathing モードの歪み（図 4.4 の Q_1），軌道は JT モードの歪み（図 4.4 の Q_2, Q_3）と関連する。

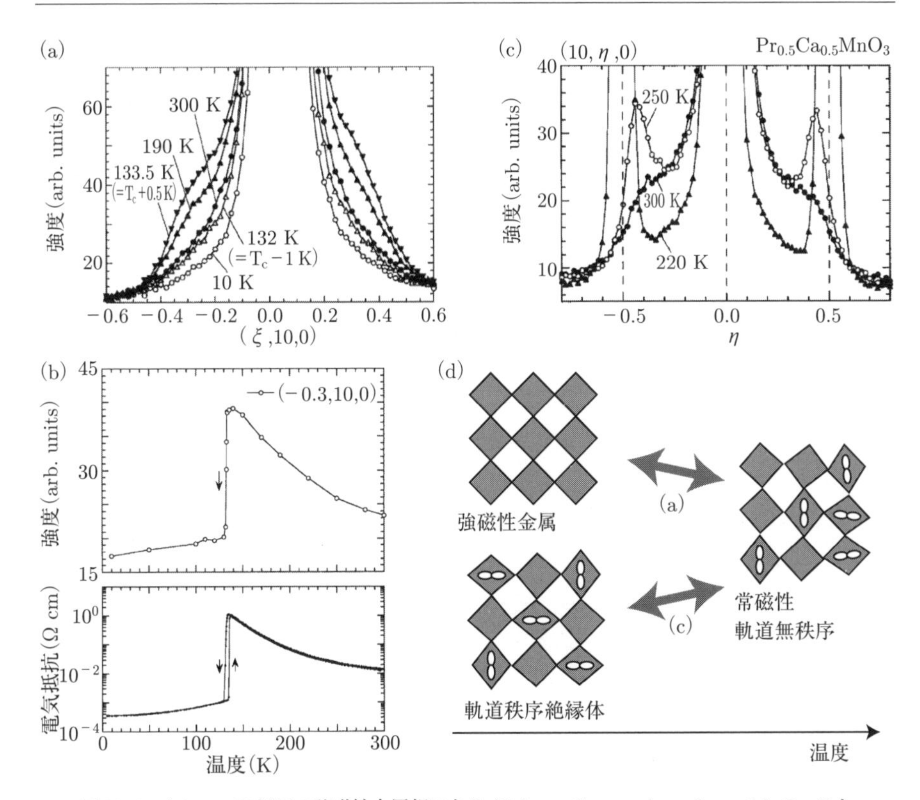

図 12.6 (a) 133 K 以下で強磁性金属相になる $(Nd_{0.125}Sm_{0.875})_{0.52}Sr_{0.48}MnO_3$ のホアン散乱強度分布の温度依存性[98]。転移温度直上では強い散漫散乱が見られるが, 金属化と共に散漫散乱が消失する。(b) $(Nd_{0.125}Sm_{0.875})_{0.52}Sr_{0.48}MnO_3$ の散漫散乱強度と電気抵抗の温度依存性[98]。(c) 235 K 以下で軌道秩序を起こす $Pr_{0.5}Ca_{0.5}MnO_3$ のホアン散乱強度分布の温度依存性[100]。(d) 常磁性, 強磁性金属, 軌道秩序状態の模式図。(a) と (c) に示した試料はどちらも高温では常磁性軌道無秩序状態であるが, 低温ではそれぞれ強磁性金属と軌道秩序状態になる。

構造の乱れに関する研究の将来

散漫散乱は構造の乱れを観測する手法であるが，いくつかの困難がある。一つは測定側の問題である。二体相関関数は程よく情報をコンパクトにしており，ある意味見通しのよい表現である。しかし，具体的にどのような構造であるのかを書き出そうとすると，モンテカルロ計算（あるいは何か別の，ともかく数値実験的な計算）が必要であるうえに，得られる原子座標一覧は非常に見通しが悪い。さらに解が一つに決まらないのみならず，場合によってはかなり違う構造の見分けがつかない場合がある。この方向の問題の代表例は，多成分からなる液体の短距離秩序構造を測定できないという問題である。単一組成であれば電子密度の二体相関関数が直接，原子間の相関関数になる。A, B からなる二元系であれば，A–A, A–B, B–B の 3 通りの相関関数が考えられる。これは異常分散を用いて情報量を増やすことで解が得られる。しかし，三元系では組み合わせが多くなりすぎて，もはや実験的に相関を分離することはできない。似たような困難として，多体相関関数を得る術がないことも挙げられよう。ガラス転移の物理を考えるような場合，二体相関関数ではなく，原子レベルで三体や四体相関関数を測定したいという要求が出るが，これを測定する手段が現段階では知られていない。

乱れた構造を知る，という観点では，モデリング技術が現状でのボトルネックであるといえよう。構造を仮定すれば散乱強度分布は必ず計算できる。やるべきことは，実験結果を再現しつつ，エネルギー極小を与える構造をいかに発見するかの技術確立である。本書執筆時点で，大規模な系に対する第一原理計算が可能になりつつある。近い将来，このボトルネックは解消できると，筆者は確信している。

もう一つの大きな問題は，乱れの情報をどう物性理解につなげるかである。物性への乱れの影響はそれほど簡単ではなく，得られた乱れの構造から何らかの物理的な結論へ到達するには，しばしば大きな壁がある。ただし，これはまだ十分に理解されていない研究テーマがここにあるということを意味しているように思える。

付録 A
CDW と格子変調の相互作用

一般論として，波数 $\boldsymbol{q}$ で変調された電子系のエネルギーに影響するのは波数 $\boldsymbol{q}$ の格子歪みである。波数がずれていれば電子の波と格子の波の間の位相がずれていくため，空間的に見てエネルギーが上がるところと下がるところが半々に現れることが期待されるためである。例えば，n 番目のサイトの電子密度 ρ_n と格子歪み ε_n $(= u_{n+1} - u_n$, u_n は n 番目の原子の変位量) がそれぞれ波数 $q_e a^*$, $q_l a^*$ を持つ，格子定数 a の一次元系を考えよう。$\rho_n = \rho_{qe}\cos(q_e na \cdot a^*)$, $\varepsilon_n = \varepsilon_{ql}\cos(q_l na \cdot a^*)$ である。電子密度と格子歪みの相互作用のエネルギー E は，電子密度と歪みの相互作用を表す結合定数を A として，次のように書くことができるだろう[*1]。

$$
\begin{aligned}
E &= \sum_n A\rho_n\varepsilon_n \\
&= A\sum_n \rho_{qe}\cos(q_e na \cdot a^*) \cdot \varepsilon_{ql}\cos(q_l na \cdot a^*) \qquad (A.1) \\
&= A\rho_{qe}\varepsilon_{ql}\sum_n \frac{1}{2}\left\{\cos[2\pi(q_e - q_l)n] + \cos[2\pi(q_e + q_l)n]\right\} \qquad (A.2)
\end{aligned}
$$

となり，$q_e + q_l$ か $q_e - q_l$ のどちらかが 0 である場合のみ，この和はゼロでなくなる。計算の問題ではなく，直観的なイメージとしては，式 (A.2) まで計算を進

*1 より具体的に原子変位 u_n で表記しても同じ結果が得られるが，煩雑になり話の筋が追いづらくなる。手短に書くと，$\rho_n = \rho_{qe}\cos(q_e na \cdot a^*)$, $u_n = u_{ql}\sin(q_l na \cdot a^*)$ で，

$$
\begin{aligned}
E &= A\rho_n[(u_{n+1} - u_n) + (u_n - u_{n-1})] = A\rho_n(u_{n+1} - u_{n-1}) \\
&= A\rho_{qe}u_{ql}\sum_n \cos(2\pi q_e n) \cdot 2\cos(2\pi q_l n)\sin(2\pi q_l) \\
&= A\rho_{qe}u_{ql}\sin(2\pi q_l)\sum_n \{\cos[2\pi(q_e - q_l)n] + \cos[2\pi(q_e + q_l)n]\}
\end{aligned}
$$

を得る。なお $u_n = u_{ql}\cos(q_l na \cdot a^*)$ とするのは，本文の歪みを $\varepsilon_n = \varepsilon_{ql}\sin(q_l na \cdot a^*)$ と定義したのと同じことになり，電子密度の波と位相が 90° ずれ，エネルギー変化がまったく生じなくなる。

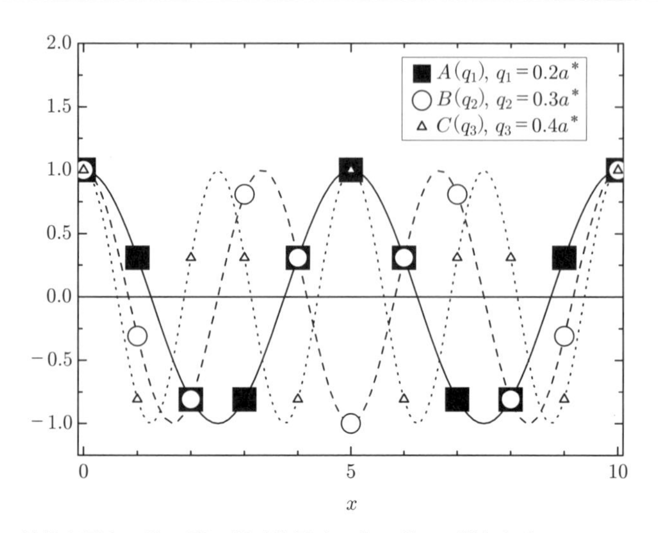

図 A.1　波数が異なる波の間の相互作用はエネルギーに関与しない。$A(q_1)$, $B(q_2)$, $C(q_3)$ ($q_{1,2,3} = 0.2,\ 0.3,\ 0.4a^*$) を広い実空間に対して図示した。例えば $A(q_1)$ と $B(q_2)$ は $x = 0$ では同位相だが，$x = 5$ で反位相，$x = 10$ で一周期ずれる。そのため，$\Delta E = \sum AB$ は同位相の領域でのエネルギー変化と反位相の領域でのエネルギー変化が打ち消しあい，0 になる。

める前の，電子密度と歪みが分かれて表記されている段階のほうがわかりやすい。式 (A.1) では電子密度の波と歪みの波の積がエネルギーを与えることになっている。三角関数は直交関数系であるので，この和をとると q_e と q_l が等しい時のみゼロでない値が得られる。具体例として図 A.1 に，$q = 0.2a^*$, $0.3a^*$, $0.4a^*$ の場合の $\cos(qna \cdot a^*)$ を示す。波数が異なる場合，$x = 0$ で位相がそろっていても（つまり同符号，積が正），x が 0 から離れるにつれてだんだん位相がずれていき，いずれ反位相（つまり逆符号，積が負）になる。そのため，上の式で表されるエネルギーは，q_e と q_l が異なる場合，同位相の領域でのエネルギー変化と反位相の領域でのエネルギー変化が打ち消しあい，0 になる。

同様に，一般に二つの物理量 $A(\boldsymbol{q}_A)$ と $B(\boldsymbol{q}_B)$ の間の相互作用を考えよう*2。空間に対する関数に書き戻すと $A(\boldsymbol{R}) = A(\boldsymbol{q}_A)\cos(\boldsymbol{q}_A \cdot \boldsymbol{R})$ である。例として A^2

*2　ここでは波数の関数で物理量を書いたが，実空間に分布するものでもフーリエ変換すれば必ずこの形に書くことができる。

と B が相互作用することを考える。この場合，エネルギー変化は $\sum A^2B$ に比例する。$\cos^2(qR) = [\cos(2qR) + 1]/2$ より，A^2 の持つ波数は $2\boldsymbol{q}_A$ と 0 である。これと B の波数 $\boldsymbol{q}_B$ が同じ時にエネルギー変化が生じ得る，つまり相互作用を持ち得るという結論が得られる。

付録 B
実空間と逆空間との接続

ミラー指数やブラッグの法則といった実空間側から見た表現と，逆空間に立脚した回折理論との対応を示す。

B.1　ミラー指数

7.3 節で，逆格子ベクトル $\boldsymbol{a}^*$, $\boldsymbol{b}^*$, $\boldsymbol{c}^*$ はそれぞれ a 面，b 面，c 面の法線ベクトルであり，その大きさはそれぞれ面間隔の逆数の 2π 倍であると述べた。では，$h\boldsymbol{a}^* + k\boldsymbol{b}^* + l\boldsymbol{c}^*$ はどのようなベクトルであろうか。直観的には，$\boldsymbol{a}^*$ などに準じて，hkl で特徴づけられる面の法線ベクトルであり，その大きさは面間隔の逆数の 2π 倍になりそうである。ここまでで納得できる人は本節の以下の説明は飛ばしてもらってかまわない。以下，逆格子ベクトルと実空間の構造の対応を示す。

まずは，$\boldsymbol{a}^*$ が b–c 面の面間隔の逆数の 2π 倍の長さを持った，b–c 面の法線ベクトルであることを示そう。逆格子ベクトル $\boldsymbol{a}^*$ の定義は次の通りであった。

$$\boldsymbol{a}^* = \frac{2\pi \boldsymbol{b} \times \boldsymbol{c}}{\boldsymbol{a} \cdot (\boldsymbol{b} \times \boldsymbol{c})}$$

分子の $\boldsymbol{b} \times \boldsymbol{c}$ の幾何学的な意味を考えよう。図 B.1(a) に $\boldsymbol{b} \times \boldsymbol{c}$ の意味を図示した。この後，この段落と次の段落に渡り文章で説明をするが，図を見ただけでわかると想像する。$\boldsymbol{b}$ と $\boldsymbol{c}$ の成す角は α である。高校の数学で習う通り，$|\boldsymbol{b} \times \boldsymbol{c}| = bc \sin\alpha$ である。図を見ると，$c \sin\alpha$ が $\boldsymbol{b}$ を底辺と見た時の平行四辺形 b–c の高さであることがわかる (右側の単位円を参照)。灰色で示した平行四辺形の面積 A は $bc \sin\alpha$ であり，これは $|\boldsymbol{b} \times \boldsymbol{c}|$ と一致する。

次に，$\boldsymbol{a}^*$ の定義の分母にあたる $\boldsymbol{a} \cdot (\boldsymbol{b} \times \boldsymbol{c})$ の意味を考える。図 B.1(b) は，(a) を b 軸方向から見た図である。$\boldsymbol{b} \times \boldsymbol{c}$ を黒矢印で図示した。このベクトルは b–c 面に直交しており，この面を底面と見た時の，平行六面体 a–b–c の高さ方向を指し

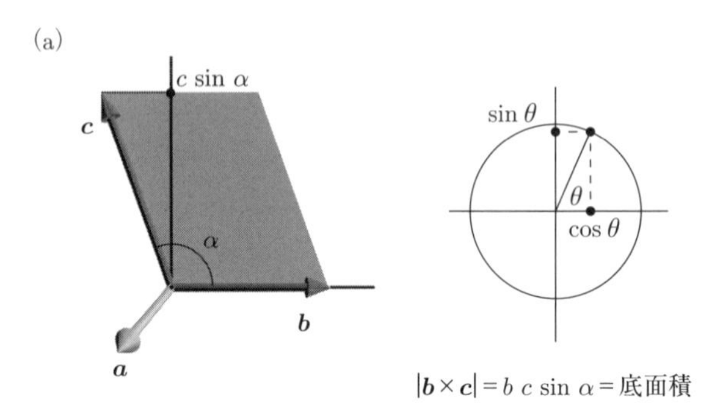

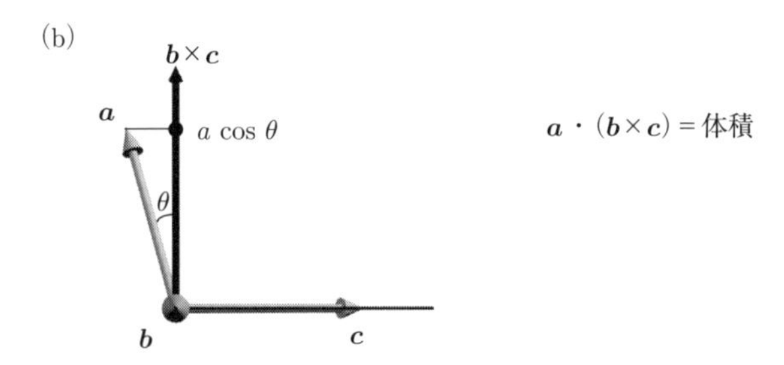

図 B.1　逆格子ベクトル $\boldsymbol{a}^*$ の実空間との対応。(a) $\boldsymbol{b} \times \boldsymbol{c}$ の意味は，b–c で作る平行四辺形の面積 A にあたる大きさの法線ベクトルである。(b) $\boldsymbol{a} \cdot (\boldsymbol{b} \times \boldsymbol{c})$ の意味は，a–b–c の作る平行六面体の体積 V である。

ている。このベクトルと $\boldsymbol{a}$ の内積は，$\boldsymbol{a}$ の高さ成分と底面積の積であり，体積 V を意味する。

分母と分子の意味がわかったので，$\boldsymbol{a}^*$ の定義式を見なおしてみよう。

$$|\boldsymbol{a}^*| = \left| \frac{2\pi \boldsymbol{b} \times \boldsymbol{c}}{\boldsymbol{a} \cdot (\boldsymbol{b} \times \boldsymbol{c})} \right| = \frac{2\pi \text{底面積}}{\text{体積}}$$

となる。平行六面体に対して，体積/底面積は高さに当たるが，結晶の場合，慣習的にこの“高さ”を面間隔と呼ぶ。底面に選んだ b–c 面と，天井側に選んだ b–c 面の間隔，という気持ちの命名法である。

次に $h\boldsymbol{a}^* + k\boldsymbol{b}^* + l\boldsymbol{c}^*$ の意味を考えよう。以下，とりあえず式変形を行い，意味はその後で考える。

$$h\boldsymbol{a}^* + k\boldsymbol{b}^* + l\boldsymbol{c}^*$$

$$
\begin{aligned}
&= h\frac{2\pi \boldsymbol{b}\times\boldsymbol{c}}{V} + k\frac{2\pi \boldsymbol{c}\times\boldsymbol{a}}{V} + l\frac{2\pi \boldsymbol{a}\times\boldsymbol{b}}{V} \\
&= \frac{2\pi}{V/(hkl)}\left(\frac{\boldsymbol{b}}{k}\times\frac{\boldsymbol{c}}{l} + \frac{\boldsymbol{c}}{l}\times\frac{\boldsymbol{a}}{h} + \frac{\boldsymbol{a}}{h}\times\frac{\boldsymbol{b}}{k}\right) \\
&= \frac{2\pi}{V/(hkl)}\left\{\left(\frac{\boldsymbol{b}}{k} - \frac{\boldsymbol{a}}{h}\right)\times\frac{\boldsymbol{c}}{l} + \frac{\boldsymbol{a}}{h}\times\frac{\boldsymbol{b}}{k}\right\} \\
&= \frac{2\pi}{V/(hkl)}\left\{\left(\frac{\boldsymbol{b}}{k} - \frac{\boldsymbol{a}}{h}\right)\times\frac{\boldsymbol{c}}{l} - \left(\frac{\boldsymbol{b}}{k} - \frac{\boldsymbol{a}}{h}\right)\times\frac{\boldsymbol{b}}{k}\right\} \\
&= \frac{2\pi}{V/(hkl)}\left\{\left(\frac{\boldsymbol{b}}{k} - \frac{\boldsymbol{a}}{h}\right)\times\left(\frac{\boldsymbol{c}}{l} - \frac{\boldsymbol{b}}{k}\right)\right\}
\end{aligned}
$$

ここで，$\boldsymbol{a}_s = \boldsymbol{a}/h$, $\boldsymbol{b}_s = \boldsymbol{b}/k - \boldsymbol{a}/h$, $\boldsymbol{c}_s = \boldsymbol{c}/l - \boldsymbol{b}/k$ を定義する。これを用いると

$$
h\boldsymbol{a}^* + k\boldsymbol{b}^* + l\boldsymbol{c}^* = \frac{2\pi}{V/(hkl)}\boldsymbol{b}_s\times\boldsymbol{c}_s
$$

である。平行六面体 a_s–b_s–c_s の体積は $\boldsymbol{a}_s\cdot(\boldsymbol{b}_s\times\boldsymbol{c}_s)$ で表される。これを計算すると，

$$
\begin{aligned}
&\boldsymbol{a}_s\cdot(\boldsymbol{b}_s\times\boldsymbol{c}_s) \\
&= \frac{\boldsymbol{a}}{h}\cdot\left(\frac{\boldsymbol{b}}{k}\times\frac{\boldsymbol{c}}{l} + \frac{\boldsymbol{c}}{l}\times\frac{\boldsymbol{a}}{h} + \frac{\boldsymbol{a}}{h}\times\frac{\boldsymbol{b}}{k}\right) \\
&= \frac{\boldsymbol{a}}{h}\cdot\frac{\boldsymbol{b}}{k}\times\frac{\boldsymbol{c}}{l} \qquad (\boldsymbol{c}\times\boldsymbol{a},\ \boldsymbol{a}\times\boldsymbol{b}\ \text{は}\ \boldsymbol{a}\ \text{と直交するため}) \\
&= \frac{\boldsymbol{a}\cdot(\boldsymbol{b}\times\boldsymbol{c})}{hkl} = \frac{V}{hkl}
\end{aligned}
$$

を得る。この二つの長い式変形をまとめると，

$$
h\boldsymbol{a}^* + k\boldsymbol{b}^* + l\boldsymbol{c}^* = \frac{2\pi\boldsymbol{b}_s\times\boldsymbol{c}_s}{\boldsymbol{a}_s\cdot(\boldsymbol{b}_s\times\boldsymbol{c}_s)}
$$

であり，逆格子ベクトルの定義式を思い出すと，この右辺は $\boldsymbol{a}_s^*$ を意味していると解釈できる。つまり，$h\boldsymbol{a}^* + k\boldsymbol{b}^* + l\boldsymbol{c}^* = \boldsymbol{a}_s^*$ である。これは $\boldsymbol{a}_s, \boldsymbol{b}_s, \boldsymbol{c}_s$ を単位胞とした時の，$\boldsymbol{b}_s$–$\boldsymbol{c}_s$ 面の法線ベクトルで，その大きさは面間隔の逆数の 2π 倍である。

では，次に $\boldsymbol{a}_s, \boldsymbol{b}_s, \boldsymbol{c}_s$ が，もとの $\boldsymbol{a}, \boldsymbol{b}, \boldsymbol{c}$ に対してどのような平行六面体であるか

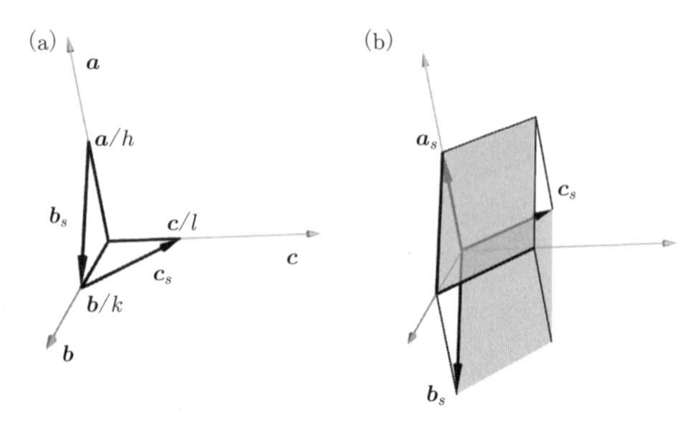

図 B.2　(a) $\boldsymbol{a}, \boldsymbol{b}, \boldsymbol{c}$ と $\boldsymbol{a}_s, \boldsymbol{b}_s, \boldsymbol{c}_s$ の関係。(b) $\boldsymbol{a}_s^*$ の表す面間隔を灰色の面で示した。

を確認しよう。図 B.2(a) に，灰色の矢印で $\boldsymbol{a}, \boldsymbol{b}, \boldsymbol{c}$ を，そして黒い棒で $\boldsymbol{a}/h = \boldsymbol{a}_s$, $\boldsymbol{b}/k$, $\boldsymbol{c}/l$ を図示した。$\boldsymbol{b}_s = \boldsymbol{b}/k - \boldsymbol{a}/h$, $\boldsymbol{c}_s = \boldsymbol{c}/l - \boldsymbol{b}/k$ も黒矢印で描いた。この状況で，$\boldsymbol{a}_s^*$ が表す面間隔はどの面であろうか。b_s–c_s 面の間隔であるので，原点を通る b_s–c_s 面と，そこから $\boldsymbol{a}_s$ だけ離れた b_s–c_s 面を (b) に示した。この面を (hkl) 面と呼び，hkl をミラー指数 (Miller index*1) という。この二つの面の間隔の逆数の 2π 倍が，$\boldsymbol{a}_s$ の長さに対応する。以上で $h\boldsymbol{a}^* + k\boldsymbol{b}^* + l\boldsymbol{c}^*$ は (hkl) 面の法線ベクトルであり，その大きさは面間隔の逆数の 2π 倍であることが示された*2。

なお，結晶に関する話をする際，面間隔や方位など，まったく意味が違うさまざまな三次元ベクトルを使用することになる。これらを区別するために，結晶学ではかっこを使い分けて意味を表現する。かっこの意味の一覧は，文献 [24] (International Tables for Crystallography vol. A) Table 1.1.2 にまとめられている。

*1　ミラーは人名である。鏡と勘違いしないように。

*2　h, k, l のどれか一つあるいは二つが 0 の場合は，式変形を若干変化させる必要がある。興味のある人は自分で計算してみるといいだろう（これは簡単である）。

B.2　ブラッグの法則

ブラッグの法則は，$2d\sin\theta = \lambda$ という形で知られている。d は面間隔であるが，すでに述べたように hkl にしかブラッグ反射は起こらないので，これに対する d の値を d_{hkl} と呼ぶこととする。

さて，$\boldsymbol{Q} = \boldsymbol{k}_f - \boldsymbol{k}_i$，および $\boldsymbol{k}_f$ と $\boldsymbol{k}_i$ の成す角が 2θ であることを用いると，$Q = 2k\sin\theta$ である。$k = 2\pi/\lambda$ であったので，ブラッグ反射の起こる Q，つまり d^*_{hkl} は

$$d^*_{hkl} = \frac{4\pi\sin\theta}{\lambda} \tag{B.1}$$

である。d^*_{hkl} は (hkl) 面の面間隔の逆数の 2π 倍であったので，これを用いると

$$\frac{2\pi}{d_{hkl}} = \frac{4\pi\sin\theta}{\lambda} \tag{B.2}$$

$$\lambda = 2d_{hkl}\sin\theta \tag{B.3}$$

となり，ブラッグの法則が導出された。

参考文献

教科書

[1] 仁田勇（監修）：『X 線結晶学（上・下）』，丸善 (1959, 1961).

[2] 金森順次郎：『磁性』，培風館 (1969).

[3] B.E. Warren：*X-ray Diffraction*, Dover, New York (1969).

[4] M.A. Krivoglaz：*Theory of X-ray and Thermal-Neutron Scattering by Real Crystals*, Plenum Press, New York (1969).

[5] J.M. Ziman（著），山下次郎，長谷川彰（訳）：『固体物性論の基礎』，丸善 (1976).

[6] N.W. Ashcroft，N.D. Mermin（著），松原武生，町田一成（訳）：『固体物理の基礎（上 I,II, 下 I,II）』，吉岡書店 (1981).

[7] W.A. Harrison：*Electronic Structure and the Properties of Solids*, Dover, New York (1988).

[8] 中村輝太郎：『強誘電体と構造相転移』，裳華房 (1988).

[9] 芳田奎：『磁性』，岩波書店 (1991).

[10] W. Gebhardt，U. Kery（著），好村滋洋（訳）：『相転移と臨界現象』，吉岡書店 (1992).

[11] 作道恒太郎：『固体物理——格子振動・誘電体（修訂版）』，裳華房 (1993).

[12] 金森順次郎，米沢富美子，川村清，寺倉清之：『岩波講座 現代の物理学 7 固体—構造と物性』，岩波書店 (1994).

[13] 今野豊彦：『物質の対称性と群論』，共立出版 (2001).

[14] 藤森淳：『強相関物質の基礎』，内田老鶴圃 (2005).

[15] C. Kittel（著），宇野良清，津屋昇，新関駒二郎，森田章，山下次郎（訳）：『キッテル固体物理学入門 第 8 版（上・下）』，丸善 (2005).

[16] M. Born，E. Wolf（著），草川徹（訳）：『光学の原理 第 7 版 (I-III)』，東海大学出版社 (2005-2006).

[17] R.B. Neder and T. Proffen：*Diffuse Scattering and Defect Structure Simulations: A cook book using the program DISCUS*, Oxford Science Publications, UK (2008).

[18] 白鳥紀一，近桂一郎：『磁性学入門』，裳華房 (2012).

[19] J. Als-Nielsen and D. McMorrow（著），雨宮慶幸，高橋敏男，百生敦（監訳）：『X 線物理学の基礎』，講談社 (2012).

[20] 小口多美夫：『遷移金属のバンド理論』，内田老鶴圃 (2012).

[21] 米沢富美子：『金属–非金属転移の物理』，朝倉書店 (2012).

[22] 森健彦：『分子エレクトロニクスの基礎』，化学同人 (2013).

[23] 藤原毅夫：『固体電子構造論』，内田老鶴圃 (2015).

[24] International Union of Crystallography：International Tables for Crystallography, Wiley, New Jersey (2016).

[25] 野田幸男：『結晶学と構造物性』，内田老鶴圃 (2017).

第1章

[26] R.D. Shannon and C.T. Prewitt：Acta Cryst. B **25**, 925 (1969).
[27] R.D. Shannon：Acta Cryst. A **32**, 751 (1976).
[28] A. Bondi：J. Phys. Chem. **68**, 441 (1964).
[29] S.S. Batsanov：Inorg. Mater. **37**, 871 (2001).
[30] K. Hongo, Y. Kawazoe, and H. Yasuhara：Int. J. Quant. Chem. **107**, 1459 (2007).
[31] E. Nishibori, E. Sunaoshi, A. Yoshida, S. Aoyagi, K. Kato, M. Takata and M. Sakata：Acta Cryst. A **63**, 43 (2007).
[32] B. Cordero, V. Gómez, A.E. Platero-Prats, M. Revés, J. Echeverría, E. Cremades, F. Barragána and S. Alvarez：Dalton Trans., 2832 (2008).
[33] E. Arunan, G.R. Desiraju, R.A. Klein, J. Sadlej, S. Scheiner, I. Alkorta, D.C. Clary, R.H. Crabtree, J.J. Dannenberg, P. Hobza, H.G. Kjaergaard, A.C. Legon, B. Mennucci, and D.J. Nesbitt：Pure Appl. Chem. **83**, 1619 (2011).

第2章

[34] 岡崎篤，日本結晶学会誌 **26**, 130 (1984).
[35] Y. Yamamura, N. Nakajima, T. Tsuji, M. Koyano, Y. Iwasa, S. Katayama, K. Saito, and M. Sorai：Phys. Rev. B **66**, 014301 (2002).
[36] A.V. Granato, D.M. Joncich, and V.A. Khonik：Appl. Phys. Lett. **97**, 171911 (2010).

第3章

[37] D. Brown and D. Altermatt：Acta Cryst. B **41**, 244 (1985).
[38] N.E. Brese and M. O'Keeffe：Acta Cryst. B **47**, 192 (1991).
[39] A.C. Komarek, H. Roth, M. Cwik, W.-D. Stein, J. Baier, M. Kriener, F. Bourée, T. Lorenz, and M. Braden：Phys. Rev. B **75**, 224402 (2007).
[40] M.J. Martínez-Lope, J.A. Alonso, M. Retuerto, and M.T. Fernández-Díaz：Inorg. Chem. **47**, 2634 (2008).
[41] J.-S. Zhou, J.A. Alonso, V. Pomjakushin, J.B. Goodenough, Y. Ren, J.-Q. Yan, and J.-G. Cheng：Phys. Rev. B **81**, 214115 (2010).
[42] J.-S. Zhou and J.B. Goodenough：Phys. Rev. Lett. **96**, 247202 (2006).
[43] J.-S. Zhou and J.B. Goodenough：Phys. Rev. B **77**, 132104 (2008).
[44] D. Okuyama, Y. Tokunaga, R. Kumai, Y. Taguchi, T. Arima, and Y. Tokura：Phys. Rev. B **80**, 064402 (2009).
[45] S. Hayami, K. Hiki, T. Kawahara, Y. Maeda, D. Urakami, K. Inoue, M. Oham, S. Kawata, and O. Sato：Chem. Eur. J. **15**, 3497 (2009).
[46] J.C. Slater and G.F. Koster：Phys. Rev. **94**, 1498 (1954).
[47] K. Takegahara, Y. Aoki and A. Yanase：J. Phys. C: Solid State Phys. **13**, 583 (1980).
[48] D.M. Ceperley and B.J. Alder：Phys. Rev. Lett. **45**, 566 (1980).
[49] T.M. Rice and G.K. Scott：Phys. Rev. Lett. **35**, 120 (1975).
[50] M.D. Johannes and I.I. Mazin：Phys. Rev. B **77**, 165135 (2008).
[51] T. Kiss, T. Yokoya, A. Chainani, S. Shin, T. Hanaguri, M. Nohara and H. Takagi：Nature Physics **3**, 720 (2007).

[52] 長岡洋介，日本物理学会誌 **40**, 489 (1985).

第 4 章

[53] J.R. Hester, K. Tomimoto, H. Noma, F.P. Okamura, and J. Akimitsu：Acta Cryst. B **53**, 739 (1997).
[54] H. Kusunose：J. Phys. Soc. Jpn. **77**, 064710 (2008).; 楠瀬博明，物性研究 **97**, 730 (2012).
[55] M.T. Hutchings：Solid State Phys. **16**, 227 (1964).
[56] H.R. Ott and B. Lüthi：Phys. Rev. Lett. **36**, 600 (1976).
[57] S. Skanthakumar, C.-K. Loong, L. Soderholm, J.W. Richardson, M.M. Abraham, and L.A. Boatner：Phys. Rev. B **51**, 5644 (1995).
[58] C.K. Loong, L. Soderholm, J.P. Hammonds, M.M. Abraham, L.A. Boatner and N.M. Edelstein：J. Phys.: Condens. Matter **5**, 5121 (1993).
[59] P. Bak and J. von Boehm：Phys. Rev. B **21**, 5297 (1980).
[60] K. Iwasa, N. Wakabayashi, T. Takabatake, H. Fuji, and T. Shigeoka：J. Phys. Soc. Jpn. **63**, 127 (1994).

第 6 章

[61] Y. Konishi, Z. Fang, M. Izumi, T. Manako, M. Kasai, H. Kuwahara, M. Kawasaki, K. Terakura and Y. Tokura：J. Phys. Soc. Jpn. **68**, 3790 (1999).
[62] B.B. Nelson-Cheeseman, H. Zhou, P.V. Balachandran, G. Fabbris, J. Hoffman, D. Haskel, J.M. Rondinelli, and A. Bhattacharya：Adv. Funct. Mater. **24**, 6884 (2014).

第 8 章

[63] Q. Shen：Acta Cryst. A **42**, 525 (1986).

第 9 章

[64] K.N. Trueblood, H.-B. Bürgi, H. Burzlaff, J.D. Dunitz, C.M. Gramaccioli, H.H. Schulz, U. Shmueli, and S.C. Abrahams：Acta Cryst. A **52**, 770 (1996).
[65] K. Motida and S. Miyahara：J. Phys. Soc. Jpn. **28**, 1188 (1970).
[66] P.G. Radaelli and S.-W. Cheong：Phys. Rev. B **66**, 094408 (2002).
[67] T. Kakiuchi, Y. Wakabayashi, H. Sawa, T. Takahashi, and T. Nakamura：J. Phys. Soc. Jpn. **76**, 113702 (2007).
[68] H. Seo：J. Phys. Soc. Jpn. **69**, 805 (2000).

第 10 章

[69] D.T. Keating and B.E. Warren：J. Appl. Phys. **22**, 286 (1951).
[70] P.C. Clapp and S.C. Moss：Phys. Rev. **142**, 418 (1966).
[71] P.C. Clapp and S.C. Moss：Phys. Rev. **171**, 754 (1968).
[72] S.C. Moss and P.C. Clapp：Phys. Rev. **171**, 764 (1968).

[73] K. Torii, T. Tamaki, and N. Wakabayashi：J. Phys. Soc. Jpn. **59**, 3620 (1990).
[74] H.Z. Cummins：Phys. Rep. **185**, 211 (1990).
[75] S.L. Qiu, M. Dutta, H.Z. Cummins, J.P. Wicksted, and S.M. Shapiro：Phys. Rev. B **34**, 7901 (1986).

第11章

[76] S.R. Andrews and R. A. Cowley：J. Phys. C **18**, 6427 (1985).
[77] S.K. Sinha, E.B. Sirota, S. Garoff, and H.B. Stanley：Phys. Rev. B **38**, 2297 (1988).
[78] A. Munkholm and S. Brennan：J. Appl. Cryst. **32**, 143 (1999).
[79] T. Takahashi, K. Sumitani, and S. Kusano：Surf. Sci. **493**, 36 (2001).
[80] M. Sowwan, Y. Yacoby, J. Pitney, R. MacHarrie, M. Hong, J. Cross, D.A. Walko, R. Clarke, R. Pindak, and E.A. Stern：Phys. Rev. B **66**, 205311 (2002).
[81] R. Fung, V.L. Shneerson, P.F. Lyman, S.S. Parihar, H.T. Johnson-Steigelman and D.K. Saldin：Acta Cryst. A **63**, 239 (2007).
[82] P.R. Willmott, S.A. Pauli, R. Herger, C.M. Schlepütz, D. Martoccia, B.D. Patterson, B. Delley, R. Clarke, D. Kumah, C. Cionca, and Y. Yacoby：Phys. Rev. Lett. **99**, 155502 (2007).
[83] Y. Wakabayashi, J. Takeya, and T. Kimura：Phys. Rev. Lett. **104**, 066103 (2010).
[84] J.R. Fienup：Opt. Lett. **3**, 27 (1978).
[85] P. Fenter and Z. Zhang：Phys. Rev. B **72**, 081401(R) (2005).
[86] S.A. Pauli, S.J. Leake, B. Delley, M. Björck, C.W. Schneider, C.M. Schlepütz, D. Martoccia, S. Paetel, J. Mannhart, and P.R. Willmott：Phys. Rev. Lett. **106**, 036101 (2011).
[87] R. Yamamoto, C. Bell, Y. Hikita, H.Y. Hwang, H. Nakamura, T. Kimura, and Y. Wakabayashi：Phys. Rev. Lett. **107**, 036104 (2011).
[88] T. Shirasawa, W. Voegeli, E. Arakawa, T. Takahashi, and T. Matsushita：J. Phys. Chem. C **120**, 29107-29115 (2016).

第12章

[89] K. Huang：Proc. Roy. Soc. London Series A **190**, 102 (1947).
[90] P.H. Dederichs：J. Phys. F: Met. Phys. **3**, 471 (1973).
[91] Y. Wakabayashi, D. Nakajima, Y. Ishiguro, K. Kimura, T. Kimura, S. Tsutsui, A. Q. R. Baron, K. Hayashi, N. Happo, S. Hosokawa, K. Ohwada, and S. Nakatsuji：Phys. Rev. B **93**, 245117 (2016).
[92] Y. Wakabayashi, A. Kobayashi, H. Sawa, H. Ohsumi, N. Ikeda, and H. Kitagawa：J. Am. Chem. Soc. **128**, 6676, (2006).
[93] Y. Wakabayashi, N. Wakabayashi, M. Yamashita, T. Manabe, and N. Matsushita：J. Phys. Soc. Jpn. **68**, 3948 (1999).
[94] 原田仁平，日本結晶学会誌 **26**, 8 (1984).
[95] C.B. Walker：Phys. Rev. **103**, 547 (1956).
[96] R. Colella and B.W. Batterman：Phys. Rev. B **1**, 3913 (1970).
[97] E.J. Chan and T.R. Welberry：Acta Cryst. B **66**, 260 (2010).

[98] S. Shimomura, N. Wakabayashi, H. Kuwahara, and Y. Tokura : Phys. Rev. Lett. **83**, 4389 (1999).

[99] L. Vasiliu-Doloc, S. Rosenkranz, R. Osborn, S. K. Sinha, J. W. Lynn, J. Mesot, O. H. Seeck, G. Preosti, A. J. Fedro, and J. F. Mitchell : Phys. Rev. Lett. **83**, 4393 (1999).

[100] S. Shimomura, T. Tonegawa, K. Tajima, N. Wakabayashi, N. Ikeda, T. Shobu, Y. Noda, Y. Tomioka and Y. Tokura : Phys. Rev. B **62**, 3875 (2000).

索　　引

欧数字

あ　行

か　行

さ 行

た 行

な　行

は　行

ま　行

や　行

ら　行

【執筆者紹介】
若林裕助（わかばやし・ゆうすけ）
大阪大学大学院基礎工学研究科准教授。博士（理学）。2001年慶應義塾大学大学院博士課程修了。専門は放射光を用いた構造観測に基づく微視的な物性研究。千葉大学大学院自然科学研究科助手，高エネルギー加速器研究機構 放射光研究施設助教を経て，2008年より現職。共著に『機能構造科学入門－3D活性サイトと物質デザイン』がある。

構造物性物理とX線回折

平成29年9月30日　発　行

著　者　若　林　裕　助

発行者　池　田　和　博

発行所　丸善出版株式会社
〒101-0051 東京都千代田区神田神保町二丁目17番
編集：電話(03)3512-3265／FAX(03)3512-3272
営業：電話(03)3512-3256／FAX(03)3512-3270
http://pub.maruzen.co.jp/

組版印刷／製本・三美印刷株式会社

ISBN 978-4-621-30195-1　C 3042　　Printed in Japan